百年大计 教育为本

机械制图与 CAD 基础
（含习题集）

主　编　陈慧斌　李添翼

北京理工大学出版社
BEIJING INSTITUTE OF TECHNOLOGY PRESS

版权专有　侵权必究

图书在版编目（CIP）数据

机械制图与 CAD 基础：含习题集 / 陈慧斌，李添翼主编. —北京：北京理工大学出版社，2020.5（2022.8重印）

ISBN 978-7-5682-8425-7

Ⅰ. ①机… Ⅱ. ①陈… ②李… Ⅲ. ①机械制图 – AutoCAD 软件 – 高等学校 – 教材 Ⅳ. ①TH126

中国版本图书馆 CIP 数据核字（2020）第 078040 号

出版发行 / 北京理工大学出版社有限责任公司
社　　址 / 北京市海淀区中关村南大街 5 号
邮　　编 / 100081
电　　话 /（010）68914775（总编室）
　　　　　（010）82562903（教材售后服务热线）
　　　　　（010）68944723（其他图书服务热线）
网　　址 / http://www.bitpress.com.cn
经　　销 / 全国各地新华书店
印　　刷 / 三河市天利华印刷装订有限公司
开　　本 / 787 毫米 × 1092 毫米　1/16
印　　张 / 27.5
字　　数 / 620 千字
版　　次 / 2020 年 5 月第 1 版　2022 年 8 月第 4 次印刷
定　　价 / 69.80 元（含习题集）

责任编辑 / 多海鹏
文案编辑 / 多海鹏
责任校对 / 周瑞红
责任印制 / 李志强

图书出现印装质量问题，请拨打售后服务热线，本社负责调换

江苏联合职业技术学院院本教材出版说明

　　江苏联合职业技术学院自成立以来，坚持以服务经济社会发展为宗旨、以促进就业为导向的职业教育办学方针，紧紧围绕江苏经济社会发展对高素质技术技能型人才的迫切需要，充分发挥"小学院、大学校"办学管理体制创新优势，依托学院教学指导委员会和专业协作委员会，积极推进校企合作、产教融合，积极探索五年制高职教育教学规律和高素质技术技能型人才成长规律，培养了一大批能够适应地方经济社会发展需要的高素质技术技能型人才，形成了颇具江苏特色的五年制高职教育人才培养模式，实现了五年制高职教育规模、结构、质量和效益的协调发展，为构建江苏现代职业教育体系、推进职业教育现代化做出了重要贡献。

　　我国社会的主要矛盾已经转化为人们日益增长的美好生活需要与发展不平衡不充分之间的矛盾，因此我们只有实现更高水平、更高质量、更高效益、更加平衡、更加充分的发展，才能全面实现新时代中国特色社会主义建设的宏伟蓝图。五年制高职教育的发展必须服从服务于国家发展战略，以不断满足人们对美好生活需要为追求目标，全面贯彻党的教育方针，全面深化教育改革，全面实施素质教育，全面落实立德树人根本任务，充分发挥五年制高职贯通培养的学制优势，建立和完善五年制高职教育课程体系，健全德能并修、工学结合的育人机制，着力培养学生的工匠精神、职业道德、职业技能和就业创业能力，创新教育教学方法和人才培养模式，完善人才培养质量监控评价制度，不断提升人才培养质量和水平，努力办好人民满意的五年制高职教育，为决胜全面建成小康社会、实现中华民族伟大复兴的中国梦贡献力量。

　　教材建设是人才培养工作的重要载体，也是深化教育教学改革、提高教学质量的重要基础。目前，五年制高职教育教材建设规划性不足、系统性不强、特色不明显等问题一直制约着内涵发展、创新发展和特色发展的空间。为切实加强学院教材建设与规范管理，不断提高学院教材建设与使用的专业化、规范化和科学化水平，学院成立了教材建设与管理工作领导小组和教材审定委员会，统筹领导、科学规划学院教材建设与管理工作，制定了《江苏联合职业技术学院教材建设与使用管理办法》和《关于院本教材开发若干问题的意见》，完善了教材建设与管理的规章制度；每年滚动修订《五年制高等职业教育教材征订目录》，统一组织五年制高职教育教材的征订、采购和配送；编制了学院"十三五"院本教材建设规划，组织18个专业和公共基础课程协作委员会推进了院本教材开发，建立了一支院本教材开发、编写、审定队伍；创建了江苏五年制高职教育教材研发基地，与江苏凤凰职业教育图书有限公司、苏州大学出版社、北京理工大学出版社、南京大学出版社、上海交通大学出版社等签订了战略合作协议，协同开发独具五年制高职教育特色的院本教材。

　　今后一个时期，学院将在推动教材建设和规范管理工作的基础上，紧密结合五年制高职教育发展新形势，主动适应江苏地方社会经济发展和五年制高职教育改革创新的需要，以学院18个专业协作委员会和公共基础课程协作委员会为开发团队，以江苏五年制高职教育教材研发基地为开发平台，组织具有先进教学思想和学术造诣较高的骨干教师，依照学院院本教材建设规划，重点编写和出版约600本有特色、能体现五年制高职教育教学改革成果的院本教材，努力形成具有江苏五年制高职教育特色的院本教材体系。同时，加强教材建设质量管理，树立精品意识，制订五年制高职教育教材评价标准，建立教材质量评价指标体系，开展教材评价评估工作，设立教材质量档案，加强教材质量跟踪，确保院本教材的先进性、科学性、人文性、适用性和特色性建设。学院教材审定委员会将组织各专业协作委员会做好对各专业课程（含技能课程、实训课程、专业选修课程等）教材出版前的审定工作。

  本套院本教材较好地吸收了江苏五年制高职教育最新理论和实践研究成果，符合五年制高职教育人才培养目标定位要求。教材内容深入浅出，难易适中，突出"五年贯通培养、系统设计"专业实践技能经验的积累，重视启发学生思维和培养学生运用知识的能力。教材条理清楚、层次分明、结构严谨、图表美观、文字规范，是一套专门针对五年制高职教育人才培养的教材。

学院教材建设与管理工作领导小组
学院教材审定委员会
2017年11月

序 言

2015年5月，国务院印发关于《中国制造2025》的通知，通知重点强调提高国家制造业创新能力，推进信息化与工业化深度融合，强化工业基础能力，加强质量品牌建设，全面推行绿色制造及大力推动重点领域突破发展等，而高质量的技能型人才是实现这一发展战略的重要途径。

为全面贯彻国家对于高技能人才的培养精神，提升五年制高等职业教育机电类专业教学质量，深化江苏联合职业技术学院机电类专业教学改革成果，并最大限度地共享这一优秀成果，学院机电专业协作委员会特组织优秀教师及相关专家，全面、优质、高效地修订及新开发了本系列规划教材，并配备了数字化教学资源，以适应当前的信息化教学需求。

本系列教材所具特色如下：

● 教材培养目标、内容结构符合教育部及学院专业标准中制定的各课程人才培养目标及相关标准规范。

● 教材力求简洁、实用，编写上兼顾现代职业教育的创新发展及传统理论体系，并使之完美结合。

● 教材内容反映了工业发展的最新成果，所涉及的标准规范均为最新国家标准或行业规范。

● 教材编写形式新颖，教材栏目设计合理，版式美观，图文并茂，体现了职业教育工学结合的教学改革精神。

● 教材配备相关的数字化教学资源，体现了学院信息化教学的最新成果。

本系列教材在组织编写过程中得到了江苏联合职业技术学院各位领导的大力支持与帮助，并在学院机电专业协作委员会全体成员的一直努力下顺利完成了出版任务。由于各参与编写作者及编审委员会专家时间相对仓促，加之行业技术更新较快，教材中难免有不当之处，敬请广大读者予以批评指正，在此一并表示感谢！我们将不断完善与提升本系列教材的整体质量，使其更好地服务于学院机电专业及全国其他高等职业院校相关专业的教育教学，为培养新时期下的高技能人才做出应有的贡献。

江苏联合职业技术学院机电协作委员会
2017年12月

前　言

本书是江苏省五年制高等职业院校课程改革成果系列教材之一，是依据教育部指导性课程标准，根据最新修订的五年制高职数控技术、机电技术应用专业核心课程"机械制图与CAD技术"课标编写的，体现"以就业为导向、以能力为本位、以学生为主体"的教育理念。

本书以培养学生的机械识图能力和计算机绘图技术为目标，属于技术基础类教材，全书共分为9章，机械制图的基础知识与技能、正投影法与三视图、轴测图的绘制、切割体与相贯体、组合体视图、机件图样的常用表达方法、常用件与标准件、零件图、装配图，各章均有对应的习题。本书将机械制图与AutoCAD技术有机结合，兼顾综合性、实用性和先进性，突出学生的能力和创新意识的培养。

本书的特点如下：

（1）本书按照"教、学、做"合一的要求编写，体现了"能力目标、学生主体、练习训练"的教学要求，突出了职业岗位能力培养的职教思想。

（2）本书采用章节的形式建构框架，内容安排由浅入深，符合认知规律，便于教师组织教学和学生的自主学习。

（3）本书按照最新的机械制图国家标准编写，AutoCAD软件采用较新的AutoCAD 2010版，体现了新知识、新技术、新工艺、新方法和新要求，实现了与生产过程的对接。

本书可作为高职高专数控技术、机电技术应用和相近专业及其他职业院校机电类相关专业的教学用书，也可作为相关行业的岗位培训教材或自学参考。

本书（含习题集）由陈慧斌、李添翼担任主编，王珩担任副主编，具体编写分工如下：陈慧斌编写第1章及附录，费晓莉、彭强编写第2章，徐丹凤编写第3章，顾丹艳编写第4章，曹怡红编写第5章，黄慧编写第6章，王珩编写第7章，李添翼、何婕编写第8章，向爱进编写第9章。本书由陈慧斌统稿，由泰州机电高等职业学校朱仁盛担任主审，由盐城机电高等职业学校张国军终审。

本书参考学时数为118学时，学时分配建议如下：

序号	内容	学时
1	机械制图的基础知识与技能	14
2	正投影法与三视图	14
3	轴测图的绘制	10
4	切割体与相贯体	10
5	组合体视图	14

续表

序号	内容	学时
6	机件图样的常用表达方法	16
7	常用件与标准件	12
8	零件图	8
9	装配图	8
10	大作业	12

由于编者水平有限，难免有疏漏和不当之处，恳请读者提出宝贵意见。

编 者

目录

第1章 机械制图的基础知识与技能 ………… 1
- 1.1 制图的基本规定 ………… 1
- 1.2 平面图形的画法 ………… 11
- 1.3 AutoCAD 2010 绘图环境设置 ………… 20
- 1.4 AutoCAD 2010 绘制平面图形及标注 ………… 26

第2章 正投影法与三视图 ………… 38
- 2.1 三视图的形成及投影规律 ………… 38
- 2.2 点、线、面的投影 ………… 45
- 2.3 基本几何体的投影及表面取点 ………… 51
- 2.4 AutoCAD 2010 绘制三视图 ………… 60

第3章 轴测图的绘制 ………… 65
- 3.1 正等轴测图及其画法 ………… 65
- 3.2 斜二轴测图及其画法 ………… 71
- 3.3 AutoCAD 2010 绘制轴测图及标注尺寸 ………… 72

第4章 切割体与相贯体 ………… 79
- 4.1 平面立体表面点和截交线的投影 ………… 79
- 4.2 曲面立体表面点和截交线的投影 ………… 81
- 4.3 相贯线的投影作图 ………… 86
- 4.4 AutoCAD 2010 绘制立体表面交线 ………… 93

第5章 组合体视图 ………… 101
- 5.1 绘制组合体三视图 ………… 101
- 5.2 组合体的尺寸标注 ………… 113
- 5.3 AutoCAD 2010 组合体及标注尺寸 ………… 118

第6章 机件图样的常用表达方法 ………… 129
- 6.1 视图 ………… 129
- 6.2 剖视图 ………… 133
- 6.3 断面图 ………… 141
- 6.4 其他表示法 ………… 145
- 6.5 用 AutoCAD 绘制机件图样 ………… 149

第7章 常用件与标准件 ………… 162
- 7.1 螺纹与螺纹紧固件 ………… 162
- 7.2 齿轮 ………… 171
- 7.3 键、销连接 ………… 176

目 录

7.4 滚动轴承、弹簧 …………………………………… 179
7.5 AutoCAD 2010 绘制常用件 ……………………… 184

第 8 章 零件图 …………………………………… 194
8.1 认识零件图及视图选择 ………………………… 194
8.2 零件图的尺寸标注 ……………………………… 198
8.3 零件图的技术要求 ……………………………… 201
8.4 零件的工艺结构 ………………………………… 216
8.5 读零件图 ………………………………………… 219
8.6 用 AutoCAD 画零件图 ………………………… 226

第 9 章 装配图 …………………………………… 249
9.1 识读装配图 ……………………………………… 249
9.2 装配图尺寸标注及明细栏的标注 ……………… 262
9.3 装配图拆画零件图 ……………………………… 264
9.4 AutoCAD 2010 绘制装配图 …………………… 269

附录 …………………………………………………… 278
附录 A 螺纹 ………………………………………… 278
附录 B 常用标准件 ………………………………… 282
附录 C 极限与配合 ………………………………… 293
附录 D 标准结构 …………………………………… 302
附录 E 常用材料 …………………………………… 305

第1章　机械制图的基础知识与技能

学习目标

1. 掌握制图国家标准对图纸幅面、格式、比例、字体、图线和尺寸注法的有关规定。
2. 了解常规绘图工具的使用方法。
3. 掌握平面绘图的基本方法及技巧。
4. 掌握 AutoCAD 2010 的基本设置、平面绘图及尺寸标注方法。

1.1　制图的基本规定

1.1.1　图纸幅面和格式

1. 基本幅面

根据制图国家标准对图纸幅面和格式（GB/T 14689—2008）要求的规定，绘制图样时，应优先选用表 1-1 中规定的基本幅面。基本幅面包括 A0、A1、A2、A3、A4 共五种，特殊情况下，允许选用加长幅面。加长幅面的尺寸由基本幅面的短边成整数倍增加得出，如图 1-1 所示。

表 1-1　基本幅面及其尺寸

幅面代号	A0	A1	A2	A3	A4
$B \times L$	841×1 189	594×841	420×594	297×420	210×297
e	20			10	
c	10			5	
a	25				

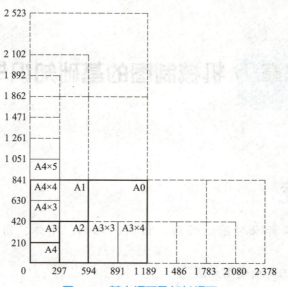

图 1-1 基本幅面及加长幅面

2. 图框格式和尺寸

图纸无论装订与否,在图样上都必须用粗实线画出图框,其格式分为留装订边和不留装订边两种,并且为了复制和缩微摄影时的定位方便,图纸各边长的中点处分别画出对中符号,如图 1-3(b)所示(图 1-2 和图 1-3 中 a、c、e 的值见表 1-1)。同一产品的图样必须采用同一格式。

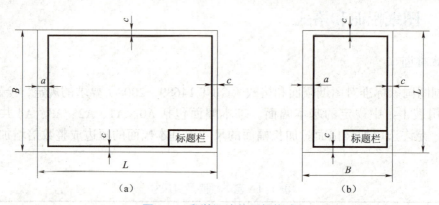

图 1-2 留装订边的图框格式

3. 标题栏

标题栏位于每张图纸的右下角,标题栏中文字的方向为看图方向,其格式和尺寸在制图国家标准(GB/T 10609.1—2008)中作了规定,如图 1-4 所示。

在使用预先印制的图纸,需要改变标题栏的方位时,必须将其旋转至图纸的右上角,此时,为了明确绘图与看图的方向,应在图纸下边对中符号处画一个方向符号,如图 1-3 所示。

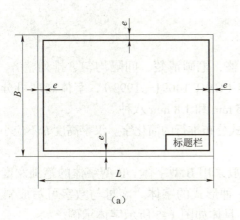
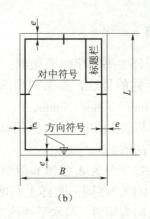
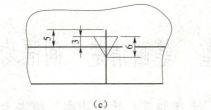

图 1-3 不留装订边的图框格式及对中符号、方向符号

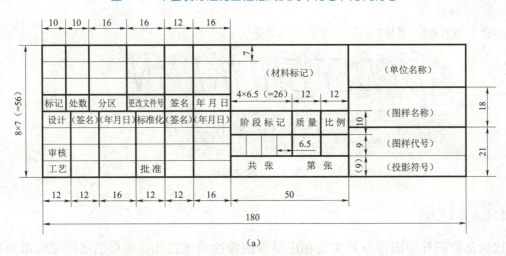

(a)

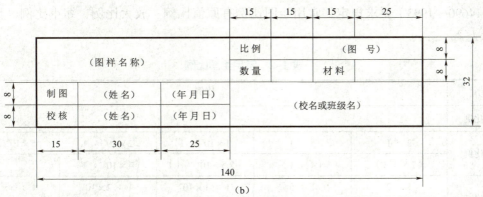

(b)

图 1-4 标题栏格式

（a）标题栏（标准）；（b）学生作业用标题栏（非标）

4. 字体

机械图样中书写字体要做到：字体工整、笔画清楚、间隔均匀、排列整齐。字体高度（h）代表字体的号数，根据制图国家标准（GB/T 14691—1993），字体高度可分为 20 mm、14 mm、10 mm、7 mm、5 mm、3.5 mm、2.5 mm 和 1.8 mm 八种。

汉字应写成长仿宋体，并采用国务院正式公布推行的简化字。汉字高度 h 不应小于 3.5 mm，字宽约为字高的 2/3。

字母和数字分为 A 型和 B 型两种，一般采用 B 型字体。B 型字体的笔画宽度（d）为字高（h）的 1/10。在同一图样上只能出现一种形式的字体。字母与数字可写成斜体和直体。斜体字字头向右倾斜，与水平线约成 75°，具体如图 1-5 所示字体示例。

图 1-5 字体示例

1.1.2 比例

比例是指图样中图形与其实物相应要素的线性尺寸之比。根据制图国家标准对比例（GB/T 14690—1993）要求规定，常用绘图比例有原值比例、放大比例、缩小比例，具体选用见表 1-2。

表 1-2 常用绘图比例

种类	比例				
原值比例	1 : 1				
放大比例	2 : 1	5 : 1	1×10^n : 1	2×10^n : 1	5×10^n : 1
	(2.5 : 1)	(4 : 1)	(2.5×10^n : 1)	(4×10^n : 1)	
缩小比例	1 : 2	1 : 5	1 : 1×10^n	1 : 2×10^n	1 : 5×10^n
	(1 : 1.5×10^n)	(1 : 2.5×10^n)	(1 : 3×10^n)	(1 : 4×10^n)	(1 : 6×10^n)

注：n 为正整数，优先选用不带括号的比例。

绘图时应尽可能采用原值比例。根据表达对象的特点，也可选用放大或缩小比例。选用比例的原则是有利于图形的最佳表达效果和图画的有效利用。

不论采用何种比例，图样中所注的尺寸数值都是所表达对象的真实大小，与图形比例无关。同一物体采用不同比例绘制的图形与标注如图1–6所示。

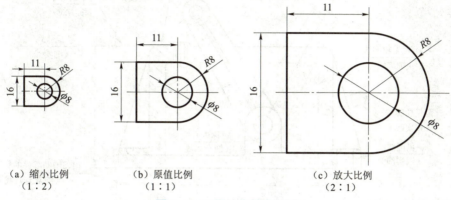

（a）缩小比例　　　　（b）原值比例　　　　（c）放大比例
　　（1∶2）　　　　　　　（1∶1）　　　　　　　（2∶1）

图1–6　不同比例绘制效果

比例一般标注在标题栏中的"比例"栏内，也可以注写在视图名称的下方或右侧，如：

$$\frac{1}{2:1} \qquad \frac{A\text{向}}{1:100} \qquad \frac{B-B}{2.5:1}$$

1.1.3 图线

国家标准《技术制图　图线》（GB/T 17450—1998）规定了15种基本线型，适用于机械、电气、土建等图样。国家标准《机械制图　图样画法　图线》（GB/T 4457.4—2002）中规定了9种线型，具体名称、形式、宽度和应用示例见表1–3。

表1–3　图线的线型及其应用

名称	线型	线宽	应用
粗实线	———————	d	可见轮廓线
细虚线	- - - - - - - -	$d/2$	不可见轮廓线
细实线	———————	$d/2$	尺寸线、尺寸界线、剖面线、重合断面的轮廓线等
细点画线	— · — · — · —	$d/2$	轴线、对称中心线等
细双点画线	— ·· — ·· — ·· —	$d/2$	可动零件极限位置的轮廓线、相邻辅助零件的轮廓线等
波浪线	～～～～～	$d/2$	断裂处边界线、视图与剖视的分界线
双折线	—∨—∨—∨—	$d/2$	断裂处边界线、视图与剖视图的分界线
粗点画线	— · — · — · —	d	限定范围表示线
粗虚线	- - - - - - - -	d	允许表面处理的表示线

机械图样的图线分粗、细两种。粗线的宽度 d 可在 0.5～2 mm 选择（练习时一般用 0.7 mm），细线的宽度为 $d/2$。各种图线及其应用示例如图 1-7 所示。

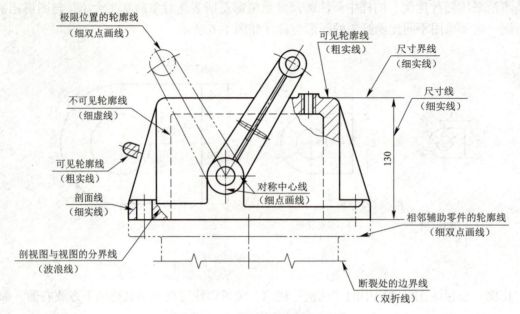

图 1-7　各种图线及其应用示例

绘制图线应注意以下几点：

（1）同一图样中，同类线型的宽度应基本一致。

（2）国家标准对细虚线、细点画线、细双点画线等线段长度和间隙并未作出具体的规定，但在同一张图样中它们应大致相等。

（3）当细虚线与其他图线相交时，应该是线段处相交；当细虚线在粗实线的延长线上时，在连接处应断开。

（4）绘制细点画线时，首尾两端应为线段，而不是点；细点画线与其他线段相交时，也应在线段处相交。

（5）当两种或两种以上的图线重叠时，通常画线的顺序为：可见轮廓线—不可见轮廓线—轴线和对称中心线—双点画线。

1.1.4　尺寸标注

在图样中，图形只能反映物体的结构形状，物体的真实大小要靠所标注的尺寸来决定。国家标准《机械制图　尺寸注法》（GB/T 4458.4—2003、GB/T 19096—2003）规定了图样中尺寸的注法。

1. 基本要求

正确——尺寸注法要符合国家标准的规定。

完整——尺寸必须注写齐全，不遗漏，不重复。

清晰——尺寸布局要整齐、清楚，便于看图和查找。

2. 基本规则

（1）机件的真实大小应以图样上所注的尺寸数值为依据，与图形的大小及绘图的准确程度无关。

（2）图样中的尺寸以毫米（mm）为单位时，不需要标注单位符号（或名称）。

（3）图样中所标注的尺寸为该图样所示机件的最后完工尺寸，否则应另加说明。

（4）机件的每一尺寸一般只标注一次，并应标注在反映该结构最清晰的图形上。

3. 尺寸的组成及注法

一个完整的尺寸一般由尺寸数字、尺寸线和尺寸界线三部分组成，如图1-8所示。

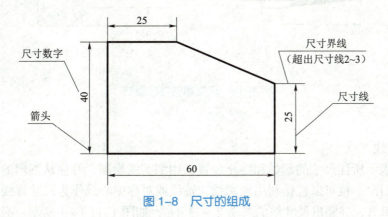

图1-8 尺寸的组成

1）尺寸数字

尺寸数字表示尺寸的大小。

如图1-9（a）所示，尺寸线为水平方向时，尺寸数字规定由左向右书写，字头朝上。尺寸线为竖直方向时，尺寸数字由下向上书写，字头朝左。在倾斜的尺寸线上注写尺寸数字时，必须使字头方向有向上的趋势，尽量避免在30°范围内标注尺寸。当无法避免时可按图1-9（b）所示标注。

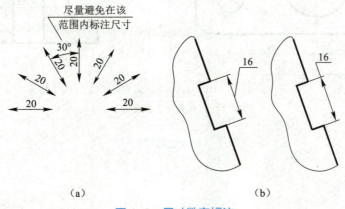

图1-9 尺寸数字标注

2)尺寸线

尺寸线表示尺寸的方向。

尺寸线用细实线绘制,应平行于被标注的线段,相同方向的各尺寸线之间的间隔约为7 mm。

尺寸线一般不能用图形上的其他图线代替,也不能与其他图线重合或画在其延长线上,并应尽量避免与其他的尺寸线或尺寸界线相交。

尺寸线终端有箭头和斜线两种形式,如图1-10所示。当没有足够的位置画箭头时,可用小圆点代替。

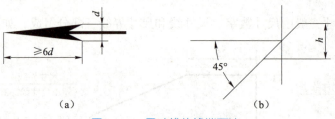

图 1-10 尺寸线的终端画法

(a)箭头;(b)斜线

3)尺寸界线

尺寸界线表示所注尺寸的起始和终止位置,用细实线绘制,并应从图形的轮廓线、轴线或对称中心线引出;也可以直接利用轮廓线、轴线或对称中心线作为尺寸界线。尺寸界线一般应与尺寸线垂直,并超出尺寸线的终端2~3 mm,如图1-11(a)所示。必要时才允许倾斜,但两尺寸界线必须相互平行,如图1-11(b)所示。

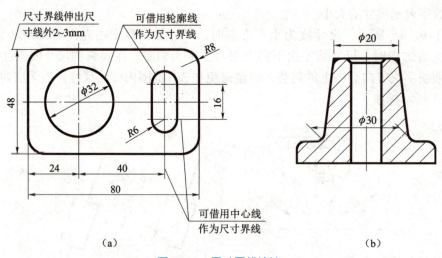

图 1-11 尺寸界线注法

4. 尺寸标注示例

表1-4给出了国家标准所规定的常见尺寸标注。

表 1-4 常见尺寸标注

项目	示例	说明
角度尺寸	(见图)	尺寸界线沿径向引出，尺寸线画成圆弧，圆心为角的顶点，如图（a）所示；数字一律水平书写，且数字一般注写在尺寸线的中断处，必要时也可按图（b）所示标注
线性尺寸	(见图)	线性尺寸数字按图（a）所示的方向书写；应尽量避免在图示 30°的范围内标注尺寸，当无法避免时，按图（b）所示的方法标注。非水平方向的尺寸，其数字允许水平填写在尺寸线的中断处，如图（c）所示。同一图样中的注法应保持一致。尺寸数字不可被任何图线所通过，否则必须将该图线断开
圆	(见图)	标注圆的直径一般只画尺寸线，并在尺寸数字前加注符号"φ"。标注圆弧时，大于半圆则标注直径

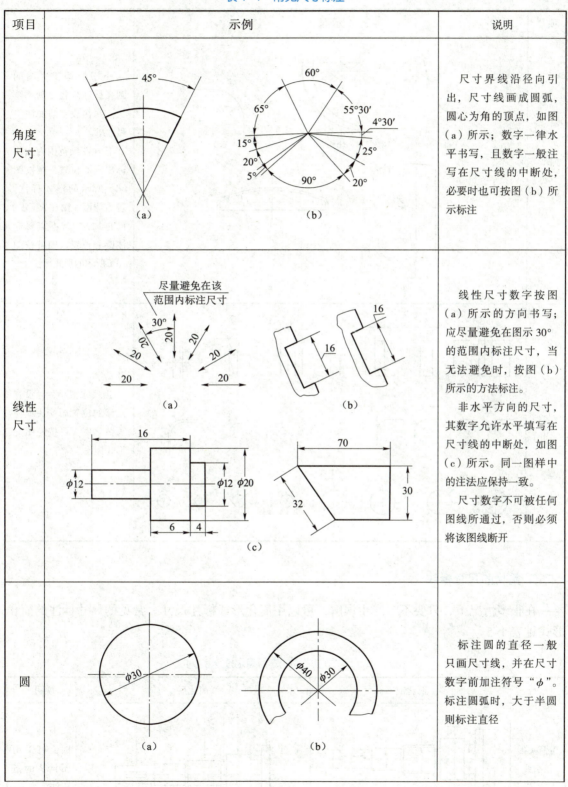

项目	示例	说明
圆弧	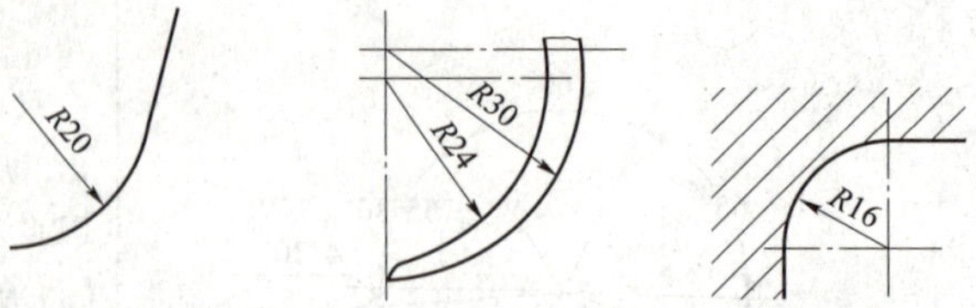 (a) (b) (c) 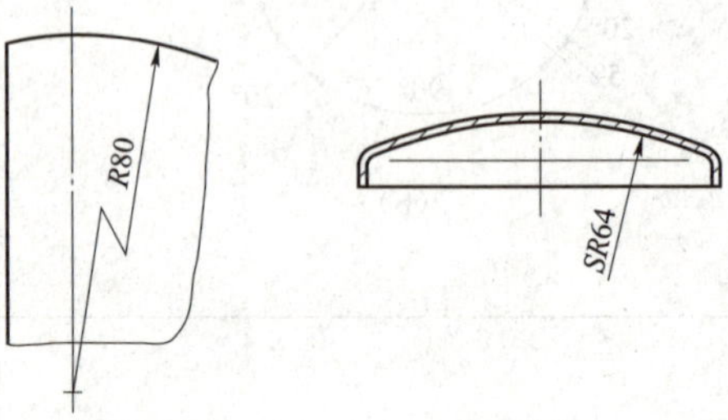 (d) (e)	小于或等于半圆的圆弧标注半径，画单箭头，并在数字前加注符号"R"。若在图纸范围内无法标出圆心位置，则按图(d)所示的形式标注。若为球面，则在R(φ)前再加S。若不需要标注圆心位置，则可按图(e)所示的形式标注
小尺寸	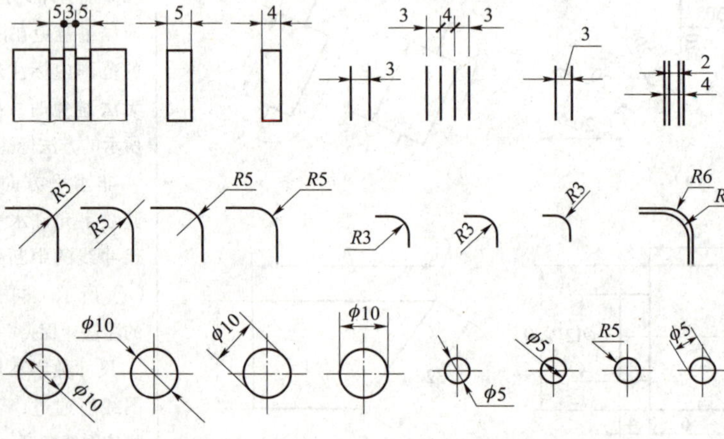	当尺寸很小，且没有足够的位置画箭头或注写数字时，可按左图的形式标注

5. 简化的尺寸标注

在很多情况下，只要不会产生误解，可以用简化形式标注尺寸。常见的尺寸标注的简化形式见表1-5。

表1-5 尺寸的规定注法和简化注法的对比

项目	简化前	简化后	说明
带箭头的指引线	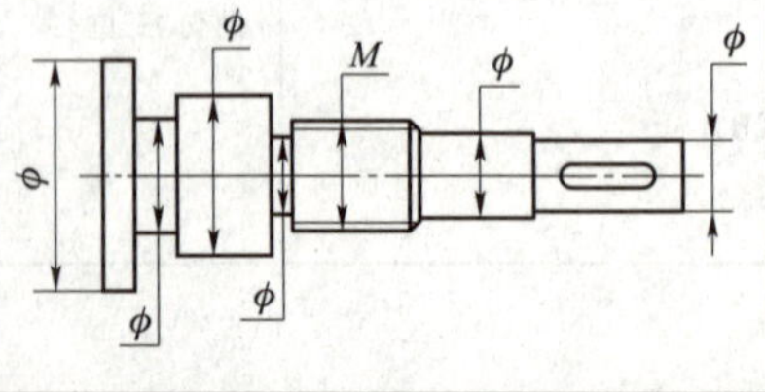	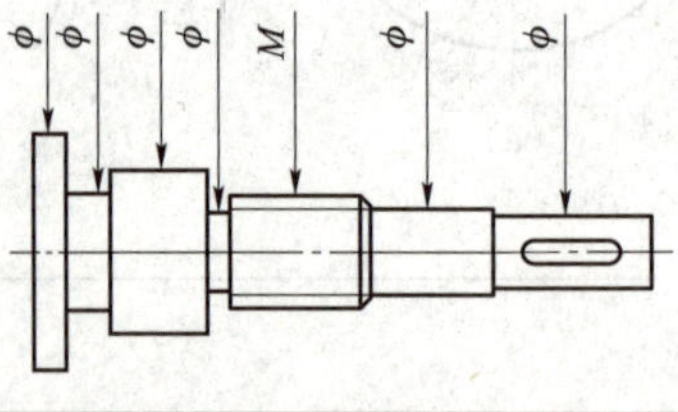	标注尺寸时，可采用带箭头的指引线

续表

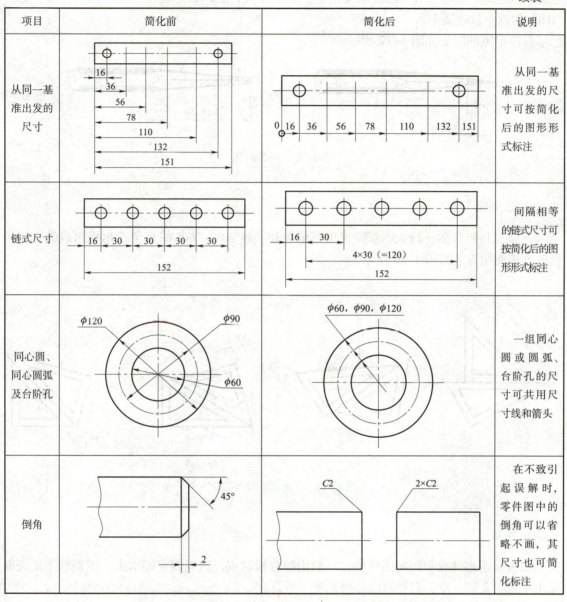

1.2 平面图形的画法

1.2.1 绘图工具

1. 铅笔

常用的绘图铅笔分软、硬两种。标有"B"的表示软铅芯,数字越大,表示铅芯越软,绘制图线越黑；标有"H"的表示硬铅芯，数字越大，表示铅芯越硬，绘制图线越淡。标有"HB"的表示软硬适中。

具体铅笔的削法如图1-12所示。

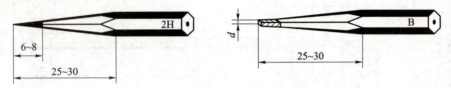

图1-12 铅笔削法

2. 三角板

一副三角板是由一块45°等腰直角三角板和一块30°～60°的直角三角板组成的。三角板的具体使用方法如图1-13所示。

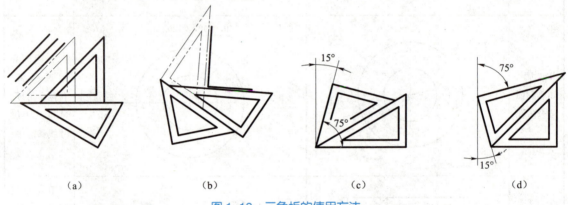

图1-13 三角板的使用方法

3. 图板

图板是用来铺放和固定图纸的，一般由胶合板制成，四周镶有硬木边。图板的工作表面要求平坦、光洁，左、右导向边必须光滑、平直。

4. 丁字尺

丁字尺由尺头和尺身组成。尺头可沿图板四周导向边移动，尺身工作边有刻度，可绘制水平、垂直线及量取长度。

图板、三角板、丁字尺的配合使用如图1-14所示。

5. 圆规与分规

圆规主要用来画圆和圆弧。圆规的一端装有钢针，用来定心，防止孔扩大；另一端可安装铅芯，并保持画圆时铅芯和图面垂直，如图1-15所示。

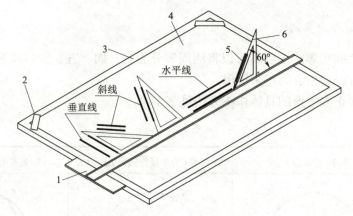

图1-14 图板、三角板、丁字尺的配合使用

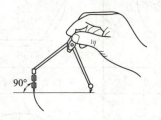
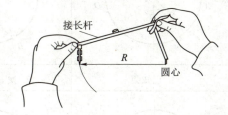

图1-15 圆规的使用

分规主要用来截取尺寸、等分线段和圆周,分规的两脚并拢时应对齐,如图1-16所示。

1.2.2 基本几何作图

绘制图样时,零件的图形虽然各不相同,但都是由各种直线、圆弧和其他一些非圆曲线组成的几何图形。掌握好常见几何图形的作图方法,对提升绘图速度和质量有很大的帮助。

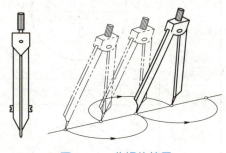

图1-16 分规的使用

1. 直线段的等分

直线段的等分可采用平行线法,以直线段 AB 为例,将已知线段 AB 分成五等份,具体作图方法见表1-6。

表1-6 直线段等分方法

	1. 已知线段	2. 作射线 AC,作五等分	3. 连接 5B 并作其他各点平行线
直线段等分作图方法	(图:线段AB)	(图:从A作射线AC,以R为半径等分出1,2,3,4,5点)	(图:连接5B,过1,2,3,4作平行线交AB于1',2',3',4')

2. 圆周等分与作正多边形

利用三角板和圆规等绘图工具可以将圆周等分为三、四、五、六、八等份，通过依次连接各等分点，即可得到相应的正多边形。

圆周等分与作正多边形的具体作图方法见表 1-7。

表 1-7 圆周等分与作正多边形

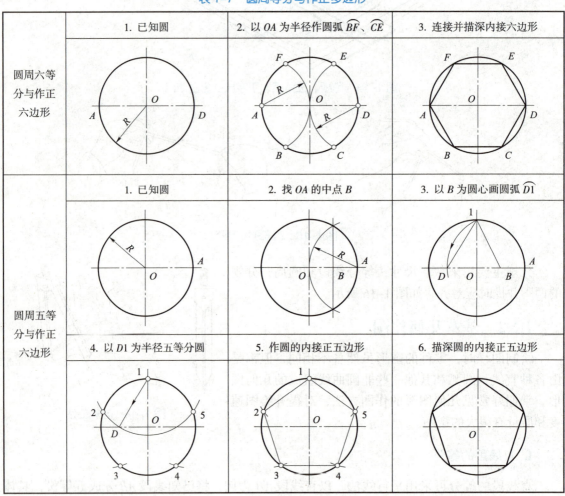

3. 斜度与锥度画法

1）斜度

一直线（或平面）相对于另一直线（或平面）的倾斜程度称为斜度。标注时，斜度以 $1:n$ 的形式表示，如图 1-17 所示。

2）锥度

正圆锥体底圆直径与锥高之比称为锥度。标注时，锥度以 $1:n$ 的形式表示，如图 1-18 所示。

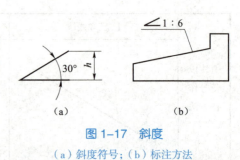

图 1-17 斜度

（a）斜度符号；（b）标注方法

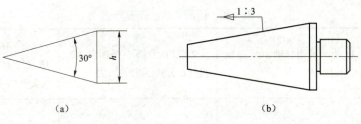

图 1-18 锥度

(a) 锥度符号；(b) 标注方法

3) 斜度和锥度的作图方法（见表 1-8）

表 1-8 斜度和锥度的作图方法

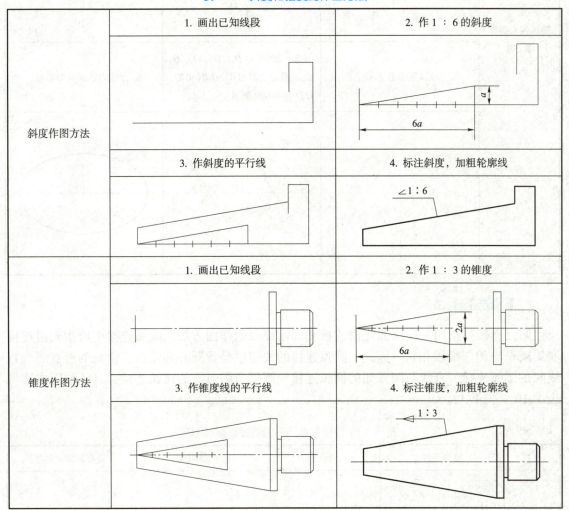

4. 椭圆画法

在已知椭圆长轴和短轴时，一般采用四心近似画法绘制椭圆，具体作图方法见表 1-9。

表 1-9 椭圆四心圆作图方法

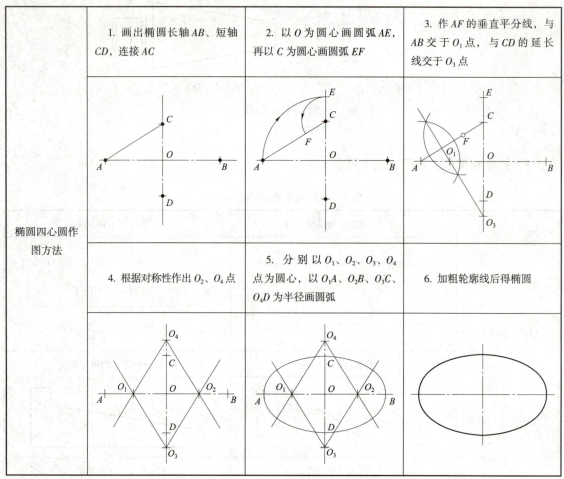

5. 圆弧连接画法

圆弧连接是指用一段圆弧光滑连接相邻两线段的作图方法。圆弧连接中所指光滑连接实质就是与相邻线段相切。因此，圆弧连接的关键就是找圆心和切点。常见的有直线与直线间的圆弧连接、直线与圆弧间的圆弧连接、圆弧与圆弧间的圆弧连接，具体作图方法见表 1-10 ~ 表 1-12。

表 1-10 直线与直线间的圆弧连接作图方法

项目	已知条件	求圆心 O	求切点	连接圆弧并加粗
直角				

续表

项目	已知条件	求圆心 O	求切点	连接圆弧并加粗
锐角	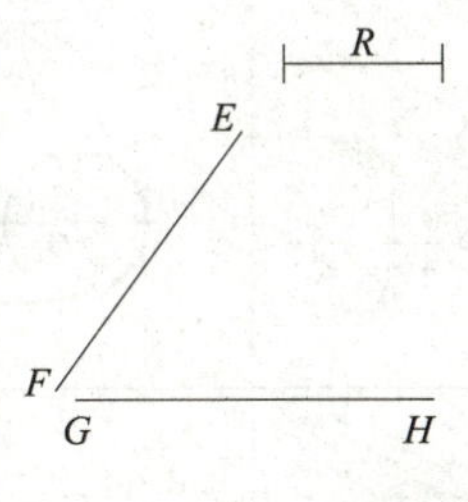	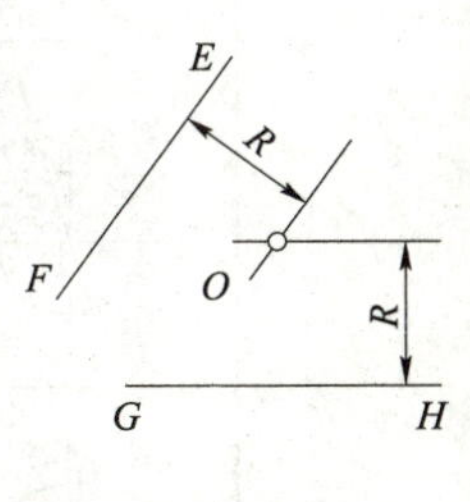	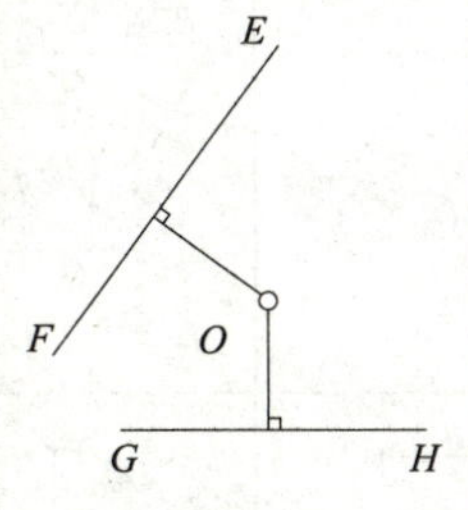	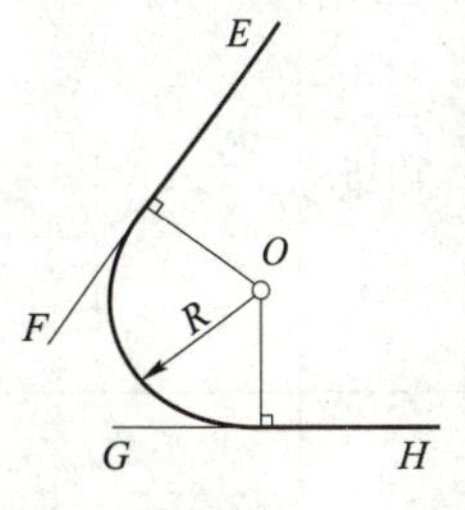
钝角	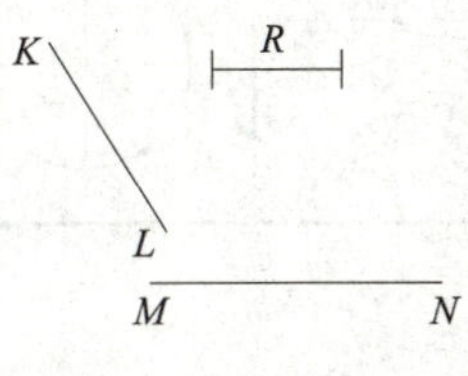	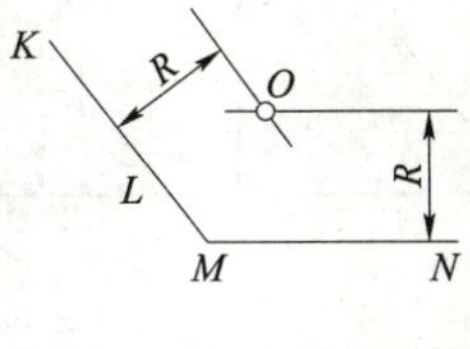	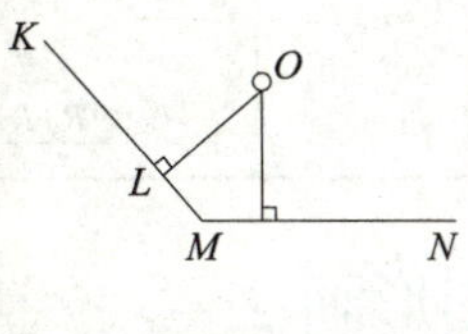	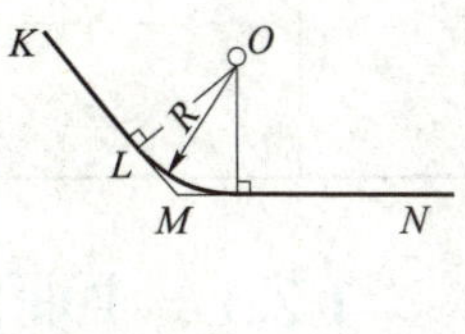

表 1-11　直线与圆弧间的圆弧连接作图方法

项目	1. 已知条件	2. 求连接圆弧圆心 O	3. 求切点	4. 连接圆弧并加粗
外切	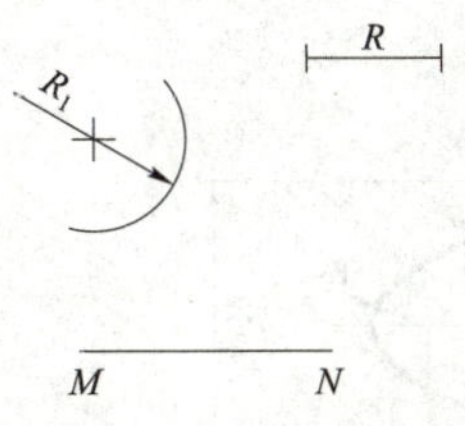	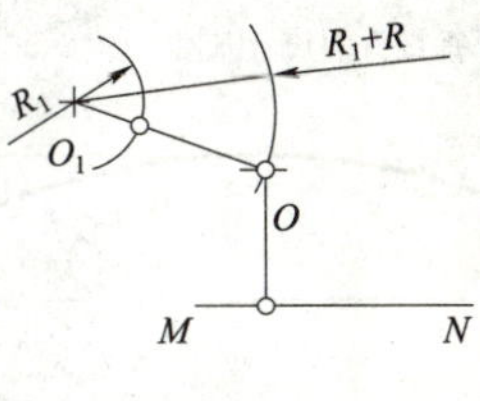	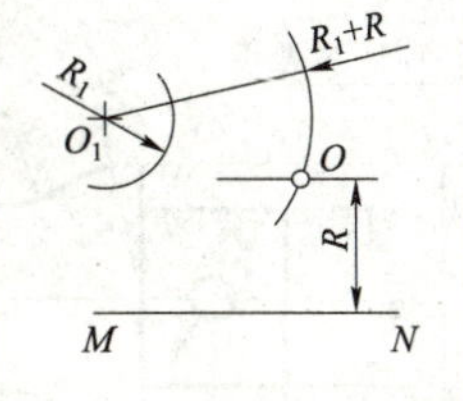	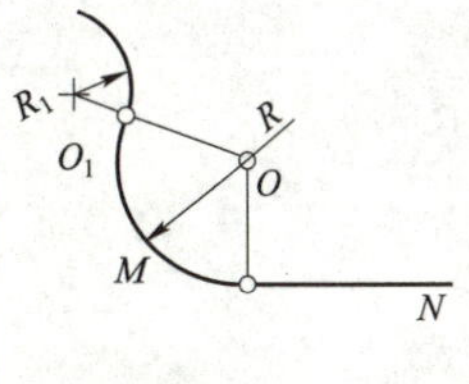
内切	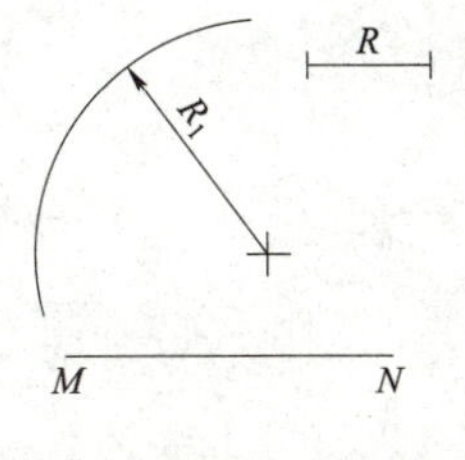	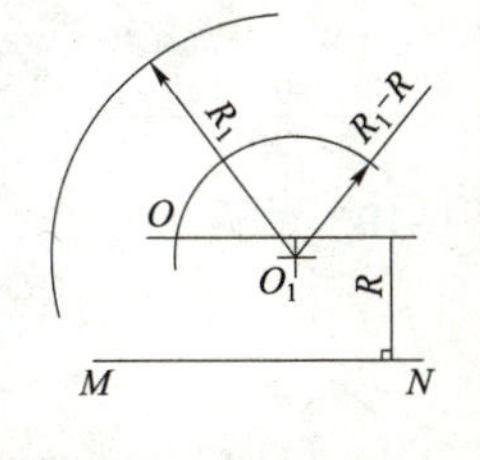	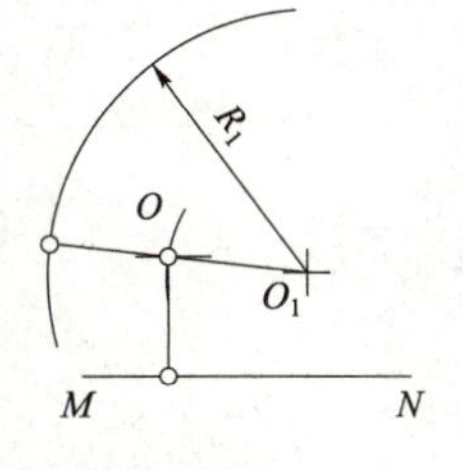	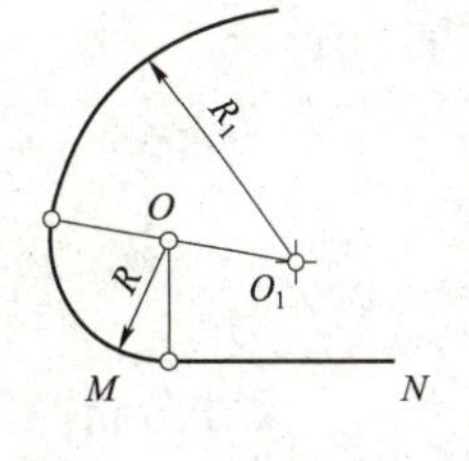

表 1-12　圆弧与圆弧间的圆弧连接作图方法

项目	1. 已知条件	2. 求连接圆弧圆心 O	3. 求切点	4. 连接圆弧并加粗
外切	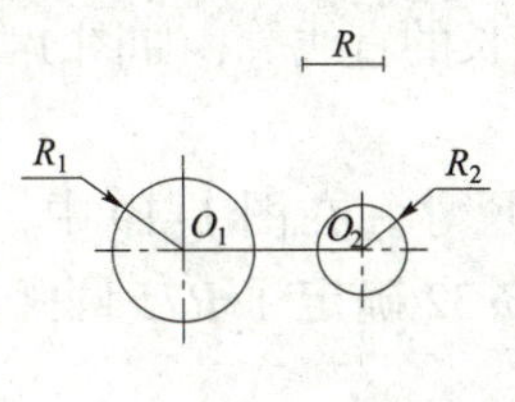	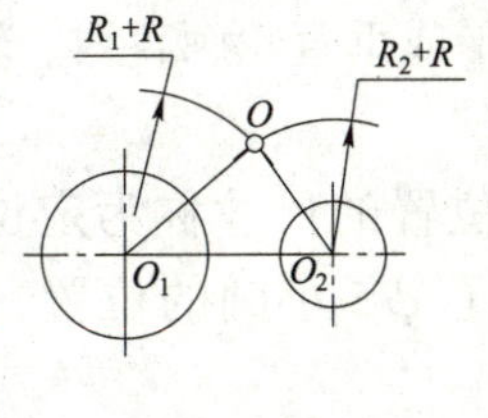	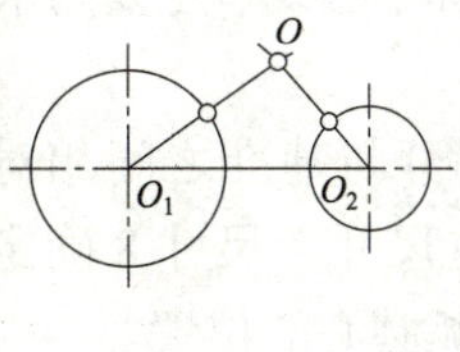	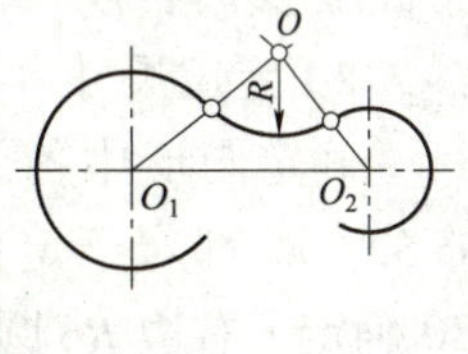

续表

项目	1. 已知条件	2. 求连接圆弧圆心 O	3. 求切点	4. 连接圆弧并加粗
内切				
混合切				

1.2.3 平面图形画法

平面图形是由各类线段（直线、圆、圆弧）连接而成的，线段之间的相对位置和连接关系靠给定的尺寸来确定。画图时，通过尺寸和线段的分析，明确各类线段间的关系，找出平面图形的作图顺序。下面以手柄的平面图形画法为例，如图 1-19 所示。

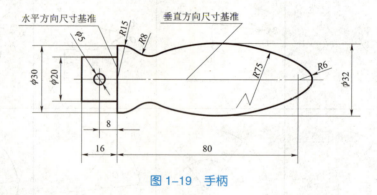

图 1-19 手柄

1. 尺寸分析

根据平面图形中尺寸所起的作用不同，尺寸可分为定形尺寸和定位尺寸两类，而在标注和分析尺寸时，首先要确定基准。

1）基准

确定尺寸位置的几何元素为基准。在平面图形中有水平和垂直两个方向的基准。常用的平面图形基准线有对称中心线、主要的水平或垂直轮廓直线、较长的直线等，如图 1-19 所示。

2）定位尺寸

确定图形中各部分与基准之间相对位置的尺寸称为定位尺寸。在图 1-19 中，尺寸 8、ϕ32、80 都属于定位尺寸。尺寸 8 确定了 ϕ5 小圆的位置，ϕ32 确定了 R75 圆弧的位置，80 确定了右边 R6 圆弧圆心的位置。

3)定形尺寸

确定图形中各部分几何形状大小的尺寸称为定形尺寸。在图 1-19 中，尺寸 $\phi 20$、16、$\phi 5$、R6、R15 等都属于定形尺寸。$\phi 20$ 和 16 确定了左边圆柱体的大小，$\phi 5$ 确定了小孔大小，R6 确定了右边圆弧的大小，R15 确定了中间圆弧的大小。

在分析过程中，常发现有些尺寸既是定位尺寸又是定形尺寸，在图 1-19 中，尺寸 R6 既确定了手柄最右边圆弧形状（定形尺寸），又间接确定了 R6 圆弧圆心（定位尺寸）。

2. 线段分析

平面图形中按所给尺寸齐全程度，线段可分为已知线段、中间线段和连接线段。

1）已知线段

定形、定位尺寸都完整的线段称为已知线段。在图 1-19 中，左边的圆柱体（$\phi 20$、16）、小孔（$\phi 5$、8）等均为已知线段。

2）中间线段

只有定形尺寸和一个定位尺寸，而缺少另一个定位尺寸的线段称为中间线段。如图 1-19 中 R75 的圆弧。

3）连接线段

只有定形尺寸而没有定位尺寸的线段称为连接线段。如图 1-19 中 R8 的圆弧。

3. 作图方法

具体作图方法及步骤见表 1-13。

表 1-13 手柄作图方法及步骤

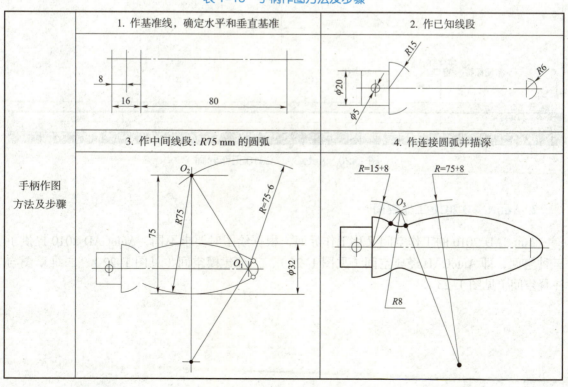

1.3 AutoCAD 2010 绘图环境设置

1.3.1 工作界面

AutoCAD 是 Autodesk 公司开发的专门用于计算机辅助设计的软件,该软件广泛应用于机械、建筑、电子、服装等领域,极大地提高了设计人员的工作效率。

1. AutoCAD 2010 启动

AutoCAD 2010 安装完成后,一般系统会默认在桌面自动生成一个快捷图标 ,双击即可启动 AutoCAD 2010。启动后 AutoCAD 2010 工作界面如图 1-20 所示。

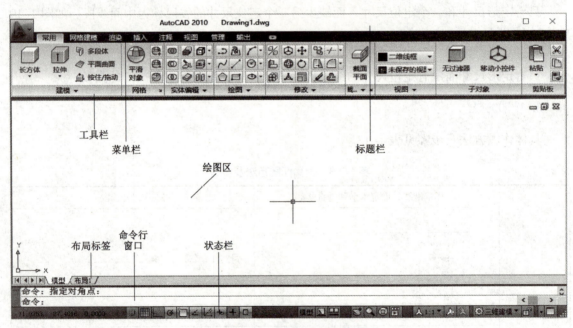

图 1-20　AutoCAD 2010 工作界面

2. AutoCAD 2010 工作空间

AutoCAD 2010 的工作空间又称工作界面,根据绘图时要求不同,AutoCAD 2010 提供了三种空间,即 AutoCAD 经典空间(见图 1-21)、三维建模空间(见图 1-22)、二维草图与注释空间(见图 1-23)。

第 1 章 机械制图的基础知识与技能

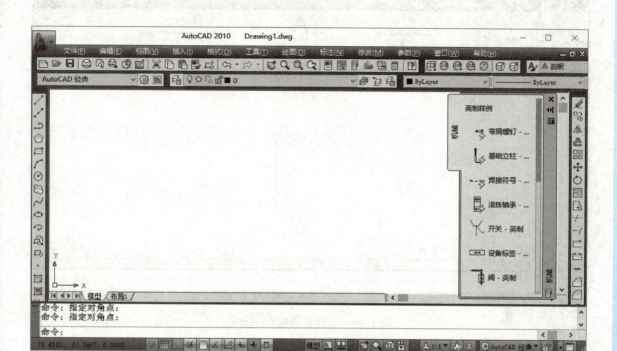

图 1-21 AutoCAD 经典空间

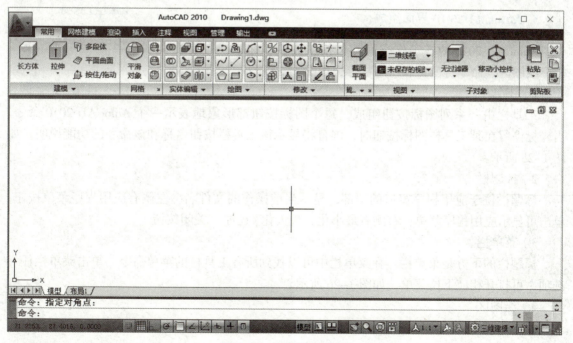

图 1-22 三维建模空间

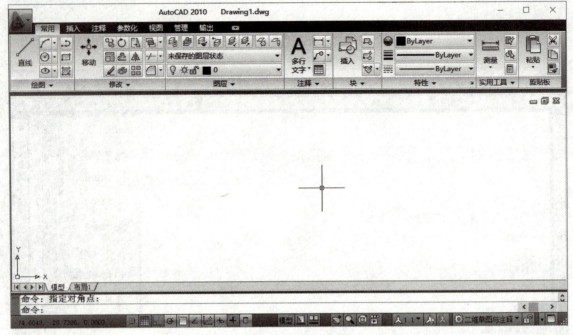

图1-23 二维草图与注释空间

AutoCAD 2010 的工作空间切换方法可通过单击右下角状态栏上的 图标按钮进行选择，如图1-24所示。

3. AutoCAD 2010 界面组成

AutoCAD 2010 的各工作空间都包括工具栏、标题栏、菜单栏、绘图区、命令行窗口和状态栏等，如图1-20所示。

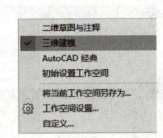

图1-24 切换工作空间

1）工具栏

工具栏由一系列图标按钮组成，每个图标按钮都形象地表示一个 AutoCAD 2010 命令。当光标停留在某工具栏图标按钮时，屏幕将显示该工具栏按钮名称和该命令的功能说明，如图1-25所示。

2）标题栏

标题栏位于应用程序窗口的顶部，显示当前操作的文件名。左侧有应用程序菜单按钮，单击可显示应用程序菜单；右侧有最小化、最大化/还原、关闭按钮。

3）菜单栏

标题栏的下方是菜单栏，在菜单栏中可以找到所有工具栏的菜单命令。单击菜单栏任一选项，可打开相应下拉菜单，如图1-26所示。

4）绘图区

绘图区是绘制图形与编辑的区域，即应用程序窗口中间较大的空白区域。

5）命令行窗口

绘图区下方是命令行窗口，主要用于显示绘图命令和系统提示信息，也可以输入命令和绘图参数，以便准确、快速地绘制图形。

第1章 机械制图的基础知识与技能

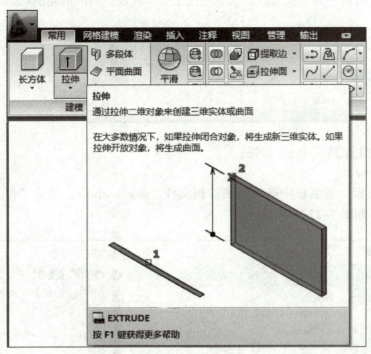

图 1-25 工具栏按钮

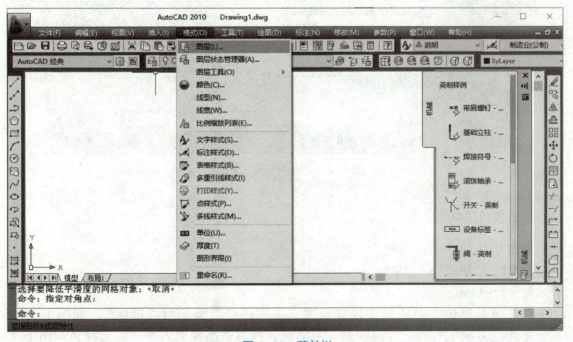

图 1-26 菜单栏

（6）状态栏

应用程序窗口最下方是状态栏，状态栏用于显示或设置当前的绘图状态。

1.3.2 绘图环境设置

1. 创建图形文件

操作方法：

菜单栏："文件"—"新建"；

工具栏：单击工具栏中 按钮；

命令行：New。

在"选择样板"对话框中选择米制样板文件"acadiso.dwt"，单击"打开"按钮，即建立新图形文件，如图 1-27 所示。

图 1-27 "选择样板"对话框

2. 设置绘图单位

操作方法：

菜单栏："格式"—"单位"；

命令行：Units。

在"图形单位"对话框中设置长度、角度的"类型"与"精度"，如图 1-28 所示。单击"方向"打开"方向控制"对话框，可对基准角度方向进行选择，如图 1-29 所示。

第 1 章　机械制图的基础知识与技能

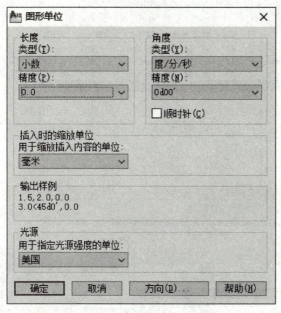

图 1-28　"图形单位"对话框

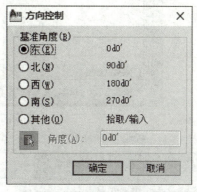

图 1-29　"方向控制"对话框

3. 设置图形界限

操作方法：

菜单栏："格式"—"图形界限"；

命令行：Limits。

命令行提示如图 1-30 所示。左下角点默认为原点（0.0,0.0），若接受默认原点则直接按回车，如需重新指定则直接输入左下角的坐标；右上角点默认为（420.0,210.0），即 A3 图纸大小，若接受则按回车，否则重新输入其他值。

```
指定左下角点或 [开(ON)/关(OFF)] <0.0,0.0>:
指定右上角点 <420.0,210.0>:
```

图 1-30　"图形界限"设置

4. 设置图层、颜色、线型、线宽

操作方法：

菜单栏："格式"—"图层"；

工具栏：单击图层工具栏中 按钮；

命令行：Layer 或 La。

在"图层特性管理器"对话框中单击"新建图层"按钮，自动创建"图层 1"，如需重新命名可直接输入或单击鼠标右键选择重命名图层，并分别单击"图层 1"中的颜色、线型、线宽，在弹出的对话框中进行修改和设置，如图 1-31 所示。

25

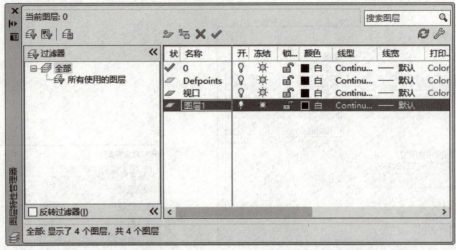

图 1-31　图层特性管理器

1.4　AutoCAD 2010 绘制平面图形及标注

1.4.1　绘制平面图形

1. 绘图命令

1）直线操作方法

菜单栏："绘图"—"直线";

工具栏：单击绘图工具栏中 ✏ 按钮;

命令行：Line 或 L。

直线坐标的输入分为直角坐标和极坐标两种，具体操作方法见表 1-14。

2）圆操作方法

菜单栏："绘图"—"圆";

表 1-14 直线坐标操作方法

名称	分类	举例	操作步骤
直角坐标	绝对直角坐标	10, 20　　20, 40	表示该点用 x，y 表示点的坐标
	相对直角坐标	10, 20　　@10, 20	表示该点的坐标相对于前一点的坐标值
极坐标	绝对极坐标	0, 0　　20.00　20°　20<20	表示该点长度 < 角度
	相对极坐标	10, 20　　20.00　20°　@20<20	表示该点相对于前一点的长度 < 角度

工具栏：单击绘图工具栏中 按钮；
命令行：Circle 或 C。

3）圆弧操作方法

菜单栏："绘图" — "圆弧"；
工具栏：单击绘图工具栏中 按钮；
命令行：Arc 或 A。

4）多边形操作方法

菜单栏："绘图" — "多边形"；
工具栏：单击绘图工具栏中 按钮；
命令行：Polygon 或 Pol。

5）矩形操作方法

菜单栏："绘图" — "矩形"；
工具栏：单击绘图工具栏中 按钮；
命令行：Rectang 或 Rec。

6）椭圆操作方法

菜单栏："绘图" — "椭圆"；
工具栏：单击绘图工具栏中 按钮；
命令行：Ellipse 或 El。

2. 修改命令

1）删除对象操作方法

删除对象是指删除绘图过程中一些多余的或错误的图元。

菜单栏:"修改"—"删除";

工具栏:单击修改工具栏中 ![] 按钮;

命令行:Erase 或 E。

直接选中对象,然后按"Delete"键。

2)移动对象操作方法

移动对象是指位置发生变化,但形状不变。

菜单栏:"修改"—"移动";

工具栏:单击修改工具栏中 ![] 按钮;

命令行:Move 或 M。

3)复制对象操作方法

复制对象是指将选定的一个或多个对象生成一个或多个副本,并将副本放置到指定的位置。

菜单栏:"修改"—"复制";

工具栏:单击修改工具栏中 ![] 按钮;

命令行:Copy 或 Co。

4)旋转对象操作方法

旋转对象是指改变对象的方向,并按指定的基点和角度定位新的方向。

菜单栏:"修改"—"旋转";

工具栏:单击修改工具栏中 ![] 按钮;

命令行:Rotate 或 Ro。

5)阵列对象操作方法

阵列对象是指快速创建多个对象,它分为环形阵列和矩形阵列两种。

菜单栏:"修改"—"阵列";

工具栏:单击修改工具栏中 ![] 按钮;

命令行:Array 或 Ar。

6)偏移命令操作方法

偏移是指将选取对象按指定距离或通过一个点进行移动。

菜单栏:"修改"—"偏移";

工具栏:单击修改工具栏中 ![] 按钮;

命令行:Offset 或 O。

7)修剪命令操作方法

修剪是指先选取修剪对象的边界,然后按回车并选择修剪的对象。

菜单栏:"修改"—"修剪";

工具栏:单击修改工具栏中 ![] 按钮;

命令行:Trim 或 Tr。

8)镜像命令操作方法

镜像是指将选定的对称线对所选取图形对象进行对称或复制,复制后可以删除源对象或不删除。

菜单栏:"修改"—"镜像";

工具栏:单击修改工具栏中 ![] 按钮;

命令行：Mirror 或 Mi。

9）圆角命令操作方法

圆角是指将相邻两对象通过指定半径的圆弧相连。

菜单栏："修改"—"圆角"；

工具栏：单击修改工具栏中 按钮；

命令行：Fillet 或 F。

10）倒角命令操作方法

倒角是指相邻两对象以平角相连。

菜单栏："修改"—"倒角"；

工具栏：单击修改工具栏中 按钮；

命令行：Chamfer 或 Cha。

3. 辅助绘图工具

1）对象捕捉操作方法

在绘图过程中，经常要指定一些已有对象上的点，如中点、端点、圆心和交点等。AutoCAD 2010 中提供了对象捕捉功能，可以方便、准确地捕捉到某些特殊点。

状态栏：单击状态栏中 按钮；

快捷键：[F3] 或 [Ctrl] + [F3]。

命令行：Osnap。

2）自动捕捉操作方法

绘图过程中使用对象捕捉频率很高，因此 AutoCAD 2010 提供了自动对象捕捉的功能。

菜单栏："工具"—"草图设置"；

打开"草图设置"对话框，选择"对象捕捉"选项卡，根据需要选择相应的捕捉对象并选择"启用对象捕捉"复选框，如图 1-32 所示。

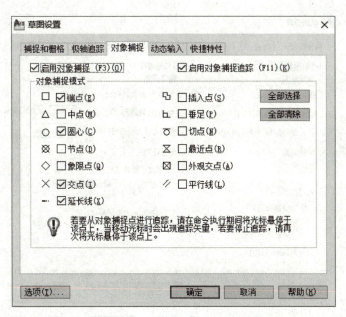

图 1-32 草图设置（对象捕捉）

3）自动追踪操作方法

自动追踪是指按指定角度绘制对象或绘制与其他对象有特定关系的对象。自动追踪分为极轴追踪和对象捕捉追踪两种，它是非常有用的辅助绘图工具。

（1）极轴追踪操作方法。

极轴追踪是指按事先给定的角度增量来追踪特殊点。若设置的增量是30°，则当光标移到0°、30°、60°（30°的整数倍）等角度时，就会自动显示这些方向的绘制辅助线。

菜单栏："工具"—"草图设置"—"极轴追踪"；

状态栏：单击状态栏中 按钮；

快捷键：[F10]。

（2）对象捕捉追踪操作方法。

对象捕捉追踪是按与对象的某种特定关系来追踪，这种特定的关系确定了一个未知角度，从而确定定位点。

菜单栏："工具"—"草图设置"—"对象捕捉"；

状态栏：单击状态栏中 按钮；

快捷键：[F11]。

4）正交模式操作方法

正交模式是指用户绘制与当前坐标系统 X 轴或 Y 轴平行的线段。

状态栏：单击状态栏中 按钮；

快捷键：[F8]；

命令行：Ortho。

5）捕捉和栅格操作方法

（1）捕捉操作方法。

捕捉用于设定光标移到的距离，打开捕捉开关后，可以使光标在指定的距离之间移动，如图1-33所示。

图1-33 草图设置（捕捉和栅格）

菜单栏："工具"—"草图设置"—"捕捉和栅格";
状态栏：单击状态栏中 ▦ 按钮;
快捷键：[F9];
命令行：Snap。

(2) 栅格操作方法。
栅格是显示在用户定义的图形界限内的点阵，类似于在图形下放置一张坐标纸。
菜单栏："工具"—"草图设置"—"捕捉和栅格";
状态栏：单击状态栏中 ▦ 按钮;
快捷键：[F7];
命令行：Grid。

4. 任务训练

(1) 新建"绘图环境 .dwg"文件，设置绘图单位格式：长度"类型"为"小数"，"精度"为"0.0"；角度"类型"为"度/分/秒"，"精度"为"0d00"；图形界限为"297×210"。按表 1-15 设置图层名、颜色、线型及线宽。

表 1-15　图层名、颜色、线型及线宽设置

图层名	颜色	线型	线宽
粗实线	黑/白色	Continuous	0.50
点划线	红色	CENTER	默认
细实线	蓝色	Continuous	默认
虚线	黄色	DASHED	默认
尺寸线	绿色	Continuous	默认

操作步骤：

步骤 1：启动 AutoCAD 2010，系统自动创建一个图形文件，把它命名为"绘图环境 .dwg"后保存。

步骤 2：选择"格式"—"单位"菜单或输入"Units"命令，在"图形单位"对话框中设置长度、角度的"类型"与"精度"，如图 1-34 所示。

步骤 3：选择"格式"—"图形界限"菜单或输入"Limits"命令，命令行提示"指定左下角点或 [开(ON)/关(OFF)] <0,0>:"，回车，提示"指定右上角点 <420.0,297.0>:"，输入"297,210"后回车。

步骤 4：单击图层工具栏中 按钮或输

图 1-34　图形单位设置

入"La"命令,打开"图层特性管理器",单击"新建图层"按钮,创建各新图层,并根据表 1-15 设置图层名、颜色、线型及线宽。如图 1-35 所示。

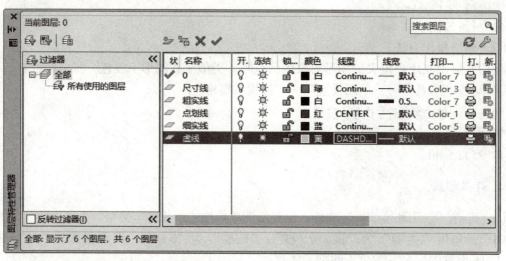

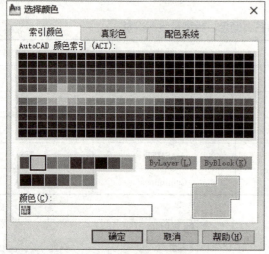

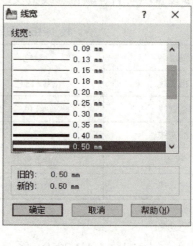

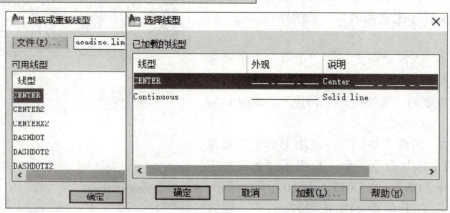

图 1-35 图层名、颜色、线型及线宽设置

（2）绘制如图 1-36 所示图形。

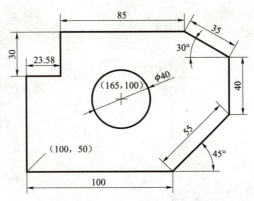

图 1-36 绘制简单平面图形

绘制简单平面图形，见表 1-16。

表 1-16 简单平面图形绘图步骤

命令操作步骤	说明
命令：l Line 指定第一点：100,50 指定下一点或［放弃（U）］：@100<0 指定下一点或［放弃（U）］：@55<45 指定下一点或［闭合（C）/放弃（U）］：@40<90 指定下一点或［闭合（C）/放弃（U）］：@35<150 指定下一点或［闭合（C）/放弃（U）］：@85<180 指定下一点或［闭合（C）/放弃（U）］：@30<270 指定下一点或［闭合（C）/放弃（U）］：@23.58<180 指定下一点或［闭合（C）/放弃（U）］：c	直线命令绘制直线
命令：C CIRCLE 指定圆的圆心或［三点（3P）/两点（2P）/切点、切点、半径（T）］：165,100 指定圆的半径或［直径（D）］：20	圆命令绘制圆

1.4.2 平面图形尺寸标注

1. 标注样式设置操作方法

在进行尺寸标注之前，首先应对尺寸标注的样式进行设置，在 AutoCAD 2010 中创建尺寸标注时使用的尺寸标注样式是"ISO-25"。用户可以根据需要设置一种新的尺寸标注样式，并将其设置为当前的标注样式，如图 1-37 所示。

菜单栏："格式"—"标注样式"；
工具栏：单击样式工具栏中的 按钮；
命令行：Dimstyle 或 Dst。
标注样式选项说明：

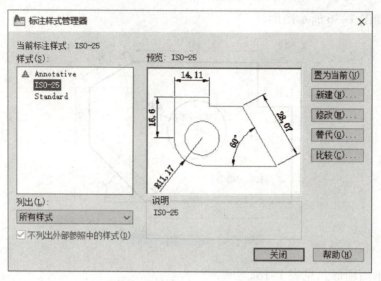

图 1-37 标注样式管理器

样式：用来显示设定的尺寸样式名称。

预览：ISO-25：以图形方式显示已选定的尺寸样式方式的设置。

列出：用来控制在样式区域列出的尺寸标注样式的范围，包含所有样式和正在使用的样式两种类型。

说明：用来显示选定的尺寸标注样式的文本信息。

置为当前：单击该按钮后，可以将"样式"列表中选定的标注样式设置为当前样式。

新建：单击该按钮后，将弹出"创建新标注样式"对话框，如图 1-38 所示。在"新样式名"文本框中输入标注新样式名称。

修改：单击该按钮，将弹出"修改标注样式"对话框，从中可以修改标注样式。

替代：单击该按钮，将弹出"替代当前样式"对话框，从中可以设置标注样式的临时替代值，对话框选项与"新建标注样式"对话框中选项相同。

比较：单击该按钮，将弹出"比较标注样式"对话框，从中可以比较两个标注样式或列出一个标注样式的所有特性，如图 1-39 所示。

图 1-38 创建新标注样式

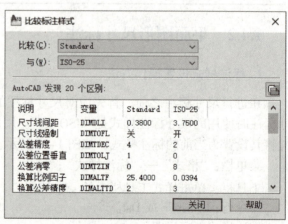

图 1-39 比较标注样式

2. 线性尺寸标注操作方法

线性标注一般用于标注图形对象的水平、垂直或倾斜方向的线性尺寸。
菜单栏："标注" — "线性"；
工具栏：单击标注工具栏中的 ⊢⊣ 按钮；
命令行：Dimlinear 或 Dli。

3. 对齐标注操作方法

对齐标注可以对非水平或非垂直直线进行标注，其尺寸线平行于尺寸界线端点连成的直线。
菜单栏："标注" — "对齐"；
工具栏：单击标注工具栏中的 ⸜ 按钮；
命令行：Dimaligned 或 Dal。

4. 角度标注操作方法

角度标注用于测量两条直线间的角度、圆和圆弧的角度或三个点之间的角度。
菜单栏："标注" — "角度"；
工具栏：单击标注工具栏中的 ⟔ 按钮；
命令行：Dimangular 或 Dan。

5. 半径标注操作方法

半径标注用来标注圆弧或圆的半径。
菜单栏："标注" — "半径"；
工具栏：单击标注工具栏中的 ⊘ 按钮；
命令行：Dimradius 或 Dra。

6. 直径标注操作方法

直径标注用来标注圆弧或圆的直径。
菜单栏："标注" — "直径"；
工具栏：单击标注工具栏中的 ⊘ 按钮；
命令行：Dimdiameter 或 Ddi。

7. 任务训练

标注如图 1-40 所示图形尺寸。
操作步骤：
① 标注样式设置。
步骤 1：单击样式工具栏中的 按钮，打开 "标注样式管理器"，如图 1-37 所示。
步骤 2：单击 "修改" 按钮，在 "修改标

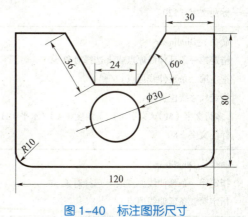

图 1-40　标注图形尺寸

注样式：ISO-25"对话框中将文字高度"设置为"5"、箭头大小设置为"5"、文字对齐设置为"与尺寸线对齐"、主单位精度设置为"0"、小数分隔符设置为"句号"，如图1-41所示。

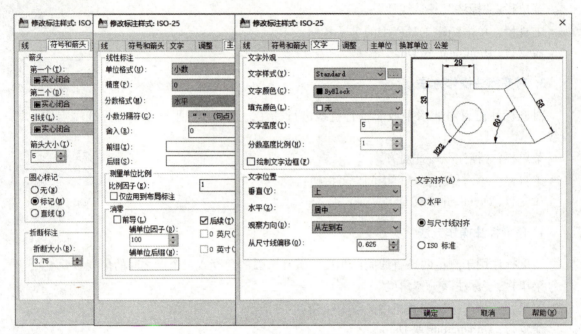

图1-41 修改标注样式

② 标注尺寸，见表1-17。

表1-17 尺寸标注步骤

命令操作步骤	说明
命令：_Dimlinear 指定第一条延伸线原点或<选择对象>： 指定第二条延伸线原点： 指定尺寸线位置或 [多行文字（M）/文字（T）/角度（A）/水平（H）/垂直（V）/旋转（R）]： 标注文字 = 120	标注线型尺寸120
命令：_Dimlinear 指定第一条延伸线原点或<选择对象>： 指定第二条延伸线原点： 指定尺寸线位置或 [多行文字（M）/文字（T）/角度（A）/水平（H）/垂直（V）/旋转（R）]： 标注文字 = 80	标注线型尺寸80
命令：_Dimlinear 指定第一条延伸线原点或<选择对象>： 指定第二条延伸线原点：	标注线型尺寸30

续表

命令操作步骤	说明
指定尺寸线位置或 [多行文字（M）/文字（T）/角度（A）/水平（H）/垂直（V）/旋转（R）]： 标注文字 = 30	
命令：_Dimlinear 指定第一条延伸线原点或 <选择对象>： 指定第二条延伸线原点： 指定尺寸线位置或 [多行文字（M）/文字（T）/角度（A）/水平（H）/垂直（V）/旋转（R）]： 标注文字 = 24	标注线型尺寸 24
命令：_Dimaligned 指定第一条延伸线原点或 <选择对象>： 指定第二条延伸线原点： 指定尺寸线位置或 [多行文字（M）/文字（T）/角度（A）]： 标注文字 = 36	标注对齐尺寸 36
命令：_Dimangular 选择圆弧、圆、直线或 <指定顶点>： 选择第二条直线： 选择第二条直线： 指定标注弧线位置或 [多行文字（M）/文字（T）/角度（A）/象限点（Q）]： 标注文字 = 60	标注角度尺寸 60°
命令：_Dimradius 选择圆弧或圆： 标注文字 = 10	标注半径尺寸 $R10$
指定尺寸线位置或 [多行文字（M）/文字（T）/角度（A）]： 命令：_Dimdiameter 选择圆弧或圆： 标注文字 = 30	标注直径尺寸 $\phi 30$

第 2 章　正投影法与三视图

学习目标

1. 理解正投影法的概念及其投影特性。
2. 掌握三视图的形成过程、投影规律及方位关系。
3. 掌握点、线、面的投影规律及投影特性。
4. 掌握柱体、锥体、球体等基本几何体的三视图及表面点、线、面投影特性。
5. 掌握运用 AutoCAD 2010 绘制三视图的绘图方法。

2.1　三视图的形成及投影规律

2.1.1　投影法分类

投影法是根据投射线通过物体，向选定的面投射，并在该面上得到图形的方法。

工程上常用的投影法分为两类：中心投影法和平行投影法。

1. 中心投影法

如图 2-1（a）所示，设 S 为投射中心，SA、SB、SC 为投射线，平面 P 为投影面。延长 SA、SB、SC 与投影面 P 相交，交点 a、b、c 即为三角形顶点 A、B、C 在 P 面上的投影。由于投射线都由投射中心出发，所以称这种投影方法为中心投影法。在日常生活中，照相、放映电影均为中心投影的实例。

2. 平行投影法

当投射中心位于无限远处时，所有投射线互相平行，这种投影法称为平行投影法。在平行投影法中，S 表示投射方向。根据投射线与投影面形成不同的角度，平行投影法又分为斜投影法与正投影法两种：

（1）斜投影法：投射线与投影面相倾斜的平行投影法［见图 2-1（b）］。

（2）正投影法：投射线与投影面相垂直的平行投影法［见图 2-1（c）］。

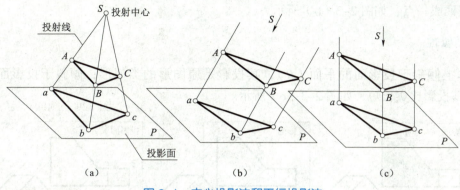

图 2-1　中心投影法和平行投影法
（a）中心投影法；（b）斜投影法；（c）正投影法

3. 正投影法

如图 2-2 所示，直立平面 P 称为投影面，互相平行的光线称为投射线。投射线垂直于投影面获得的投影称为正投影。产生正投影的方法称为正投影法。利用正投影的方法在一个投影面上所得到的一个投影能反映物体一个方向的形状。

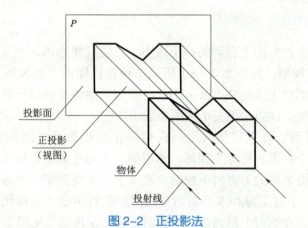

图 2-2　正投影法

由于机械图样主要是用正投影法绘制的，为叙述方便，本书将正投影简称为投影。在工程图样中，根据有关标准绘制的多面投影的正投影图也称为视图。

2.1.2　正投影法基本性质

1. 实形性

物体上平行于投影面的平面（P），其投影反映实形；平行于投影面的直线（AB）的投影反映实长，如图 2-3（a）所示。

2. 积聚性

物体上垂直于投影面的平面（Q），其投影积聚成一条直线；垂直于投影面的直线（CD）

的投影积聚成一点，如图 2-3（b）所示。

3. 类似性

物体上倾斜于投影面的平面（R），其投影是原图形的类似形；倾斜于投影面的直线（EF），其投影比实长短，如图 2-3（c）所示。

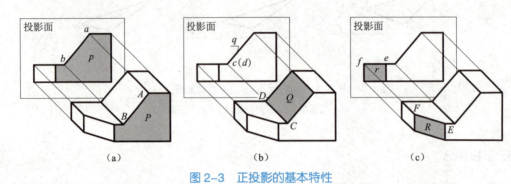

图 2-3　正投影的基本特性

2.1.3　三视图的形成及其投影规律

1. 三投影面体系的建立

用正投影法在一个投影面上得到的一个视图，只能反映物体一个方向的形状，而不能完整反映物体的形状。例如，如图 2-4（a）所示垫块在投影面上的投影只能反映其前面的形状，而顶面和侧面的形状无法反映出来。因此，要表示垫块完整的形状，就必须从多个方向进行投射，画出多个视图，通常用三个视图来表示。

如图 2-4（a）所示，首先将垫块由前向后向正立投影面（简称正面，用 V 表示）投射，在正面上得到一个视图，称为主视图；然后加一个与正面垂直的水平投影面（简称水平面，用 H 表示），并由垫块的上方向下投射，在水平面上得到第二个视图，称为俯视图［见图 2-4（b）］；再加一个与正面和水平面均垂直的侧立投影面（简称侧面，用 W 表示），从垫块的左方向右投射，在侧面上得到第三个视图，称为左视图［见图 2-4（c）］。显然，垫块的三个视图从三个不同方向反映了垫块的完整形状。

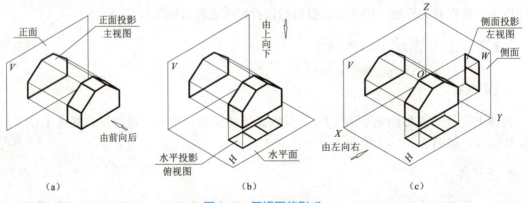

图 2-4　三视图的形成

三个互相垂直的投影面（V、H、W）构成三投影面体系，投影面的交线 OX、OY、OZ 称为投影轴，三投影轴交于一点 O，称为原点。

为了将垫块的三个视图画在一张图纸上，需将三个投影面展开到一个平面上［见图 2-5（a）］，规定正面不动，将水平面和侧面沿 OY 轴分开，并将水平面绕 OX 轴向下旋转 90°（随水平面旋转的 OY 轴用 OY_H 表示），将侧面绕 OZ 轴向右旋转 90°（随侧面旋转的 OY 轴用 OY_W 表示）。旋转后，俯视图在主视图的下方，左视图在主视图的右方［图 2-5（b）］。画三视图时不必画出投影面的边框，所以去掉边框，得到如图 2-5（c）所示的三视图。

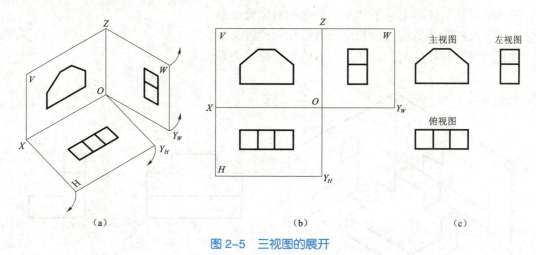

图 2-5　三视图的展开

2. 三视图的投影对应关系

物体有长、宽、高三个方向的大小。通常规定：物体左右之间的距离为长，前后之间的距离为宽，上下之间的距离为高，如图 2-6（a）所示。从图 2-6（b）中可以看出，一个视图只能反映物体两个方向的大小，如主视图反映垫块的长和高，俯视图反映垫块的长和宽，左视图反映垫块的宽和高。由上述三个投影面的展开过程可知，俯视图在主视图的下方，与主视图对应部分的长度相等，且左右两端对正，即主、俯视图等长并对正；同理，左视图与主视图高度相等且平齐，即主、左视图等高且平齐；左视图与俯视图均反映垫块的宽度，所以俯、左视图等宽且前后对应，如图 2-6（c）所示。

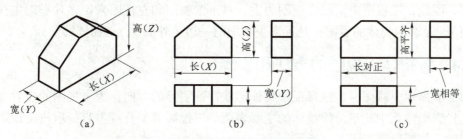

图 2-6　三视图的投影对应关系

上述三视图之间的投影关系可归纳为以下三条投影规律（三等规律）：
主视图与俯视图反映物体的长度——长对正。

主视图与左视图反映物体的高度——高平齐。
俯视图与左视图反映物体的宽度——宽相等。
"长对正、高平齐、宽相等"的投影对应关系是三视图的重要特性,也是画图与读图的依据。

3. 三视图与物体的方位对应关系

如图 2-7 所示,物体有上、下、左、右、前、后六个方位,其中:
主视图反映物体的上、下和左、右的相对位置关系。
俯视图反映物体的前、后和左、右的相对位置关系。
左视图反映物体的前、后和上、下的相对位置关系。

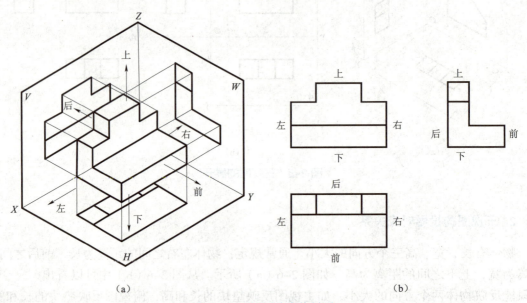

图 2-7 三视图的方位关系

画图和读图时,要特别注意俯视图与左视图的前、后对应关系。在三个投影面展开过程中,水平面向下旋转,即俯视图的下方实际上表示物体的前方,俯视图的上方则表示物体的后方。而侧面向右旋转时,即左视图的右方实际上表示物体的前方,左视图的左方则表示物体的后方。因此,三视图中,以主视图为主,对于俯视图和左视图来说,凡靠近主视图的一边(里面),是表示物体的后面;凡远离主视图的一边(外面),是物体的前面。

2.1.4 画物体三视图的方法和步骤

如图 2-8 所示,画图时,选择反映物体形状特征明显的方向作为主视图的投射方向。将物体在三投影面体系中放正(使物体的主要表面与三投影面平行或垂直)后按正投影法向各投影面投射。作图步骤如图 2-9 所示。

画简单形体的三视图时,可先画出主视图,再按"长对正、高平齐、宽相等"的对应关系逐个画出俯视图和左视图。但是画比较复杂的形体的三视图时,必须将几个视图配合起来画,按物体的各个组成部分,从反映形状特征明显的视图入手,依次画出三视图。

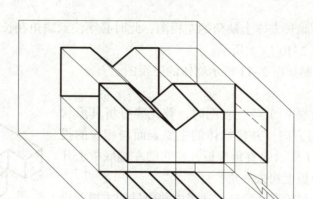

图 2-8 主视图投射方向

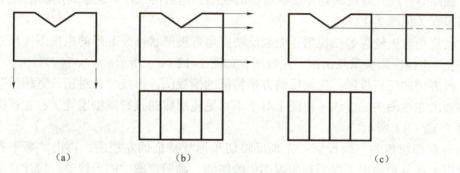

图 2-9 V 形块三视图的画图步骤

典型案例

【**案例 2-1**】 根据缺角长方体的立体图和主、俯视图 [见图 2-10（a）]，补画左视图。

分析

应用三视图的投影和方位对应关系的特性来想象和补画三视图。

作图

（1）按长方体的主、左视图高平齐，俯、左视图宽相等的投影关系，补画长方体的左视图，如图 2-10（b）所示。

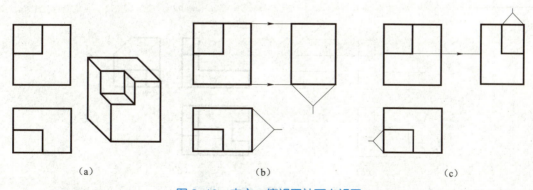

图 2-10 由主、俯视图补画左视图

（2）同样方法补画长方体上缺角的左视图，此时必须注意缺角在长方体中前、后位置的方位对应关系，如图 2-10（c）所示。

【案例 2-2】 绘制如图 2-11 所示物体的三视图。

分析

根据物体（或立体图）画三视图时，首先要分析其形状特征、主视图的投射方向，并使物体的主要表面与相应的投影面平行。如图 2-11 所示的直角弯板，在它的左端底板上开了一个方槽，右端竖板上切去一角。

根据直角弯板 L 形的形状特征，选择由前向后的主视图投射方向，并使 L 形前、后壁与平面平行，底面与水平面平行。

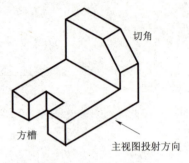

图 2-11 选择主视图投射方向

作图：

画三视图时，应先画反映物体形状特征的视图，然后再按投影关系画出其他视图。

作图步骤（见图 2-12）。

（1）画直角弯板轮廓的三视图：先画反映直角弯板形状特征 L 形的主视图（尺寸从立体图中量取），再按投影关系画出俯、左视图，如图 2-12（a）所示。

（2）画方槽的三面投影：先画反映方槽特征的俯视图，再按"长对正、宽相等"的投影关系分别画出主视图中的虚线（视图上对于不可见轮廓线的投影画细虚线）和左视图中的图线，如图 2-12（b）所示。

（3）画右部切角的三面投影：先画反映切角形状特征的左视图，再由"高平齐、宽相等"的投影关系分别画出主视图和俯视图中的图线。画俯视图中的图线时，应注意前后对应关系，如图 2-12（c）所示。

（4）检查无误后完成三视图，如图 2-12（d）所示。

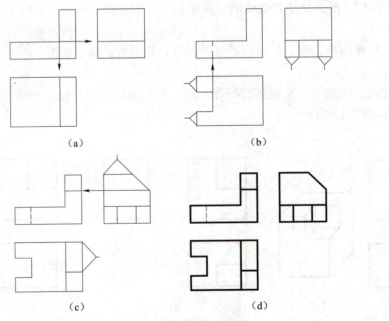

图 2-12 三视图的作图步骤

2.2 点、线、面的投影

任何物体的表面都包含点、线和面等几何元素。因此,要正确而迅速地表达物体的形状,必须掌握这些几何元素的投影特性和作图方法,其对今后的画图和读图具有重要意义。

2.2.1 点的投影

1. 点的投影特性

点的投影特性是:点的投影仍然是点。

2. 点的三面投影

如图 2-13(a)所示,过点 A 分别向 H、V、W 投影面投射,得到的三面投影分别为 a、a'、a''。通常规定空间点用大写字母如 A、B、C…表示,H 面投影用相应的小写字母 a、b、c…表示,V 面投影用小写字母加一撇 a'、b'、c'…表示,W 面投影用小写字母加两撇如 a''、b''、c''…表示。

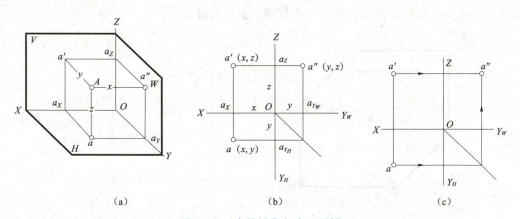

图 2-13 点的投影与空间坐标

3. 点的三面投影规律

由图 2-13(a)可以看出,过点 A 的三条投射线,构成三个互相垂直的平面,它们与三个投影面相交得到六段交线,即投影线,并组成一个长方体(对边互相平行且相等,临边互相垂直)。

当投影面展开时,H 面上的一段投影连线 aa_X 随 H 面在垂直于 OX 轴的平面内旋转,所以在展开后的投影图中 a'、a_X、a 三点共线,即 $aa' \perp OX$。同理可以得到投影连线 $a'a'' \perp OZ$。

通过以上分析,可归纳出点的投影规律:

(1)点的相邻两个投影的连线,必垂直投影轴。

（2）点的投影到投影轴的各段投影连线长度，分别等于点到三个投影面的距离，且两两相等。

点本身没有长、宽、高，但是，点在三投影面体系中的投影规律实质上也反映了"三等"对应关系，与"长对正、高平齐、宽相等"是一致的。几何体上每一个点的投影都应符合这一投影规律。

4. 已知点的两面投影求第三投影

点在空间的位置可由点到三个投影面的距离来确定。如图 2-13（a）所示，A 点到 W 面的距离为 X 坐标，A 点到 V 面的距离为 Y 坐标，A 点到 H 面的距离为 Z 坐标。图 2-13（b）所示为点的三面投影图，从图中可看出，空间点在某一投影面上的位置由该点两个相应的坐标值所确定。由此可见，空间点的任意两个投影，就包含了该点空间位置的三个坐标，即确定了点的空间位置。因此，若已知某点的任何两个投影，都可以根据投影对应关系求出该点的第三投影。如图 2-13（c）所示，已知点 A 的投影 a 和 a′，可按图中箭头所示作出 a″。

5. 重影点的可见性判别

空间两点在某一投影面上的投影重合称为重影 [见图 2-14（a）]，点 B 和点 A 在 H 面上的投影 b（a）重影，称为重影点。两点重影时，远离投影面的一点为可见，另一点为不可见，并规定在不可见点的投影符号外加括号表示，如图 2-14（b）所示。重影点的可见性可通过该点的另两个投影来判别。例如，在图 2-14（b）中，从 V 面（或 W 面）投影可知，点 B 在点 A 之上，可判断在 H 面投影中 b 为可见，a 为不可见。

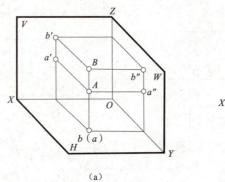
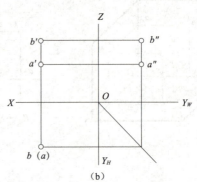

图 2-14　重影点的投影

显然，当两个（或多个）点为重影点时，它们中第三个坐标值较大的点的投影可见，坐标值小的不可见。规定不可见的重影用圆括号"（）"括起来，以便于识读。

2.2.2　直线的投影

1. 直线的投影特性

直线的投影一般仍为直线，在特殊情况下，直线的投影可积聚成一点，这种性质称为积聚性。

根据"两点决定一直线"的几何定理，在绘制直线的投影图时，只要分别作出直线上两点的三面投影，再将其同名投影连接起来，即得到直线的三面投影。所谓同名投影，是指各几何要素在同一投影面上的投影，也称同面投影。

如图 2-15 所示，作直线 AB 的三面投影时，只要分别作出 A、B 两点的三面投影 a、a′、a″ 和 b、b′、b″［见图 2-15（b）］，然后将其同名投影连接起来，即得直线 AB 的三面投影 ab、a′b′ 和 a″b″，如图 2-15（c）所示。

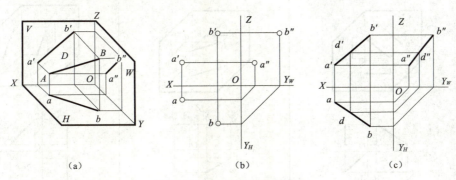

图 2-15　直线的三面投影

2. 各类直线的投影特征

空间直线相对于三个投影面有三类不同的位置，即一般位置直线、投影面平行线和投影面垂直线。后两类统称为特殊位置直线。

1）一般位置直线

一般位置直线是指既不平行也不垂直于任何一个投影面，即与三个投影面都处于倾斜位置的直线，如图 2-16 所示直线 AB。一般位置直线的投影特性如下：

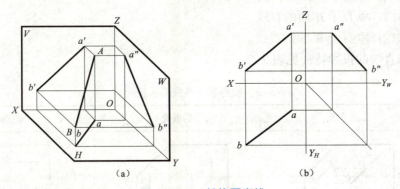

图 2-16　一般位置直线

（1）三个投影均不反映实长。
（2）三个投影均对投影轴倾斜。

2）投影面平行线

平行于一个投影面，并倾斜于其他两个投影面的直线称为投影面平行线。投影面平行线也有三种位置：

（1）正平线：平行于 V 面，且倾斜于 H、W 面的直线。
（2）水平线：平行于 H 面，且倾斜于 V、W 面的直线。
（3）侧平线：平行于 W 面，且倾斜于 H、V 面的直线。

投影面平行线的投影特征见表2-1。

表2-1 投影面平行线的投影特性

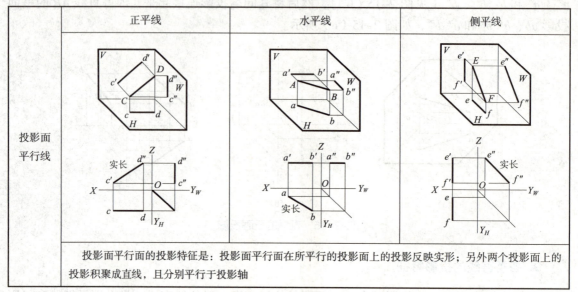

3. 投影面垂直线

垂直于一个投影面，而与另外两个投影面平行的直线称为投影面垂直线。它在三投影面体系中也有三种位置：

（1）正垂线：垂直于 V 面的直线。
（2）铅垂线：垂直于 H 面的直线。
（3）侧垂线：垂直于 W 面的直线。

投影面垂直线的投影特征见表2-2。

表2-2 投影面垂直线的投影特性

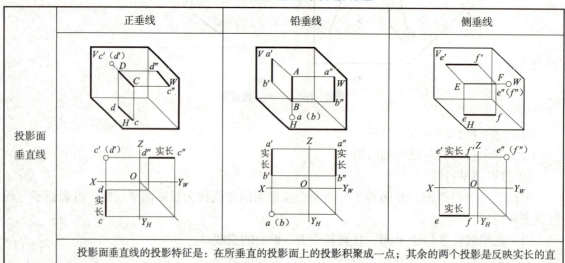

2.2.3 平面的投影

1. 平面的投影特性

平面的投影是由其轮廓线投影所组成的图形。因此，将平面进行投影时，可根据平面的几何形状特征及其对投影面的相对位置，找出能够决定平面的形状、大小和位置的一系列点来，然后作出这些点的三面投影并连接这些点的同面投影，即得到平面的三面投影。

求作多边形平面的投影时，可先求出它的各直线端点的投影，然后连接各直线端点的同面投影即可得到多边形平面的三面投影，如图 2-17 所示。

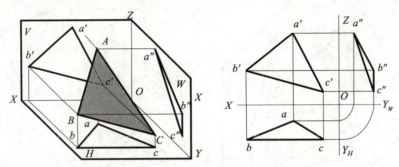

图 2-17 多边形平面的投影图

根据平面与投影面的位置，平面的投影特性如下：

（1）平面平行于投影面时，其投影与原平面的形状、大小相同，这种性质叫真实性，如图 2-18（a）所示。

（2）平面倾斜于投影面时，其投影与原形类似且比原形缩小，这种性质叫收缩性，如图 2-18（b）所示。

（3）平面垂直于投影面时，其投影积聚成一条直线，这种性质叫积聚性，如图 2-18（c）所示。

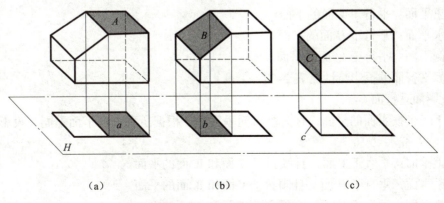

图 2-18 平面的投影特性

（a）真实性；（b）收缩性；（c）积聚性

2. 各类平面的投影特征

空间平面对于三个投影面有不同的位置,即一般位置平面、投影面平行面和投影面垂直面。后两类又称为特殊位置平面。

1)一般位置平面

与三个投影面都倾斜的平面称为一般位置平面。

如图 2-19 所示,△ABC 与 V、H、W 面都倾斜,所以在三个投影面上的投影 △a′b′c′、△abc、△a″b″c″ 均为缩小了的类似形。三个投影面上的投影都不能直接反映该平面对投影面的倾角。

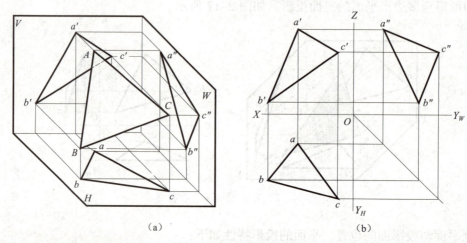

图 2-19 一般位置平面

一般位置平面的投影特征是:在三个投影面上的三个投影均与原平面类似,不反映真实形状,也不反映该平面对投影面的倾角。

2)投影面平行面

平行于一个投影面的平面,称为投影面平行面。一平面平行于一个投影面,必与另外两个投影面垂直。根据平行平面不同,投影面平行面又分为:

(1)正平面:平行于 V 面的平面。

(2)水平面:平行于 H 面的平面。

(3)侧平面:平行于 W 面的平面。

投影面平行面的投影特性见表 2-3。

3)投影面垂直面

垂直于一个投影面的平面,称为投影面垂直面。根据所垂直的平面不同,投影面垂直面又分为:

(1)正垂面:垂直于 V 面,且倾斜于 H 面和 W 面的平面。

(2)铅垂面:垂直于 H 面,且倾斜于 V 面和 W 面的平面。

(3)侧垂面:垂直于 W 面,且倾斜于 V 面和 H 面的平面。

投影面垂直面的投影特性见表 2-4。

表 2-3 投影面平行面的投影特性

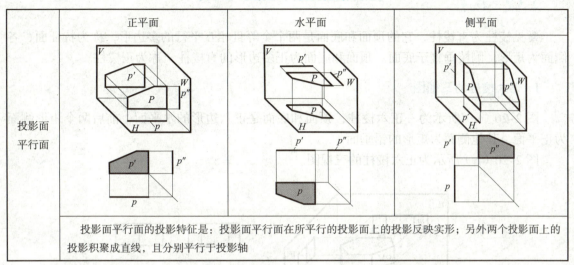

投影面平行面的投影特征是：投影面平行面在所平行的投影面上的投影反映实形；另外两个投影面上的投影积聚成直线，且分别平行于投影轴。

表 2-4 投影面垂直面的投影特性

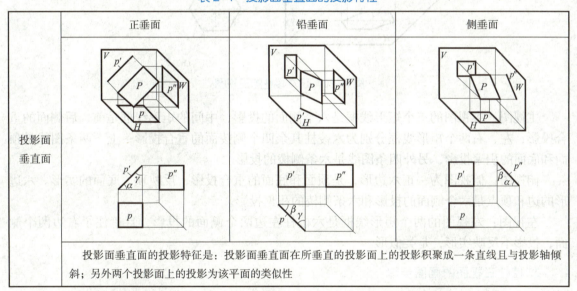

投影面垂直面的投影特征是：投影面垂直面在所垂直的投影面上的投影积聚成一条直线且与投影轴倾斜；另外两个投影面上的投影为该平面的类似性。

2.3 基本几何体的投影及表面取点

2.3.1 基本几何体

柱、锥、球等几何体是组成机件的基本形体，简称基本体。根据组成基本几何体表面的几何性质，基本几何体可分为平面立体和曲面立体两大类。

平面立体：表面都是由平面所构成的形体，如棱柱、棱锥等。

曲面立体：表面是由曲面和平面或者全部是由曲面构成的形体，如圆柱、圆锥、圆球、圆等。

2.3.2 棱柱

常见棱柱为直棱柱，它的顶面和底面是两个全等且相互平行的多边形，称为特征面，各侧面为矩形，侧棱垂直于底面。顶面和底面为正多边形的直棱柱，称为正棱柱。

1. 正六棱柱的三视图

图 2-20（a）所示为一正六棱柱，顶面和底面是正六边形的水平面，前后两个矩形侧面为正平面，其他侧面为矩形的铅垂面。

图 2-20（b）所示为正六棱柱的三视图。

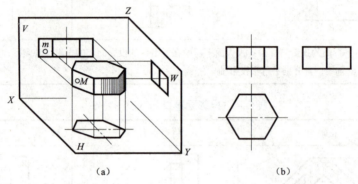

图 2-20 正六棱柱的三视图

主视图：主视图的三个矩形线框是六个侧面的投影，中间的矩形线框是前、后侧面的重合投影；左、右两个矩形线框分别为六棱柱其余四个侧棱面的重合投影；上下两条图线是顶面和底面的积聚投影，另外四条图线是六条侧棱的投影。

俯视图：俯视图为一正六边形，是顶面和底面的重合投影，反映顶、底面的实形。六边形的边和顶点是六个侧面的投影和六条侧棱的积聚投影。

左视图：左视图的两个矩形线框是六棱柱左边两个侧面的投影，且遮住了右边两个侧面，投影不反映实形，是类似形。

2. 棱柱三视图的画图步骤

正六棱柱三视图的画图方法如图 2-21 所示，一般先从反映形状特征的视图画起，然后按视图间投影关系完成其他两个视图。

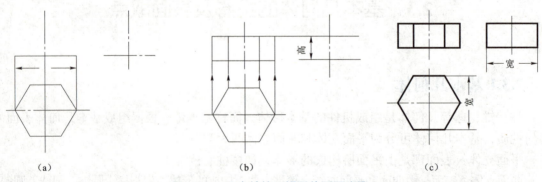

图 2-21 正六棱柱三视图的画图步骤

画图步骤：

（1）如图 2-21（a）所示，先画出三个视图的中心线作为基准线，然后画出六棱柱的俯视图。

（2）如图 2-21（b）所示，根据"长对正"和"高平齐"画左视图的高度线。

（3）如图 2-21（c）所示，按"宽相等"完成左视图。

3. 棱柱表面上点的投影

由于直棱柱的表面都是特殊表面，所以棱柱表面上点的投影均可用平面投影的积聚性来作图。

在判别可见性时，若该平面处于可见位置，则该平面上点的同名投影也是可见的，反之为不可见。在平面积聚投影上的点的投影，可以不必判别其可见性。

如图 2-20（a）所示，六棱柱左棱面上 M 点的正面投影 m'，求其余的两个投影 m 和 m''。

由于左棱面的水平投影积聚成直线，所以 M 点的水平投影 m 一定在左棱面的水平投影上。据此从 m' 向俯视图作投影线，与该直线的交点即为 m。根据"高平齐、宽相等"的投影规律，由正面投影 m' 和水平投影 m 即可求得 m''，如图 2-22 所示。

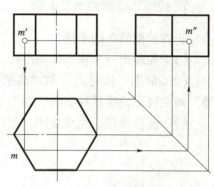

图 2-22 正六棱柱表面点的投影

2.3.3 棱锥

棱锥的底面为多边形，各侧面为若干具有公共顶点的三角形。当棱锥底面为正多边形、各侧面是全等的等腰三角形时，称为正棱锥。

1. 棱锥的三视图

图 2-23（a）所示为一正四棱锥，底面为一正方形且为水平面，四个侧棱面均为等腰三角形，所有棱线都交于一点，即锥顶 S，图 2-23（b）所示为正四棱锥的三视图。

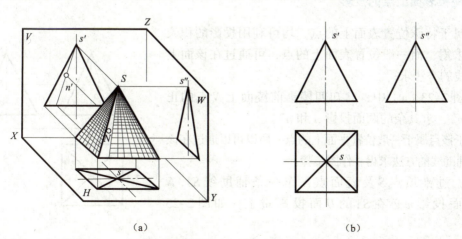

（a）　　　　　　　　　　（b）

图 2-23 正四棱锥的三视图

主视图：主视图是一个三角形线框，三角形各边分别是底面与左、右两侧面的积聚性投影。整个三角形线框同时也反映了正四棱锥前侧面和后侧面在正面上的投影，但并不反映它们的实形。

俯视图：四棱锥的俯视图是由四个三角形组成的外形为正方形的线框。正四棱锥的底面平行于水平面，因而它的俯视图反映实形，是一个正方形。四个侧面都与水平面倾斜，它们的俯视图应为四个不反映实形的三角形线框，它们的四条底边正好是正方形的四条边线。

左视图：左视图也是一个三角形线框，但三角形两条斜边所表示的是四棱锥的前、后两侧面。

2. 棱锥三视图的画图步骤

正四棱锥的画图步骤：

（1）先画出三个视图的基准线，然后画出正四棱锥的俯视图，如图2-24（a）所示。

（2）根据"长对正"和"高平齐"画主视图的锥顶和底面，并按"高平齐"和"宽相等"画左视图的锥顶和底面，如图2-24（b）所示。

（3）连接棱线，完成全图，如图2-24（c）所示。

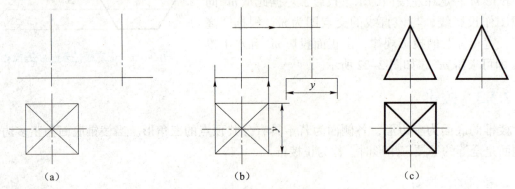

图2-24 正四棱锥三视图的画图步骤

3. 棱锥表面上点的投影

凡属于特殊位置表面上的点，均可利用投影的积聚性直接求得；而一般位置表面上的点，可通过在该面上作辅助线的方法求得。

在图2-23（a）中，已知四棱锥前棱面上 N 点的正面投影 n'，求其余的两面投影 n 和 n''。

由于该点属于一般位置平面上的点，所以可以通过在该面上作辅助线的方法求得。作图步骤：

（1）过锥顶点 S 及表面点 N 作一条辅助线 SA，N 点的 H 面投影 n 必在 SA 的 H 面投影 sa 上，如图2-25所示。

（2）根据"长对正"由 n' 求出 n，如图2-25所示。

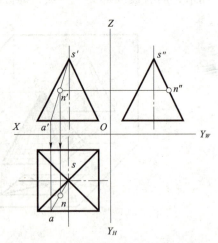

图2-25 正四棱锥表面点的投影

（3）由 n' 和 n 可求出 n''。

2.3.4 圆柱

1. 圆柱的形成

圆柱是由圆柱面、顶面和底面组成的。圆柱面可以看成是由一条直母线 AA_1 围绕与它平行的轴线 OO_1 回转而成，如图 2-26 所示。圆柱面上任意一条平行于轴线的直线称为圆柱面的素线。

2. 圆柱的三视图

如图 2-27（a）所示圆柱的轴线垂直于 H 面，其三视图如图 2-27（b）所示。俯视图的圆反映圆柱顶面和底面的实形，圆周是圆柱面的积聚投影，圆柱面上任何点和线在 H 面上的投影都重合在圆周上。两条相互垂直的点画线，表示确定圆心的对称中心线。

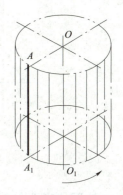

图 2-26 圆柱面的形成

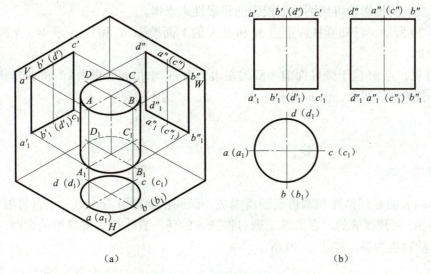

（a） （b）

图 2-27 圆柱的三视图

主视图的矩形线框是圆柱面前半部分和后半部分的重合投影，上、下底边是圆柱顶面和底面的积聚投影，线框的左、右两轮廓线是圆柱面上最左和最右素线的投影。

左视图的矩形线框是圆柱面左半部分和右半部分的重合投影，其上、下边是圆柱上、下底面的投影，其左、右边则是圆柱面上最后、最前两条直素线的投影，也是左视图圆柱表面的可见性分界线。

3. 圆柱三视图的画图步骤

作图步骤：

（1）先画出确定圆心的中心线，然后画出特征视图积聚的圆，如图 2-28（a）所示。

（2）以中心线和轴线为基准，根据投影的对应关系画出其余两个投影图，即两个全等矩形，如图2-28（b）所示。

（3）连接轮廓线，描深，完成全图，如图2-28（c）所示。

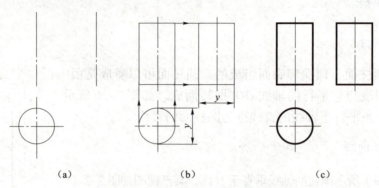

图 2-28　圆柱体三视图的画图步骤

4. 圆柱表面上点的投影

圆柱面上点的投影均可用圆柱面投影的积聚性来求得。

如图2-29所示，已知圆柱面上点 M 和点 N 的 V 面投影 m' 和 n'，求 M、N 两点在 H 面和 W 面的投影。

m' 为可见，点 M 位于圆柱面前半部的左边，由 m' 求得 m，再由 m' 和 m 求得 m''。n' 在圆柱面最右轮廓素线上，由 n' 求得 n 和（n''），n'' 为不可见。

2.3.5　圆锥

1. 圆锥的形成

圆锥体的表面是圆锥面和圆形底面所围成，而圆锥面则可看作由一条直母线 SA 绕和它相交的轴线 SO 回转而成的。在圆锥上通过锥顶 S 的任一直线称为圆锥面的素线。在母线上任一点的运动轨迹为圆，如图2-30所示。

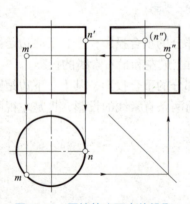

图 2-29　圆柱体表面点的投影

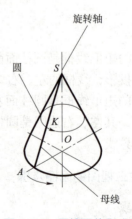

图 2-30　圆锥面的形成

2. 圆锥的三视图

图 2-31（a）所示为一圆锥，其底面与水平面平行，底面为特征面。图 2-31（b）所示为圆锥的三视图。

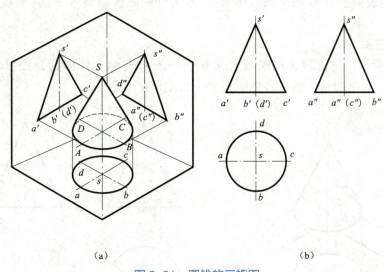

（a） （b）

图 2-31 圆锥的三视图

主视图：圆锥的主视图是一个等腰三角形，其底边表示圆形底面的投影，两腰是最左、最右直素线的投影。

俯视图：因圆锥的轴线垂直于水平面，底面平行于水平面，故俯视图是一个反映实形的圆。这个圆也是圆锥面的水平投影。凡是在圆锥面上的点、线的水平投影都应在俯视图圆平面的范围内。

左视图：圆锥的左视图跟它的主视图一样，也是一个等腰三角形，但其两腰所表示锥面的部位不同，可自行分析。

3. 圆锥三视图的画图步骤

作图步骤：

（1）先画出中心线，然后画出圆锥底圆，再据此画出主视图和左视图的底部，如图 2-32（a）所示。

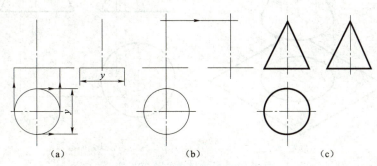

（a） （b） （c）

图 2-32 圆锥体三视图的画图步骤

（2）画顶点，如图 2-32（b）所示。

（3）连轮廓线，描深，完成全图，如图 2-32（c）所示。

4. 圆锥表面上点的投影

已知圆锥体表面上点 M 的 V 面投影 m'，求另外两面投影 m 和 m''。本题有以下两种作图方法：

1）辅助线法

如图 2-33 所示，过锥顶 S 和锥面上点 M 引一条素线 SA，作出其 H 面投影 sa，就可以求出点 M 在 H 面的投影 m，然后再根据 m 和 m' 求得 m''。

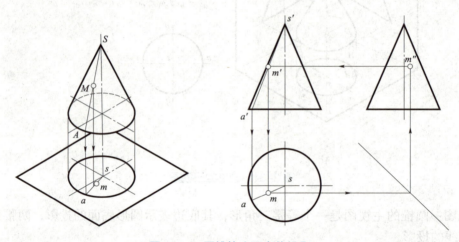

图 2-33 圆锥体表面点的投影

2）辅助圆法

如图 2-34（a）所示，过圆锥面上的点 M 作一辅助圆垂直于圆锥轴线并平行于底面，点 M 的各个投影必在此辅助圆的相应投影上。

作图过程如图 2-34（b）所示，M 点在右半圆锥面上，所以 m'' 为不可见。

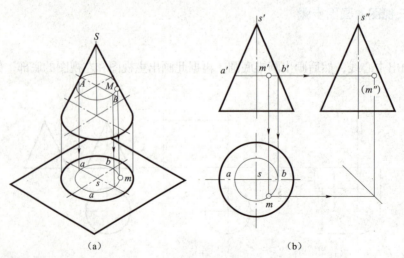

图 2-34 圆锥体表面点的投影

2.3.6 圆球

1. 圆球的形成

如图 2-35（a）所示，圆球面是由一个圆作为母线，以其直径为轴线旋转而成。在母线上任一点的运动轨迹为大小不等的圆。

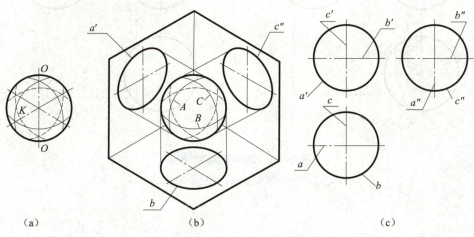

图 2-35　球的形成及三视图

2. 圆球的三视图

如图 2-35（b）、（c）所示，圆球从任何方向投射，所得到的投影都是与圆球直径相等的圆，因此其三面视图都是等直径的圆。但各个投影面上的圆不能认为它们是球面上同一个圆的三个投影，而是三个方向球的转向轮廓素线圆的投影。

主视图中的圆 a' 是轮廓素线圆 A 的 V 面投影，是球面上平行于 V 面的素线圆，也就是前半球和后半球可见和不可见的分界圆，它在俯、左两个视图中的投影都与球的中心线 a、a'' 重合，不应画出。

俯视图中圆 b 表示上半球面和下半球面的分界线，是平行于 H 面上、下方向轮廓素线圆的投影，它的 V 面和 W 面投影与对称中心线 b 和 b'' 重合。

左视图中的轮廓圆请读者自行分析。

3. 圆球三视图的画图步骤

作图步骤，如图 2-35（c）所示：
（1）画出各视图圆的中心线。
（2）画出三个与球等直径的圆。

4. 圆球表面点的投影

如图 2-36 所示，已知球面上 M 点的正面投影 m'，求作该点的其余两面投影。
根据图上 m' 的位置可知，M 点位于球面的右上部分。过点 M 在球面上作平行于 H

面或 W 面的辅助圆,即可在此辅助圆的各个投影上求得点 M 的相应投影,如图 2-36 所示。

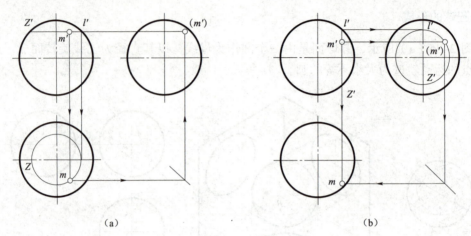

图 2-36 球的表面点的投影
(a) 作水平辅助圆取点;(b) 作侧平辅助圆取点

2.4　AutoCAD 2010 绘制三视图

本节以图 2-37 所示的三视图为例,讲述用 AutoCAD 2010 绘制机件三视图的过程。

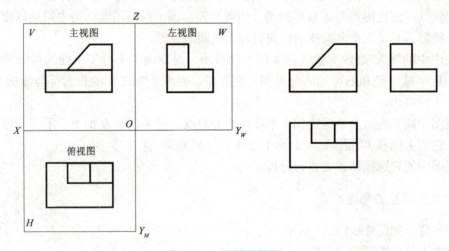

图 2-37 三视图图例

2.4.1　启动 AutoCAD 2010

执行文件→保存(或另存为),在路径对话框中输入文件名,例如"三视图实例",文件后缀名 .dwg 不需要输入,CAD 会自动加上去,如图 2-38 所示。

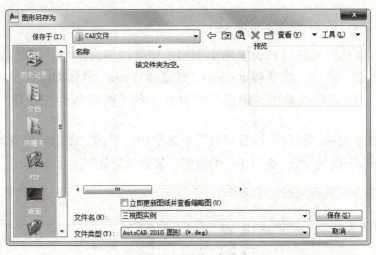

图 2-38 文件保存

2.4.2 设置图形范围

根据机件的大小设定图形的绘图范围为 210×297，采用比例 1∶1，选用 A4 图纸。具体操作方法：

选择"格式"—"图形界限"：

指定左下角点或［开（ON）/关（OFF）］：在屏幕上任拾取一点↙

指定右上角点：@210,297 ↙

选择"格式"—"图形界限"，重新设置模型空间界限：

指定左下角点或［开（ON）/关（OFF）］：on ↙

命令：＜栅格 开＞

设置图形范围及显示栅格的图形范围分别如图 2-39 和图 2-40 所示。

图 2-39 设置图形范围

图 2-40 显示栅格的图形范围

2.4.3 设置图层、线型、颜色

本图例除 0 层外，再新增和设置两个图层：辅助线层，红色，线型 Continuous，线宽 0.15 mm；轮廓线层，黄色，线型 Continuous，线宽 0.35 mm。具体操作如下：

"格式"—"图层"或单击"图层"工具栏上的"图层特性管理器"按钮 执行 LAYER 命令。

在 AutoCAD 弹出的"图层特性管理器"对话框中，单击"图层特性管理器"对话框里的"新建图层"命令按钮 ，进行相应的设置，设置结果如图 2-41 所示。

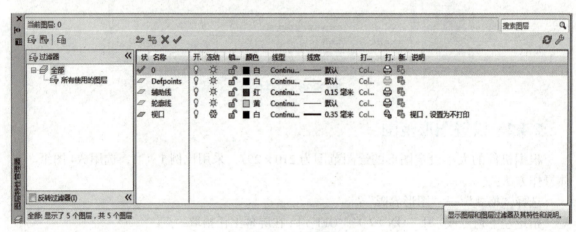

图 2-41 图层设置

2.4.4 画图

1. 画作图辅助线

（1）将辅助线层置为当前图层。

（2）执行"绘图"—"构造线"或单击"绘图"工具栏上的 按钮，在屏幕设置的绘图区域选择一点，确定主视图和左视图的最左端面位置。

（3）重复执行"构造线"命令，在刚才的构造线上取一点，确定主视图的下端面位置，如图 2-42 所示。

2. 画主视图

（1）将轮廓线层置为当前图层，并单击状态栏中的 线宽 按钮，使两图层的线宽可见。

（2）以辅助线的交点为主视图左下起点，用基本绘图命令画主视图，如图 2-43 所示。

3. 画俯视图和左视图辅助线

（1）将辅助线层置为当前图层。

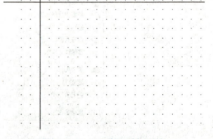

图 2-42 画作图辅助线

（2）用"修改"—"偏移"或"复制"命令将图中水平和垂直辅助线偏移或复制到主视图的最右端面、最上端面，以便根据"长对正""高平齐"的规律确定俯视图各组合体的左右端面（长度）、左视图各组合体的上下端面（高度）。

（3）重复执行该命令，偏移水平和垂直辅助线，确定俯视图的后端面和左视图的后端面位置，如图 2-44 所示。

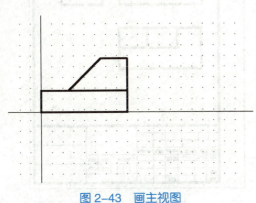

图 2-43　画主视图

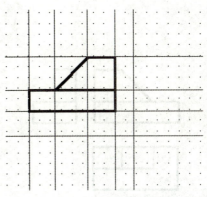

图 2-44　画俯视图和左视图辅助线

4. 画俯视图和左视图

（1）根据俯视图后端面位置，按尺寸画俯视图，如图 2-45（a）所示。

（2）根据"宽相等""高平齐"的关系画左视图，如图 2-45（b）所示。

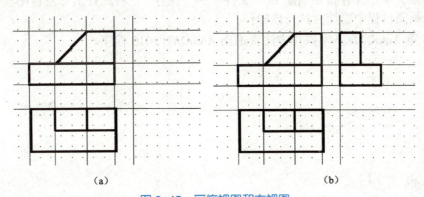

（a）　　　　　　　　　　　　　（b）

图 2-45　画俯视图和左视图

5. 编辑和删除多余线条

（1）使用"修剪""拉伸"等编辑命令，将轮廓线中多余部分编辑掉。

（2）使用"删除"命令，将绘图辅助线删除或使用"图层管理器"将辅助线层关闭，效果如图 2-46 所示。

6. 添加图框和标题栏

（1）根据 A4 图纸幅面，画图纸边框。

（2）选择标准标题栏形式，画好标题栏。这样完整机件三视图绘制完毕，如图 2-47 所示。

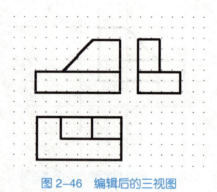

图 2-46 编辑后的三视图

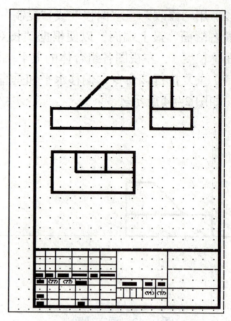

图 2-47 加图框和标题栏的机件三视图

2.4.5 存盘退出

以上画图步骤并不是一成不变的,可以根据自己的画图习惯和对 AutoCAD 命令的熟练程度适当调整。单击保存按钮 或"文件"—"保存",将画好的"三视图实例"重新保存,注意在画图过程中要随时执行该操作。

按第 3 章 AutoCAD 基本操作方法,退出 AutoCAD 2010 程序。

第 3 章 轴测图的绘制

学习目标

1. 了解轴测图的形成、性质及常用轴测图的画法。
2. 掌握正等测和斜二测轴测图的画法。
3. 掌握 AUTOCAD 的基本绘图方法。

3.1 正等轴测图及其画法

3.1.1 轴测图

1. 轴测图的形成

物体上常常设置参考坐标系，X、Y、Z 三个方向分别表示物体在长、宽、高方向的长度。若采用平行投影法，沿不平行于任何一个坐标面的方向，将物体连同三根直角坐标轴一起投射在单一投影面（称轴测投影面）上，即得到能同时反映物体在长、宽、高三个方向形状的图形，这个图形称为轴测图，也称立体图。投射方向垂直于轴测投影面所形成的轴测图，称为正轴测图，如图 3-1（a）所示。投射方向倾斜于轴测投影面所形成的轴测图，称为斜轴测图，如图 3-1（b）所示。

在轴测投影图中，三根直角坐标轴的投影 O_1X_1、O_1Y_1、O_1Z_1，称为轴测轴；相邻两轴测轴之间的夹角 $\angle X_1O_1Y_1$、$\angle X_1O_1Z_1$、$\angle Y_1O_1Z_1$，称为轴间角；沿轴测轴上的投影长度与沿物体坐标轴上的对应真实长度之比，称为轴向伸缩系数，OX、OY、OZ 轴的轴向伸缩系数分别用 p、q、r 表示。

2. 轴测图的基本性质

根据平行投影法的原理，可推知轴测图具有以下基本性质：

（1）物体上平行于某一坐标轴的线段，其轴测投影平行于相应的轴测轴，其轴向伸缩系数等于该轴的轴向伸缩系数。因此，绘制轴测图时，必须沿轴向测量尺寸。

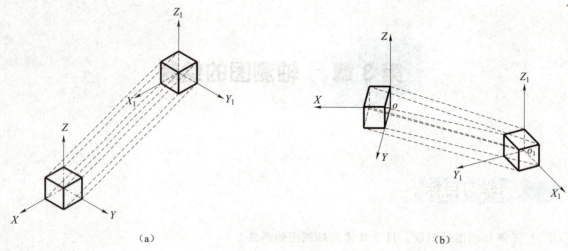

图 3-1 轴测图的形成
（a）正轴测图；（b）斜轴测图

（2）物体上相互平行的线段，其轴测投影也平行。与坐标轴平行的线段，其轴测投影必与相应的轴测轴平行。

3. 常用轴测图

如改变物体与轴测投影面的相对位置，或者选择不同的投射方向，将使轴测图有不同的轴间角和轴向伸缩系数，按此分类，轴测图将有许多种。常用的轴测图有正等轴测图（简称正等测）和斜二轴测图（简称斜二测）两种，见表 3-1。

表 3-1 常用轴测图

类别	正等测	斜二测
形成特点	1. 投射线与投影面垂直； 2. 三根坐标轴都不平行于轴测投影面	1. 投射线与投影面倾斜； 2. 坐标轴 OX、OZ 平行于轴测投影面
轴测图图例	(正等测立方体图示)	(斜二测立方体图示)

续表

类别	正等测	斜二测
轴间角和轴向伸缩系数	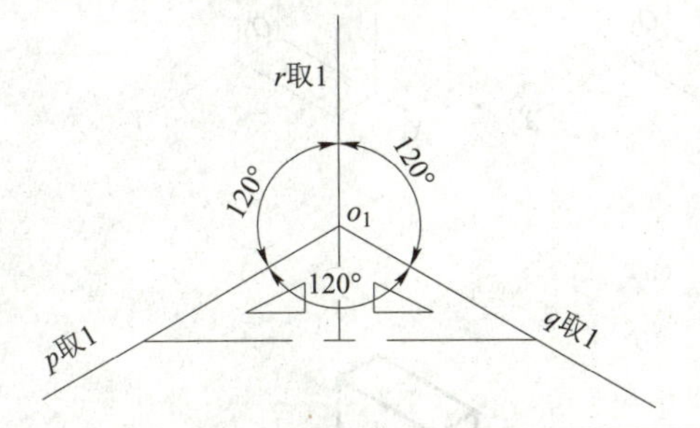 轴间角均为120°，p取1，q取1，r取1	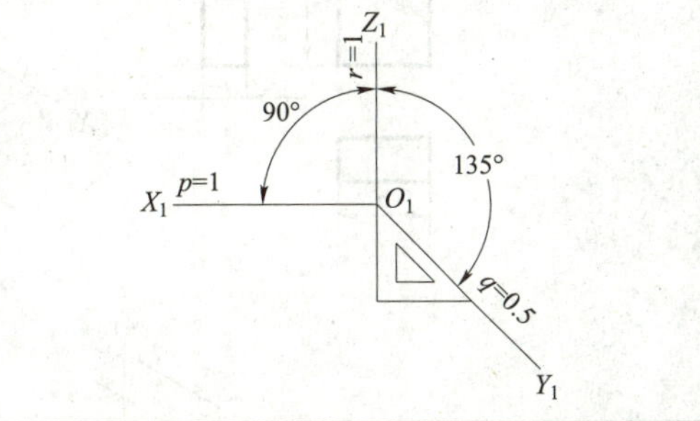 $\angle X_1O_1Z_1=90°$，$\angle Z_1O_1Y_1=135°$；$p=1$，$q=0.5$，$r=1$
作图特点	沿轴测轴方向的尺寸分别按1∶1量取	平行于 XOZ 坐标面的线段或图形的斜二测按1∶1量取或画实形；沿轴测轴 O_1Y_1 方向的尺寸为减半量取

3.1.2 正等轴测图及其画法

1. 正等轴测图及其画法

1）正等轴测图的轴间角、轴向伸缩系数

由表 3-1 可知，正等轴测图的轴间角 $\angle X_1O_1Y_1=\angle X_1O_1Z_1=\angle Y_1O_1Z_1=120°$；三根轴的轴向伸缩系数都近似等于 1。这样在绘制正等轴测图时，沿轴向的尺寸都可在投影图上的相应轴按 1∶1 的比例量取。

2）画图步骤

（1）根据形体结构特点，选定坐标原点位置，一般定在形体的对称轴线上，且放在顶面或底面处，这样对画图较为有利。

（2）画轴测轴。

（3）按点的坐标作点、直线的轴测图，一般自上而下（或自下而上），根据轴测投影基本性质逐步画图，不可见棱线通常不画出或画虚线。

3）平面立体正等轴测图的画法

例 3-1 已知四棱柱的三视图［图 3-2（a）］，作它的正等轴测图。

分析：四棱柱共有八个顶点，用坐标确定各顶点在其轴测图中的位置，然后连接各顶点间的棱线即为所求。

设坐标原点在四棱柱的右后下角，从底面画起。

作图步骤：

（1）画轴测轴 O_1X_1、O_1Y_1、O_1Z_1，如图 3-2（b）所示。

（2）在 O_1X_1 轴上量取物体的长 a，在 O_1Y_1 轴上量取宽 b，画出物体的底面，如图 3-2（b）所示。

（3）过四棱柱底面各端点画 O_1Z_1 轴的平行线，在各线上量取形体的高度 h，画出形体顶面，如图 3-2（c）、（d）所示。

（4）擦去看不见的棱线和多余的作图线，并描深有用图线，即得到四棱柱的正等测图，如图 3-2（e）所示。

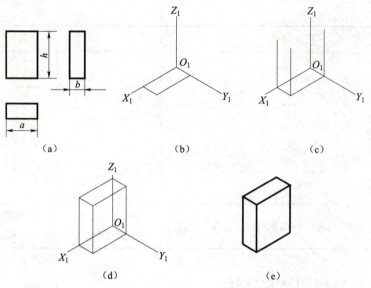

图 3-2 四棱柱正等轴测图的画法

例 3-2 已知正六棱柱的三视图[图 3-3（a）]，作它的正等轴测图。

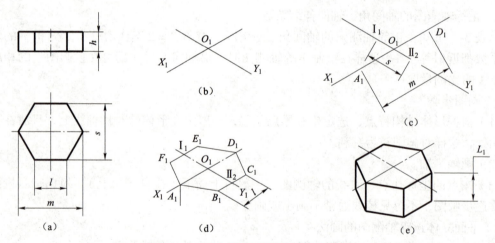

图 3-3 正六棱柱正等轴测图的画法

分析：正六棱柱的顶面、底面均为水平的正六边形，在轴测图中，顶面可见，底面不可见，宜从顶面画起，且使坐标原点与顶面正六边形的中心重合。

作图步骤：

（1）为了清楚直观，在三视图中标出坐标原点及各顶点符号、尺寸，如图 3-3（a）所示。

（2）画轴测轴 O_1X_1、O_1Y_1，并反向延长，如图 3-3（b）所示。

（3）在 O_1X_1 轴上量取物体的长 m，在 O_1Y_1 轴上量取宽 s，得到点 A_1、D_1、I_1、II_1，如图 3-3（c）所示。

（4）过 I_1、II_1 两点作 O_1X_1 轴的平行线，并量取 l 得 B_1、C_1、E_1、F_1，顺次连线，完成顶面的轴测图，如图 3-3（d）所示。

（5）过点 A_1、B_1、C_1、D_1、E_1、F_1 向下作 O_1Z_1 轴的平行线，截取棱线高度 h，定出底面

上端点,并顺次连线,擦去多余作图线,加深轮廓线,完成作图,如图 3-3(e)所示。

4)平行于坐标面的回转体轴测图画法

(1)平行于坐标面的圆的轴测图画法。

例 3-3 已知圆柱体的三视图[见图 3-4(a)],作它的正等轴测图。

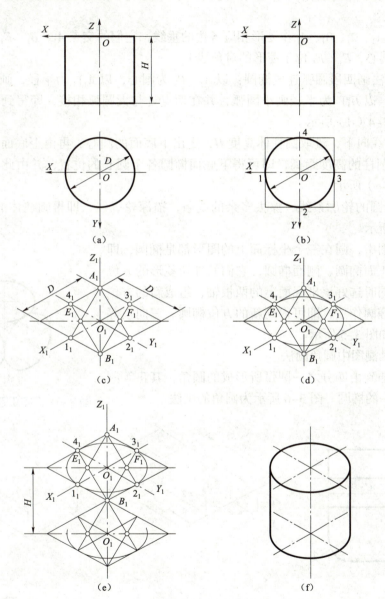

图 3-4　圆柱正等轴测图的画法

解：

分析　根据基本体的三视图可知,图 3-4(a)所示为一圆柱的两视图,因圆柱的两个底面都平行于 XOY 所组成的投影面,所以它们的正等测图都是椭圆,作图时要先将两个底面的椭圆画好,再作两椭圆的公切线,即得圆柱的正等轴测图。

具体作图步骤如下：

① 确定原点 O 的位置和 OX、OY、OZ 轴的方向。在俯视图圆的外切正方形中，切点为 1、2、3、4，如图 3-4（b）所示。

② 画出正方形的轴测图：先画出轴测轴 O_1X_1、O_1Y_1、O_1Z_1，沿轴向可直接量得切点 1_1、2_1、3_1、4_1。过这些点分别作 O_1X_1、O_1Y_1 轴向的平行线，即得正方形的轴测图——菱形，如图 3-4（c）所示。

③ 过切点 1_1、2_1、3_1、4_1 作菱形相应各边的垂线，它们的交点 A_1、B_1、E_1、F_1 即是画近似椭圆的四个圆心，E_1、F_1 位于菱形的对角线上。

④ 用四心法画四段圆弧连成椭圆：以 A_1、B_1 为圆心，以 A_11_1 为半径，画出大圆弧；以 E_1、F_1 为圆心，以 E_11_1 为半径画小圆弧，并在切点处与大圆弧相接，即得到上端面圆的近似椭圆，如图 3-4（d）所示。

⑤ 沿轴心线向下，量取圆柱体高度 H，定出下底面的圆心，再由上底面椭圆的四个圆心都向下量取圆柱的高度距离，即可得下底面椭圆各个圆心的位置，并由此画出下底面椭圆，如图 3-4（e）所示。

⑥ 画出椭圆的轮廓素线，擦去多余的线条，描深轮廓线，即得圆柱体的正等轴测图，如图 3-4（f）所示。

在正等测图中，圆在三个坐标面上的图形都是椭圆，即水平面椭圆、正面椭圆、侧面椭圆，它们的外切菱形的方位有所不同。作图时选好该坐标面上的两根轴，组成新的方位菱形，按近似椭圆作法，即可得到新的方位椭圆。三向正等轴测圆的画法如图 3-5 所示。

（2）正等轴测图中圆角画法。

形体上常遇到由四分之一圆弧所形成的圆角，其正等测投影为四分之一的椭圆。图 3-6 所示为圆角的画法。

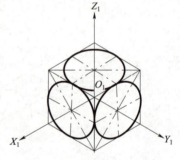

图 3-5　三向正等轴测圆的画法

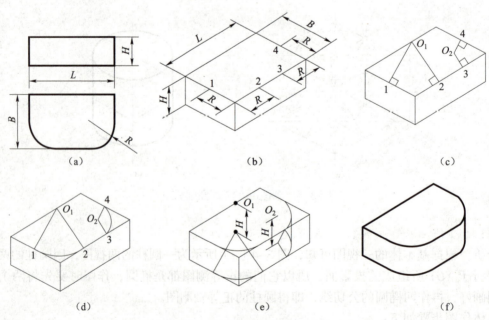

图 3-6　正等测图中圆角的画法

3.2 斜二轴测图及其画法

3.2.1 斜二轴测图的轴间角、轴向伸缩系数

由表 3-1 可知,斜二轴测图的轴间角 $\angle X_1O_1Z_1=90°$,$\angle X_1O_1Y_1=\angle Y_1O_1Z_1=135°$;三根轴的轴向伸缩系数 $p=1$,$q=0.5$,$r=1$。这样在绘制斜二轴测图时,沿 O_1X_1、O_1Z_1 轴向的尺寸都可在投影图上的相应轴按 1:1 的比例量取,沿 O_1Y_1 轴向的尺寸在投影图上则要缩小一半量取。

斜二轴测图能反映物体正面的实形,画图方便,适用于画正面有较多圆的机件的轴测图。

3.2.2 画图步骤

斜二测图的画图步骤与正等测图相似。

例 3-4 已知圆锥套筒的三视图[见图 3-7(a)],画出它的斜二测图。

分析:圆锥套筒的前、后端面和孔口都是圆,它们被放成平行于坐标平面 XOZ 的位置,因此,可方便地作出其斜二测图。

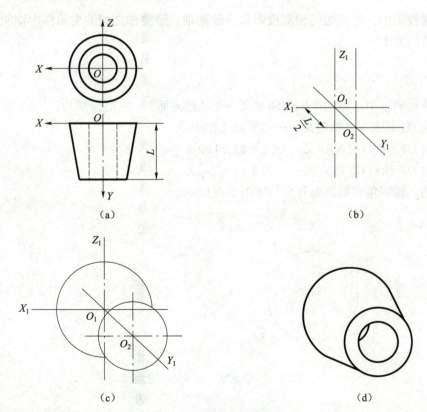

图 3-7 正等测图中圆角的画法

作图步骤：

（1）在形体上选定坐标轴及原点。前、后端面各平行于坐标面 XOZ。

（2）画轴测轴。从 O_1 沿 Y_1 向前量 $L/2$，定出前端面圆的圆心 O_2，如图 3-7（b）所示。

（3）画两端面的斜二测。先画前端面的实形圆，再画后端面实形圆的可见部分，如图 3-7（c）所示。

（4）画前、后端面圆的公切线及孔口的可见部分。整理、描深有用图线，即得所求的斜二测图，如图 3-7（d）所示。

对于平行于其他坐标平面的圆，其斜二测为椭圆，但椭圆的作法很不方便，此时一般避免选用斜二测，而以选用正等测为宜。

3.3　AutoCAD 2010 绘制轴测图及标注尺寸

3.3.1　轴测图的基本概念

1. 轴间角

在轴测投影中，坐标轴的轴测投影称为轴测轴，轴测轴之间的夹角称为轴间角。三个轴间角的夹角均为 120°。

2. 轴测面

在三个轴测轴中，每两个轴测轴定义一个"轴测面"，它们分别为：

（1）由 OX 轴和 OZ 轴定义——右平面（Right）。

（2）由 OY 轴和 OZ 轴定义——左平面（Left）。

（3）由 OX 轴和 OY 轴定义——俯平面（Top）。

轴测轴、轴间角和轴测面等参数如图 3-8 所示。

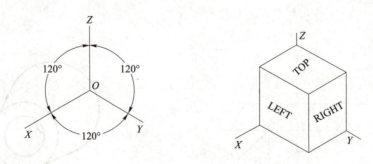

图 3-8　轴测轴，轴间角和轴测面

3. 使用轴测图时的注意点

（1）任何时候用户只能在一个轴测面上绘图。因此，在绘制立体不同方位的同时，必须切换到不同的轴测面上作图。

（2）切换到不同的轴测面上作图时，光标的十字线、捕捉与栅格显示都会相应于不同的轴测面进行调整，以便使其看起来像位于当前轴测面上。

（3）正交模式也要被调整。要在某一轴测面上画正交线，首先应使该轴测面成为当前轴测面，然后打开正交模式。

（4）用户只能沿轴测轴的方向进行长度的测量，而沿非轴测轴方向的测量是不正确的。

3.3.2 轴测图的模式设置

轴测图的模式设置可以使用 Dsettings 命令和 Snap 命令来进行。

1. 用 DSETTINGS 命令设置轴测模式

菜单栏："工具"—"草图设置"；

命令行：Dsettings。

执行 Dsettings 命令后，屏幕上弹出如图 3-9 所示的"草图设置"对话框。

图 3-9 "草图设置"对话框

打开"捕捉与栅格"选项卡，然后在"捕捉类型"区域选择"等轴测捕捉"复选框。若要关闭轴模式，则可选"矩形捕捉"复选框。

在轴测模式下，鼠标的十字光标线变为随不同轴测面而夹角不同的交叉线。

2. 用 Snap 命令设置轴测模式

可使用 Sanp 命令设置轴测模式，见表 3-2。

表 3-2 使用 Sanp 命令设置轴测模式

命令操作步骤	说明
命令：_Snap 指定捕捉间距或 [开（ON）/关（OFF）/纵横向间距（A）/样式（S）/类型（T）]〈0.5000〉：s	等轴测模式设置
输入捕捉栅格类型 [标准（S）/等轴测（I）] <S>：i	选择等轴测模式
指定垂直间距〈0.5000〉： 从十字光标线的变化上可以看出当前的绘图环境已处于轴测模式下	输入垂直间距

3. 各轴测面的切换

由于立体的不同表面必须在相应不同的轴测面上绘制，这个正在绘制的轴测面成为"当前轴测面"。因此，用户在绘制轴测图的过程中，就要不断改变当前轴测面。

切换轴测面为当前轴测面有以下两种方法。

（1）使用 Isoplane 命令：用户可以输入字母 L、T 和 R 来选择相应的轴测面，或者直接按回车键在三个轴测面之间切换，见表 3-3。

表 3-3 使用 Isoplane 命令切换轴测面

命令操作步骤	说明
命令：_Isoplane 当前等轴测平面：左视	各轴测面的切换
输入等轴测平面设置 [左视（L）/俯视（T）/右视（R）] <俯视>：	选择等轴测平面

（2）使用功能键 [F5] 或组合键 [Ctrl]+[E]：使用功能键 [F5] 或组合键 [Ctrl]+[E]，可按〈等轴测平面左〉、〈等轴测平面上〉和〈等轴测平面右〉顺序进行切换。

3.3.3 轴测图的绘制

设置为轴测模式后，可以非常方便地绘制出直线、圆、圆弧和文本的轴测图，并可由这些基本的图形对象组成复杂形体的轴测图。

1. 直线的轴测图

由轴测投影的性质可知：若两直线在空间相互平行，则它们的轴测投影仍相互平行。因此，和坐标轴平行的直线，其轴测图也一定和轴测轴平行。在绘图时，要分别把这些直线绘成与水平方向成 30°、150° 和 90° 角。对于一般位置直线，则可以利用平行线来确定该直线两个端点的轴测投影，然后连接这两个端点的轴测图就是一般位置直线的轴测图。

对于组成立体的平面多边形，它们的轴测图是由组成其直线的轴测线连成的。凡是在立体上与坐标平面平行的平面，它们的轴测图也与相应的轴测面平行；凡是与坐标平面平行的矩形，它们的轴测图是与相应的轴测面平行的平行四边形，该平行四边形的四条边与确定该轴测面的两轴测轴平行。对于直线的轴测图以及由直线组成的平面多边形的轴测图，如图 3-10 所示。

2. 圆的轴测图

圆有一个内切于以圆的直径为边长的正方形，而正方形的轴测图是一个菱形，由此可知,圆的轴测图一定是一个内切于该菱形的一个椭圆,且椭圆的长轴和短轴分别与该菱形的两条对角线重合。因此,画圆的轴测图就必须把该圆画成内切于菱形的一个椭圆。

分别位于三个轴测面内椭圆的画法如图 3-11 所示。

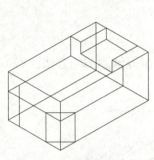

图 3-10 直线轴测图

图 3-11 圆的轴测图

圆的轴测图的绘制过程(见表 3-4)如下:
(1)把绘制环境设置为轴测模式。
(2)选定需绘图的某一轴测面。
(3)绘制椭圆。

表 3-4 圆的轴测图绘制过程

命令操作步骤	说明
命令:_Ellipse	调用椭圆命令
指定椭圆的端面或[圆弧(A)/中心点(C)/等轴测圆(I)]:I	选择等轴测圆
指定等轴测圆的圆心:	输入圆心坐标
指定等轴测圆的半径或[直径(D)]:	输入半径或直径

当命令行提示"指定等轴测圆的圆心:"时,可用捕捉目标方式捕捉椭圆中心(菱形对角线的交点)。

当提示"指定等轴测圆的半径或[直径(D)]:"时,可输入半径(捕捉菱形边长的一半),画出某一轴测面上的椭圆,即圆的轴测图。

同理,可以画出其他轴测面上的圆的轴测图。

3. 文字的轴测图

在轴测图上书写文字也应保持与之相应的轴测面协调一致,一般的方法是将文字的倾斜成旋转角 30° 的倍数。

(1)在顶平面内书写文字:打开"格式"下拉菜单,选择"文字样式"选项,屏幕弹出"文字样式"对话框。在对话框的"倾斜角度"文本框中输入"-30",表示将倾斜角度设置为 -30°,单击"应用"按钮,然后再单击"关闭"按钮,关闭对话框。

用 Mtext 命令书写汉字。注意:在"多行文字编辑器"中,将"特性"选项中的"旋转角度"设置为 30°,书写"顶平面",如图 3-12 所示。

图 3-12 轴测图上的文字书写

（2）在左平面内书写文字：文字的倾斜角度不变，仍为 –30°，但旋转角度设置为 –30°，书写"左平面"，如图 3-12 所示。

（3）在右平面内书写文字：文字的倾斜角度设置为 30°，旋转角度设置为 30°，书写"右平面"，如图 3-12 所示。

3.3.4 轴测图绘制实例

本小节将以具体例子介绍使用 AutoCAD 2010 绘制等轴测图的方法。

完成如图 3-13 所示轴测图的绘制。

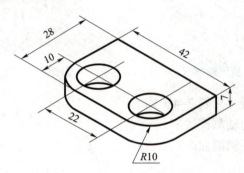

图 3-13 轴测图实例

（1）设置图层，见表 3-5。

表 3-5 图层设置

图层名	颜色	线型	线宽
轮廓线	白色	Continuous	0.3
中心线	红色	Center	默认

（2）打开"草图设置"的"捕捉与栅格"选项卡，然后在"捕捉类型"区域中选择"等轴测捕捉"复选框；在"草图设置"的"极轴追踪"选项卡中设置增量角为 30°，在"对象捕捉追踪设置"区域中选择"用所有极轴角设置追踪"选项。

（3）将图层切换到轮廓线层，绘制如图 3-14 所示的轴测图。

① 用"直线"（Line）命令或"多义线"（Pline）命令绘制直线 AB、CD，如图 3-14（a）所示。绘图步骤见表 3-6。

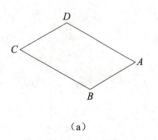
(a)

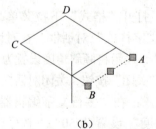
(b)

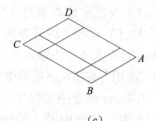
(c)

图 3-14 绘制直线 AB、CD 及辅助线

表 3-6　绘图步骤（一）

命令操作步骤	说明
命令：_Line 指定第一点：50, 50 指定下一点或［放弃（U）］：28 指定下一点或［放弃（U）］：42 指定下一点或［闭合（C）/放弃（U）］：28 指定下一点或［闭合（C）/放弃（U）］：c	调用绘制直线的命令 闭合四边形

② 绘制辅助线，这里使用"夹点编辑"的"移动"（多重）的方法完成直线的复制。选择直线 AB，激活 B 处夹点，如图 3-14（b）所示。绘图步骤见表 3-7。

表 3-7　绘图步骤（二）

命令操作步骤	说明
"拉伸" 指定拉伸点或［基点（B）/复制（C）/放弃（U）/退出（X）］： "移动" 指定移动或［基点（B）/复制（C）/放弃（U）/退出（X）］：c "移动"（多重） 指定移动或［基点（B）/复制（C）/放弃（U）/退出（X）］：10 "移动"（多重） 指定移动或［基点（B）/复制（C）/放弃（U）/退出（X）］：32	夹点编辑 回车键或空格键 沿 BC 边复制 AB 输入距离 10 沿 BC 边复制另一条线

用同样方法，复制 BC 边的平行线，该平行线沿 AB 方向与 BC 边的距离为 10，如图 3-14（c）所示。

③ 按［F5］键，切换到俯平面，绘制圆角。用"椭圆"命令，并分别以 O_1 和 O_2 为椭圆心，绘制半径为 10 的等轴测圆，如图 3-15（a）所示。绘图步骤见表 3-8。

表 3-8　绘图步骤（三）

命令操作步骤	说明
命令：<等轴测平面上> 命令：_Ellipse 指定椭圆轴的端点或［圆弧（A）/中心点（C）/等轴测圆（I）］：i 指定等轴测圆的圆心： 指定等轴测圆的半径或［直径（D）］：10	按［F5］键切换到顶平面 调用绘制椭圆的命令 绘制等轴测圆 捕捉交点 O_1 为圆心 输入半径 10 并回车，以 O_2 为椭圆心，用同样的方法绘制另一个椭圆

④ 删除辅助线，并用"修剪"命令修剪圆的多余部分，修剪后的图形如图 3-15（b）所示。

⑤ 切换到中心线层，绘制座板上两个 $\phi 13$ 圆孔的中心线，如图 3-15（c）所示。

⑥ 切换到轮廓线层，用步骤③的方法绘制座板上两个 $\phi 13$ 的等轴测圆，并缩短中心线，如图 3-16（d）所示。

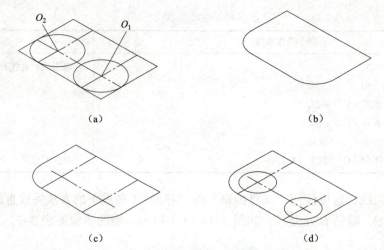

图 3-15 绘制圆角及 $\phi 13$ 圆

⑦ 按 [F5] 键,切换到右平面,绘制长度为 7 的直线 EF,如图 3-16(a)所示。

⑧ 选中图 3-16(a)中除 EF 外的所有图形对象,激活 E 处的夹点,如图 3-16(b)所示。用"夹点编辑"中"移动"(多重)的方法,以 E 点为基点将所选轮廓线复制到 F 点,如图 3-16(c)所示。

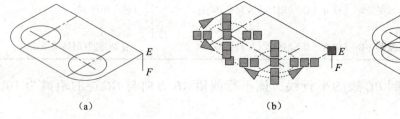

图 3-16 复制底面

⑨ 激活"Line"命令,捕捉圆弧的中点,绘制直线 MN,如图 3-17(a)所示。

⑩ 用"删除"和"修剪"命令编辑图形,得到图 3-17(b)所示的图形。

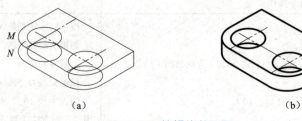

图 3-17 编辑修剪图形

第 4 章 切割体与贯体

学习目标

1. 掌握平面立体表面点和截交线的投影规律及画法。
2. 掌握曲面立体表面点和截交线的投影规律及画法。
3. 掌握相贯线的投影规律及画法。
4. 运用 AutoCAD 2010 绘制立体表面交线。

工程上常会遇到这样的机件,它的结构是由基本形体被截平面截去一部分或几部分而成的。基本形体被截切时,其表面的交线可看成平面与形体表面相交产生的交线。截切基本形体的平面称为截平面,基本形体被截平面截断后的部分称为截断体,被截切后的断面称为截断面,截平面与基本形体表面的交线称为截交线,如图 4-1 所示。

截交线具有下列基本性质:
(1)截交线是截平面与形体表面的共有线,截交线上的点是截平面与形体表面的共有点;

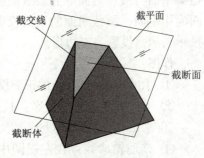

图 4-1　截交线与截断体

(2)由于形体是有一定的范围的,因此截交线应为封闭的平面图形。

由于截交线是截平面与立体表面的共有线,故截交线上的点必定是截平面与立体表面的共有点。因此,求截交线的问题,实质上就是求截平面与立体表面的全部共有点的集合。

4.1　平面立体表面点和截交线的投影

平面形体的表面是由若干个平面图形所组成的,所以它的截交线均为封闭的、由直线段围成的平面多边形。

(1)用一个截平面截切平面形体时,截交线的每一条边都是棱面与截平面的交线,各顶点都是棱线与截平面的交点,如图 4-2 所示。

(2)用多个截平面组合截切平面形体时,切口由多个相交的截断面组成,相邻两个截断面的交线的端点也是形体表面截交线的端点,故它们都在形体的表面上,如图 4-3 所示。

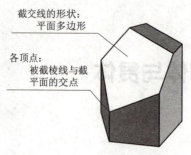

图 4-2 用一个截平面截切平面形体　　图 4-3 用多个截平面组合截切平面形体

求截交线的投影就是利用形体表面取点的方法求出截交线上各顶点的投影，然后依次连接，完成作图。

例 4-1 如图 4-4 所示，已知切口的正面投影，完成被切正四棱柱的三视图。

截平面与棱柱顶面及四个侧棱面相交，故截交线由五条交线组成，截断面为五边形。五边形的各顶点分别是截平面与棱柱表面的五条被截棱线的交点。由于截平面为正垂面，故截断面的正面投影积聚成直线段，水平投影与侧面投影为五边形。

作图：

① 求出截断面各顶点的正面投影：1'、2'、3'、4'、5'。
② 求出各点的水平投影：1、2、3、4、5。
③ 求出各点的侧面投影：1"、2"、3"、4"、5"。
④ 整理轮廓线：在左视图中，应去除被截去部分的投影，并补画图示虚线。

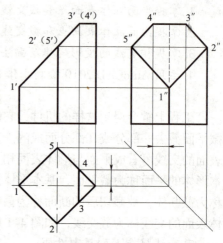

图 4-4 截切正四棱柱

⑤ 判别可见性，然后依次连接各顶点的同面投影，即完成切口的水平投影和侧面投影。

例 4-2 如图 4-5（a）所示，已知切口的正面投影，完成带切口的正三棱锥的三视图。

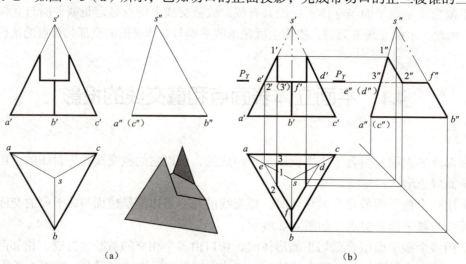

(a)　　　　　　　　　　　　　　(b)

图 4-5 带切口的正三棱锥

如图 4-5（a）所示的切口是三棱锥被一个水平面和两个侧平面截切而成，且左右对称。切口的两个侧平面为三角形，截交线由两条侧平线（均平行于与 FB）和一条正垂线组成，其中正垂线是水平面和侧平面的交线；切口水平面的五边形另有两条水平线和一条侧垂线，分别与棱锥底面对应边平行；切口的正面投影有积聚性。

作图：如图 4-5（b）所示。

① 求切口水平面的各顶点：包含切口的水平面作一辅助平面 P，求出 P 与三棱锥的截平面 DEF，水平面的各顶点 Ⅱ、Ⅲ、F 等均在 DEF 上，按投影关系求出它们的三面投影。

② 求切口侧平面的顶点：侧平面的最高点 Ⅰ 在 SA 棱线上，按投影关系求出它的三面投影。

③ 整理轮廓线：去除被截侧棱线截切掉的部分投影。

④ 判别可见性：依次连接切口侧面与底面各顶点的水平投影和侧面投影，其中左视图中切口的水平面 2″、3″ 之间的部分不可见，画成虚线。

4.2　曲面立体表面点和截交线的投影

曲面形体的截交线的形状要根据曲面形体的几何特性以及截平面与曲面形体的相对位置而定，概括起来有三种情况：封闭的平面曲线；直线段围成的平面多边形；直线段和平面曲线共同组成的平面图形。不论截交线是直线还是曲线，它都是截平面和曲面形体表面的共有线，截交线上的点也都是它们的共有点。

截交线上有一些位置特殊的点，它们是确定截交线的形状和范围的关键点，这些点又可分为两类：曲面形体转向轮廓线上的点；截交线上的极限方位点，即最高、最低、最左、最右、最前、最后点。截交线上的其他点称为一般点。

可利用曲面形体表面上取点的方法求作截交线上的特殊点与一般点的投影，然后连接这些点的同面投影即为截交线的投影。作截交线的顺序是：先作出截交线的特殊点，然后按需要求出若干一般点，最后判别可见性，依次光滑连接各点的同面投影。

4.2.1　圆柱的截交线

根据截平面与圆柱轴线的相对位置不同，截交线有三种形状，见表 4-1。

表 4-1　圆柱的截交线

截平面位置	垂直于圆柱轴线	平行于圆柱轴线	倾斜于圆柱轴线
立体图	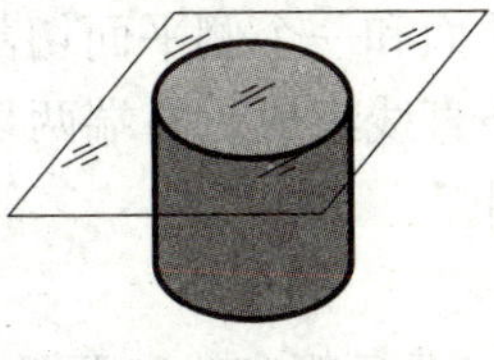	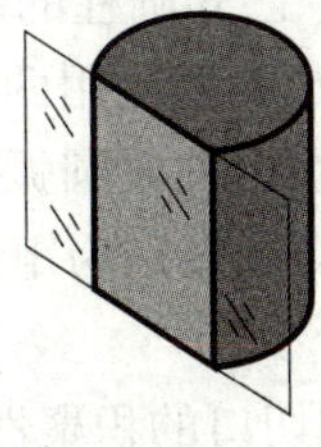	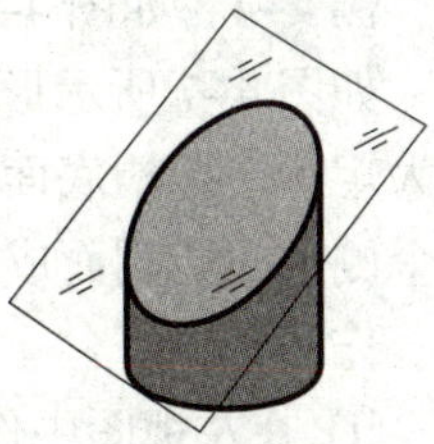

续表

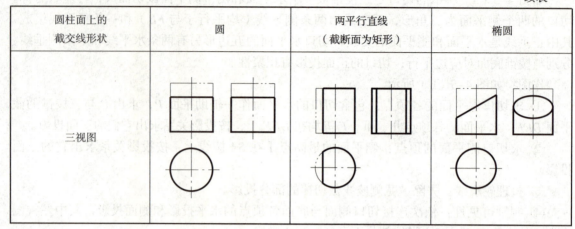

圆柱面上的截交线形状	圆	两平行直线（截断面为矩形）	椭圆
三视图			

例 4-3 如图 4-6 所示，完成被正垂面截切后的圆柱的三视图。

由于截平面为正垂面，倾斜于圆柱轴线，且完全切在圆柱面上，故截交线应为椭圆。截交线的正面投影积聚成直线；俯视图中圆柱面的投影具有积聚性，故截交线的水平投影与圆柱面的积聚投影重合；侧面投影一般情况下为椭圆，其长短轴要根据截平面与轴线的夹角而定（特殊情况即截平面与轴线的夹角为 45° 时，侧面投影为圆）。

作图：

① 求特殊点：圆柱的四条特殊位置素线与截平面的交点是截交线上的特殊点，利用主视图上截交线的积聚投影，确定四个特殊点的正面投影 1′、2′、3′、4′，其中，Ⅰ在最左素线上，为最低、最左

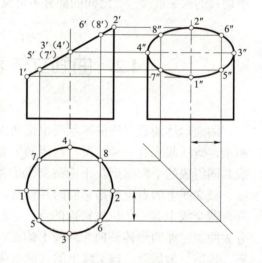

图 4-6 斜切圆柱

点，Ⅱ在最右素线上，为最高、最右点，两点的连线ⅠⅡ为椭圆的长轴；最前、最后素线上的两点Ⅲ、Ⅳ分别为最前、最后点，其连线ⅢⅣ为椭圆的短轴。根据投影关系求出各点的其他两面投影。这四个特殊点的三面投影一旦确定，截交线的走向和大致范围基本确定。

② 求作一般点：根据具体情况作出适当数量的一般点，如图中的Ⅴ、Ⅵ、Ⅶ、Ⅷ。

③ 整理轮廓线：擦去左视图中被截去部分的投影。

④ 判断可见性，并光滑连接各点：左视图中截交线可见，用粗实线将各点依次连接起来，完成全图。

例 4-4 如图 4-7 所示，已知圆柱的两端被切，完成圆柱接头的三视图。

如图 4-7 所示形体的左端凹槽是用两个水平面和一个侧平面切割而成。凹槽侧面的截交线为矩形；凹槽底面的截交线由两段圆弧和两条直线组成。右端两切口均是用一个正平面和一个侧平面切割而成，其截交线分别为矩形和圆弧。

作图：

① 在左视图中作凹槽和切口的积聚性投影：两条粗实线和两条虚线（c″d″、a″b″⋯）。

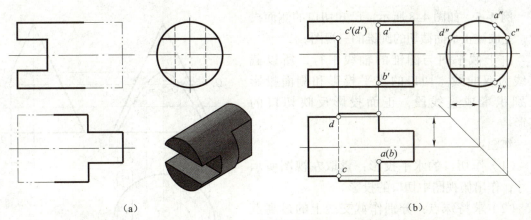

图 4-7 圆柱接头

② 在俯视图中作左边凹槽的投影，矩形的宽 cd 由 c″d″ 确定，槽底不可见部分的投影用虚线绘制。

③ 在主视图中作右边切口的投影，矩形的高由 a″b″ 确定。

④ 擦去俯视图中被截去部分的投影，完成全图。

4.2.2 圆锥的截交线

由于截平面与圆锥体的相对位置不同，圆锥面上的截交线的形状也不同，可分为下列五种情况，见表 4-2。

表 4-2 圆锥的截交线

截平面位置	过圆锥顶点	垂直于圆柱轴线	倾斜于圆柱轴线	平行于圆柱轴线	平行于任一圆锥表面素线
立体图					
截交线形状	两相交直线	圆	椭圆	双曲线	抛物线
三视图					

例 4-5 如图 4-8 所示，已知切口的侧面投影，完成被正平面截切的圆锥的三视图。

由于截平面与圆锥的轴线平行，所以截交线为双曲线。切口的水平投影和侧面投影分别积聚成直线段，正面投影反映切口的实形。

作图：

（1）作切口的水平投影：量取左视图所示尺寸，作出俯视图中切口的投影。

（2）求特殊点：分别作截交线上的最高点Ⅰ、最左点Ⅱ、最右点Ⅲ（也是最低点）的各面投影。

（3）求适当的一般点：过一般点 4、5、6、7 作辅助圆，求出各点的其他两面投影。

（4）整理轮廓线，判断可见性，连接各点，完成全图。

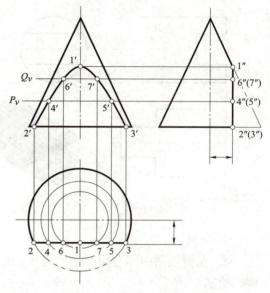

图 4-8 被正平面截切的圆锥

4.2.3 圆球的截交线

圆球被截平面截切后，其截交线都是圆。当截平面平行于某一投影面时，截交线在该投影面上的投影为圆的实形，在其他两投影面上的投影都积聚为直线。当截平面为投影面垂直面（平面与投影面的夹角不等于45°）时，截交线在该投影面上的投影积聚为一条直线，另两面投影为椭圆。

例 4-6 如图 4-9 所示，完成被正垂面截切的圆球的三视图。

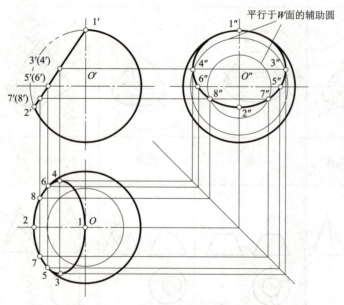

图 4-9 被正平面截切的圆球

因截平面是正垂面,所以截交线的正面投影积聚为直线,其水平投影和侧面投影都是椭圆。

作图:

(1)求特殊点:主视图中,截交线的投影积聚为直线,其两端点 1′、2′和中点 3′、4′是截交线的最高、最右点Ⅰ,最低、最左点Ⅱ,最前点Ⅲ,最后点Ⅳ的正面投影;该直线与水平对称中心线交于 5′、6′点,5′、6′是属于球体上、下转向轮廓线上的Ⅴ、Ⅵ点的正面投影,Ⅴ、Ⅵ点的水平投影 5、6 在俯视图的圆形轮廓线上,是作截交线水平投影的关键点。利用球面取点的方法求出前述各点的其他各面投影。

(2)求适当的一般点:如图 4-9 所示,作一般点Ⅶ、Ⅷ的三面投影。

(3)作截交线的水平投影和侧面投影:在俯视图中以 34 为长轴、12 为短轴,在左视图中以 1″2″为长轴、3″4″为短轴用粗实线依次光滑连接各点形成椭圆,并擦去俯视图中被截去部分的投影,完成全图。

例 4-7 如图 4-10 所示,已知主视图,完成开槽半圆球的三视图。

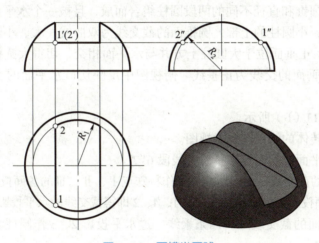

图 4-10 开槽半圆球

开槽半圆球槽的两侧面是侧平面,它们与半圆球的截交线为两段圆弧,侧面投影反映实形;槽底是水平面,与半圆球的截交线也是两段圆弧,水平投影反映实形。

作图:

(1)完成半圆球的三视图。

(2)作矩形槽的水平投影,R_1 由主视图所示槽深决定。

(3)作矩形槽的侧面投影,R_2 由主视图所示槽宽决定。槽底投影的中间部分 1″2″不可见,应画成虚线。

4.2.4 组合回转体的截交线

组合回转体是由若干个同轴的基本回转体组成,作图时首先要分析各部分的曲面性质,然后按照它的几何特性、与截平面的相对位置确定其截交线的形状,再逐个作出其投影。

例 4-8 如图 4-11 所示,已知顶尖的主视图,完成三视图。

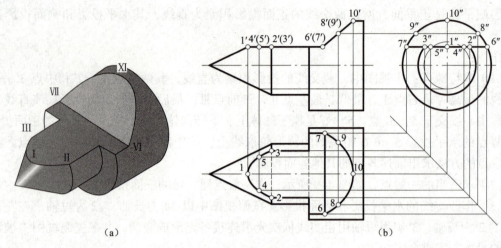

图 4-11 顶尖

顶尖由同轴的圆锥和直径不同的两段圆柱组合而成，且被一个水平面和正垂面截切。水平面切在圆锥和大、小圆柱的上部，圆锥面的截交线为双曲线，大、小圆柱面的截交线为两平行直线（素线）；正垂面位于大圆柱上方并与水平面相交，切得大圆柱面的截交线为椭圆曲线，水平面和正垂面的交线为正垂线。俯视图中反映切口水平面的实形及正垂面的类似形——椭圆曲线。

作图：如图 4-11（b）所示。

（1）作组合回转体的俯视图和左视图。

（2）作水平截平面的侧面投影——直线段 6″ 7″。

（3）作圆锥面的截交线——双曲线。先作特殊点Ⅰ、Ⅱ、Ⅲ的各面投影，再用辅助圆法作一般点Ⅳ、Ⅴ的各面投影，依次连接 3、5、1、4、2 即得截交线的水平投影，应反映实形。

（4）作小圆柱面的截交线——两条素线。过水平投影 2、3 作圆柱轴线的平行线，应反映线段实长。

（5）作大圆柱面的截交线。水平截平面截得的截交线为两条素线，作法同小圆柱面的截交线；正垂面截得的截交线为椭圆曲线，先作特殊点Ⅵ、Ⅶ、Ⅺ的各面投影，再作一般点Ⅸ、Ⅹ的各面投影，依次连接 7、9、10、8、6 即得截交线的水平投影，应仍为椭圆曲线。

（6）擦去多余图线，补画应有图线。擦去俯视图、左视图中被截去部分的投影，补出俯视图中的两条虚线及两截平面间的交线 67，完成全图。

4.3 相贯线的投影作图

两立体相交，在其表面上产生的交线称为相贯线。

两立体相交，包括两平面立体相交和平面立体与曲面立体相交。因两回转体相交在机件上最为常见，故本节只讨论两回转体相交的相贯线的求法问题。

两回转体相交，其相贯线具有以下基本性质：

（1）相贯线是两回转体表面的共有线，也是两回转体表面的分界线，所以相贯线上的所有点都是两回转体表面的共有点。

（2）由于形体的表面是封闭的，因此相贯线在一般情况下是封闭的空间曲线。

画图时，为了清楚地表达物体的形状，一般要正确地画出其交线的投影。另外在钣金下料时，也要求在图样上准确地画出相贯线的投影，以便绘制出正确的展开图。求相贯线的投影实质上就是求两形体表面共有点的投影。

4.3.1 利用积聚性求相贯线

两圆柱体相交，如果其中有一个是轴线垂直于投影面的圆柱，那么此圆柱在该投影面上的投影具有积聚性，因而相贯线的这一投影必然落在圆柱的积聚投影上，根据这个已知投影，即可利用形体表面上取点的方法作出相贯线的其他投影。

例 4-9 如图 4-12 所示，两圆柱正交，求作相贯线的投影。

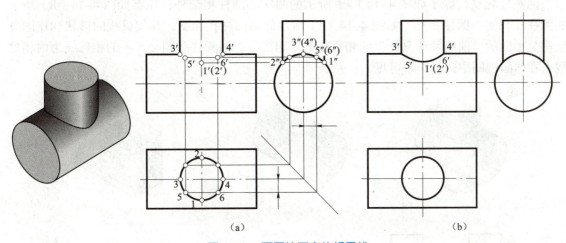

图 4-12 两圆柱正交的相贯线

从图 4-12（a）中可以看出，水平大圆柱侧面投影具有积聚性，直立小圆柱水平投影具有积聚性，小圆柱完全贯入大圆柱，相贯线在小圆柱面上是连续的。所以相贯线的侧面投影积聚在大圆柱的一段圆弧上；相贯线的水平投影则积聚在小圆柱面的积聚投影上。两圆柱的轴线正交，相贯线为前、后和左、右对称的一条空间曲线，此题只需求出相贯线可见部分的正面投影即可。

作图：

（1）求特殊点：先在相贯线的已知投影（水平投影和侧面投影）上确定特殊点Ⅰ、Ⅱ、Ⅲ、Ⅳ（依次为相贯线上的最前、最后、最左、最右点）的投影，然后根据特殊点的特殊位置求出正面投影。

（2）求适当的一般点：先在相贯线的已知投影中取点（如5、6），再根据圆柱表面取点的方法求出正面投影（如5′、6′）。

（3）判断可见性：相贯线只有同时位于两个立体的可见表面时，其投影才是可见的，否则就都不可见。点3′、4′是判别相贯线正面投影可见性的分界点，因此，相贯线上3′、1′、4′部分可见，4′、2′、3′部分不可见，前后对称的交线可见部分和不可见部分重合。

（4）光滑连接各点：在主视图上依次光滑连接各点，完成作图，如图 4-12（b）所示。

两正交圆柱的相贯线，当其相对大小（直径）发生变化时，相贯线的形状、弯曲趋向将随着变化，如图 4-13 所示。

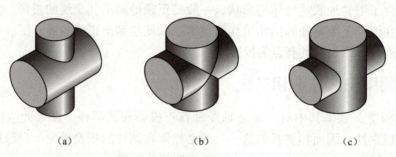

图 4-13　不同直径圆柱的相贯线

两圆柱相交，除了如图 4-14（a）所示的两实心圆柱相交外，还有如图 4-14（b）所示的圆柱孔与实心圆柱相交、如图 4-14（c）所示的两圆柱孔相交，其相贯线的形状和作图方法都是相同的。前两种情况产生的相贯线为外相贯线；两圆柱孔相交产生的相贯线为内相贯线，在非圆视图中的投影不可见。

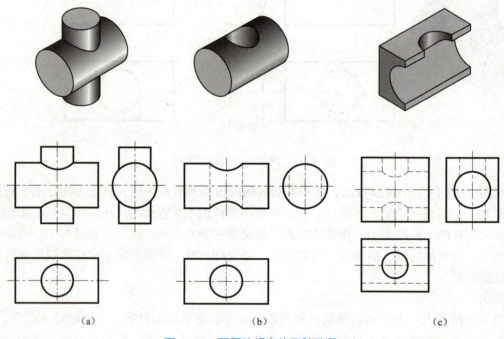

图 4-14　两圆柱相交的三种情况

4.3.2　利用辅助平面法求相贯线

辅助平面法是求相贯线的基本方法，它是利用三面共点原理求出共有点的。

作一辅助平面同时与相贯的两回转体相交，分别作出辅助平面与两回转体的截交线，这两条截交线的交点必为两形体表面的共有点，即为相贯线上的点。若作出一系列辅助平面，即可得相贯线上的若干个点，依次连接各点，就可得到相贯线，如图 4-15 所示。

通常多选用与投影面平行的平面作为辅助平面。

例 4-10 如图 4-15 所示，求作圆锥与圆柱相贯的相贯线。

由于圆柱轴线垂直于侧面，因此，相贯线的侧面投影与圆柱面的侧面投影重合为一圆，此题只需求出相贯线的正面投影和水平投影即可。

作图：

（1）求特殊点：如图 4-16（a）所示，在主视图中，圆柱的最高、最低素线和圆锥最左素线的正面投影的交点 1′、2′是相贯线上的最高点Ⅰ和最低点Ⅱ的投影，也是相贯线上的最左点和最右点的投影，利用这个特殊位置关系，可直接求出Ⅰ、Ⅱ两点的其他两面投影。最前点Ⅲ、最后点Ⅳ的侧面投影 3″、4″，是左视图中圆锥位于圆柱轴线的圆与圆柱前、后素线的交点，其他投影可用辅助平面 P 求出：包含圆柱轴线作辅助平面 P，切圆锥得交线为圆 ϕ_P，截切圆柱得交线为最前、最后素线，两截交线的交点即为 3、4，然后再作出 3′、4′。

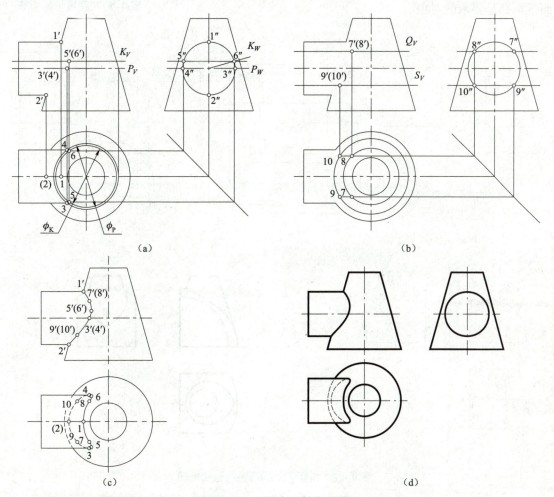

图 4-16 圆柱与圆锥台相贯

最右点Ⅴ、Ⅵ一定是距离圆锥台最前、最后素线最近的点。如图4-16（a）所示，在左视图中通过圆心作圆锥轮廓线的垂线，与圆的交点即为5″、6″，点Ⅴ、Ⅵ的其他投影可作辅助平面K求出：方法同作辅助平面P，切圆锥得交线为圆ϕ_K。

（2）求适当的一般点：如图4-16（b）所示，用辅助水平面Q求出Ⅶ、Ⅷ点的水平投影7、8和正面投影7′、8′，再用辅助水平面S求出Ⅸ、Ⅹ点的水平投影9、10和正面投影9′、10′。

（3）判断可见性，通过各点光滑连线：如图4-16（c）所示，因相贯体前后对称，所以相贯线正面投影的前后两部分重合为一段曲线。水平投影的5、6点为可见与不可见的分界点，经分析可知，曲线57186可见，连成实线；曲线592106不可见，连成虚线。

（4）最终结果如图4-16（d）所示。

例4-11　求作图4-17所示轴承盖上的圆锥台与球的相贯线。

圆锥台与圆球的相贯线为封闭的空间曲线。如图4-18（a）所示，参与相贯的形体的三面投影都没有积聚性，所以相贯线的三面投影都是要求的对象。

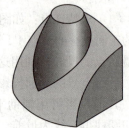

图4-17　圆锥与球相贯

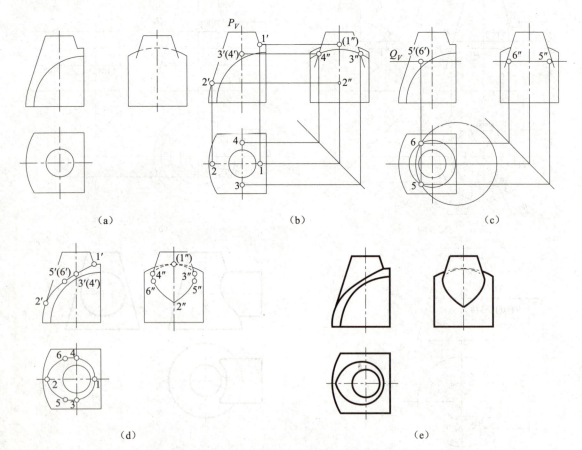

图4-18　轴承盖上的圆锥台与球相惯

作图：

（1）求特殊点：如图4-18（b）所示，最高点Ⅰ和最低点Ⅱ在圆锥最左、最右素线与圆球的正面转向轮廓线的交点上，两点的三面投影可利用其特殊位置求出。Ⅰ、Ⅱ两点同时又是相贯线上最左、最右点。相贯线上最前、最后点Ⅲ、Ⅵ分别是圆锥台最前、最后素线上的点，可用辅助平面 P 求出：作辅助平面 P，切圆锥得交线为两直线（即最前、最后素线），截切圆球得交线为圆弧 R，两截交线的交点即为3″、4″，然后再作出3′、4′和3、4。

（2）求适当的一般点：如图4-18（c）所示，用水平辅助平面 Q 切圆锥得截交线水平投影为圆，切球得截交线水平投影为圆弧，两截交线的交点Ⅴ、Ⅵ即所求。用其他水平辅助平面还可求出更多的一般点。

（3）判断可见性，并通过各点光滑连线：如图4-18（d）所示，相贯线正面投影前后重合为一段曲线；相贯线水平投影均为可见；相贯线的侧面投影3″、4″为可见与不可见分界点，所以将3″1″4″连成虚线，将3″5″2″6″4″连成实线。

（4）最终结果如图4-18（e）所示。

4.3.3 相贯线的特殊情况

两回转体相交时，相贯线一般为空间曲线。在特殊情况下，可能是平面曲线或是直线。

（1）如图4-19（a）、（b）、（c）、（d）所示，当圆柱与圆柱、圆柱与圆锥轴线相交，并公切于一圆球时，其相贯线为椭圆，该椭圆的正面投影为直线段。

（2）如图4-19（e）所示，当两圆柱轴线平行时，两圆柱的相贯线出现直线。

（3）如图4-19（f）所示，两个同轴回转体的相贯线是垂直于轴线的圆，该圆的正面投影为一直线段，水平投影为圆的实形。

画相贯线时，如遇到上述这些特殊情况，可直接画出相贯线，不必用前面介绍的方法求相贯线。

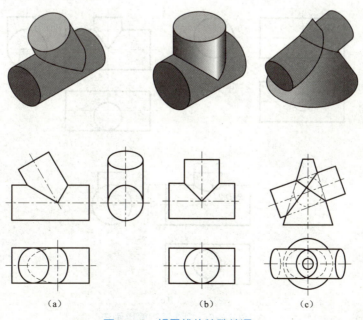

图 4-19　相贯线的特殊情况

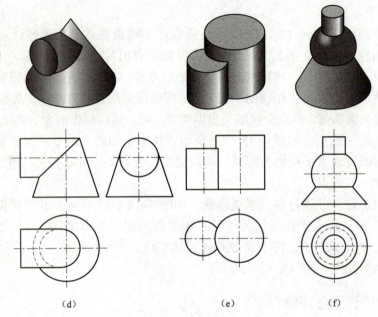

(d)　　　　　　　　(e)　　　　　　　(f)

图 4-19　相贯线的特殊情况（续）

4.3.4　相贯线的简化画法

大多数情况下，对于一般的铸、锻、机械加工的零件，相贯线会在生产的过程中自然形成，对其表面的相贯线画法的准确度要求不高。在不致引起误解时，图形中的相贯线投影可以简化。简化画法可分为以下两种：

（1）用直线代替非圆曲线。如图 4-20（a）、（b）所示，图中相贯线的曲线投影简化绘制为直线。

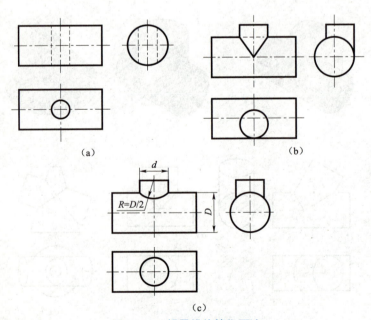

图 4-20　相贯线的简化画法

（2）用圆弧代替非圆曲线。如图4-20（c）所示，当两圆柱轴线垂直相交时，相贯线的简化画法为：用圆弧来代替相贯线的投影，且以大圆柱的半径为圆弧的半径作图。

4.4　AutoCAD 2010 绘制立体表面交线

在机械零件上经常出现因切割、相交而产生的交线，这些交线分别称为截交线和相贯线。

手工绘制截交线和相贯线时，作图过程较为复杂，难以保证截交线和相贯线的形状准确性，使用AutoCAD可以快速而准确地绘制截交线和相贯线。

用AutoCAD 2010画立体的截交线和相贯线，同样遵循立体表面选取公共点的方法。特殊点直接选取，一般点采用辅助平面法，作出一些投影线找点。交线作完之后，再通过编辑命令把这些辅助线剪切或删除。

4.4.1　AutoCAD 2010 绘制截交线

下面通过完成如图4-21所示含有圆柱切肩和开槽所形成截交线的三视图练习，来学习AutoCAD 2010绘制截交线的画法。

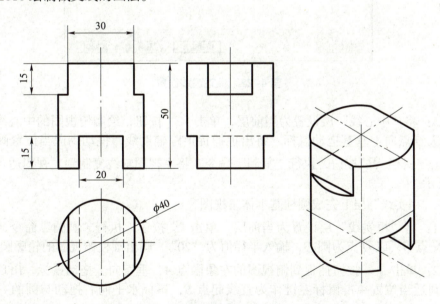

图4-21　圆柱体切肩、开槽截交线作图

1. 设置绘图环境

启动AutoCAD 2010，新建文件，单击"新建图层"按钮，创建3个新图层，名称分别为"粗实线""中心线""虚线"，颜色分别为黑、红、黄，线型除"中心线"层为"Center"、线宽"粗实线"层为0.5外，其他选项均为默认设置。

2. 绘制图形

1）在"中心线"层完成基准线，布置视图

步骤1：单击状态栏上的 、、 按钮，打开极轴追踪、对象捕捉、对象捕捉追踪命令。

步骤2：鼠标右击 按钮，选"设置（s）..."选项，在极轴追踪设置里选择"45"，在对象捕捉追踪设置里选择"用所有极轴角设置追踪（S）"，如图4-22所示。

图4-22 极轴追踪设置

步骤3：将"中心线"层设置为当前层，单击 按钮，绘制俯视图的中心线，重复直线命令，从O点向上垂直拖动鼠标，将出现捕捉追踪辅助线，拖动到适当位置画出主视图轴线。单击工具栏 按钮，执行"复制"命令，将主视图轴线复制到左视图适当位置，如图4-23所示。

2）在"粗实线"层上完成圆柱基本体三视图

步骤1：将"粗实线"层设置为当前层，单击 按钮，执行"画圆"命令，捕捉俯视图中心线交点O，以O点为圆心，输入半径值为"20"，画出圆柱俯视图的轮廓圆。

步骤2：单击 按钮捕捉到俯视图的左象限点A，垂直向上拖动鼠标，出现追踪辅助线，拖动到适当位置单击鼠标左键作为直线起点B，鼠标水平向右拖动与圆的右象限点对齐，绘制出直线BC，继续将鼠标向上移动并输入距离"50"，画出CD，鼠标水平向右移动与点A对齐出现追踪辅助线，画线DE，然后将鼠标垂直向下移动画线EB，完成闭合图形，即完成圆柱体的主视图，如图4-24所示。

步骤3：单击 按钮，执行"复制"命令，选择圆柱主视图为复制对象，鼠标拾取主视图轴线端点为复制基点，将主视图向右水平拖动到左视图轴线端点后单击鼠标左键确定，完成左视图的绘制。

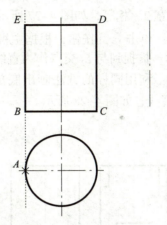

图 4-23　圆柱三视图基准线绘制　　　　图 4-24　圆柱主俯视图轮廓线绘制

3）绘制圆柱体主视图上的切肩与开槽

将"粗实线"层设置成当前层，单击 按钮，捕捉到"F"点后向左水平拖动鼠标，输入距离"15"作为直线起点，向下垂直拖动鼠标，输入距离"15"画线 GH，向左拖动鼠标捕捉到与圆柱最左素线交点画直线 HI，单击 按钮，执行"镜像"命令，画出右边切肩部分。利用同样的方法画出主视图底部开槽结构，如图 4-25 所示。

4）绘制俯视图切肩开槽的投影

步骤1：单击 按钮，根据主视图中切肩的宽度，按照相应的追踪路径和对齐方法向下垂直拖动鼠标捕捉到与圆交点作为直线的起点，继续向下捕捉到与圆另一交点画线。

步骤2：将"虚线"层设置成当前层，单击 按钮，根据主视图底部槽的宽度，按照相应的追踪路径和对齐方法向下垂直拖动鼠标捕捉到与圆交点作为直线起点，继续向下捕捉到与圆另一个交点画线，如图 4-26 所示。

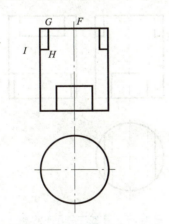
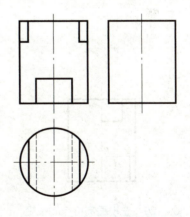

图 4-25　圆柱主视图切肩、开槽　　　　图 4-26　圆柱俯视图的投影

5）绘制左视图

步骤1：单击 按钮，将左视图轴线 L_1 执行偏移命令，执行行出现"指定偏移距离或［通过（T）/删除（E）/图层（L）］<通过>："提示后，捕捉俯视图中的 J、K 两点，选择轴线 L_1，向左偏移，完成直线 L_2，保证尺寸"宽1"相等，同理捕捉 M、N 两点完成直线

L_3，保证"宽 2"相等，如图 4-27 所示。

步骤 2：单击 按钮，根据主视图切肩高度，依据相应的追踪路径和对齐方法向右垂直拖动鼠标，捕捉到与 L_2 交点作为直线起点，继续向右捕捉到左视图轴线交点画线。

步骤 3：利用同样的方法画出底部开槽结构在左视图上的投影，用连续线段分别画出 PQ 和 QR 直线，如图 4-28 所示。

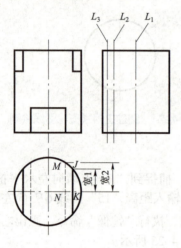
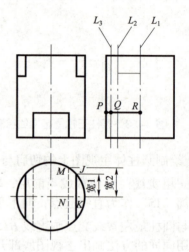

图 4-27　偏移命令保证宽相等　　　　图 4-28　利用高平齐绘制左视图

步骤 4：选择 L_2、L_3 直线，设置为粗实线，利用夹持点分别缩短到指定位置，选择 QR 线段，设置为虚线，如图 4-29 所示。

步骤 5：单击 按钮，执行"镜像"命令，将左视图上切肩开槽投影镜像，完成左视图基本轮廓，如图 4-30 图示。

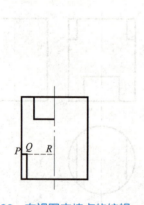
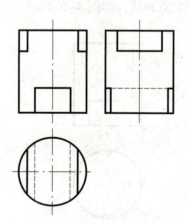

图 4-29　左视图夹持点的编辑　　　　图 4-30　完成左视图轮廓线

3. 整理保存

4.4.2　AutoCAD 2010 绘制相贯线

相贯线是两曲面立体相交形成的空间封闭曲线，作图时，可采用简化画法，用过轮廓线交点，以小圆柱（圆柱孔）半径为半径，向大圆柱（圆柱孔）轴线弯曲的圆弧代替，也可以采用投影作图法，用包含两端点和中点的样条曲线来代替。

下面通过完成左视图及相贯线的练习，如图4-31所示，来学习AutoCAD 2010绘制相贯线的画法。

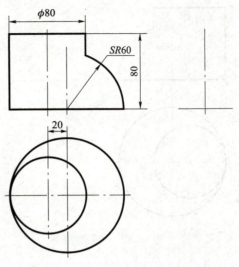

图 4-31　补画左视图并完成相贯线

1. 设置绘图环境

启动AutoCAD 2010，新建文件，单击"新建图层"按钮，创建3个新图层，名称分别为"粗实线""中心线""虚线"，颜色分别为黑、红、黄，线型除"中心线"层为"Center"、线宽"粗实线"层为0.5外，其他选项均为默认设置。

2. 绘制图形

（1）绘制辅助斜线。

将"细实线"层设置成当前层，单击绘图工具栏中 ╱ 按钮，从俯视图对称中心线的右端点向右绘制一条细实线，从左视图对称中心线的下端点向下绘制一条细实线，使两条细实线垂直相交。单击 ╱ 按钮，在两条细实线相交处追踪绘制出"45°"构造线，单击 ╱ 按钮，将构造线打断到合适位置，选中两条细实线并单击 ╱ 按钮将其删除，绘制出的辅助斜线如图4-32所示。

（2）补画左视图主要轮廓线。

步骤1：将"细实线"层设置成当前层，单击状态栏中 ╱ 按钮，单击绘图工具栏中 ╱ 按钮，在主视图的相贯体顶面向左视图绘制射线。

步骤2：单击 ╱ 按钮，利用圆柱面的积聚性，在水平投影面上求出特殊点a、b。以水平投影面a、b向辅助斜线绘制投射线，再从辅助斜线与投射线交点向左视图绘制投射线。

步骤3：将"粗实线"层设置成当前层，单击绘图栏中 ╱ 按钮，以左视图对称中心线与半圆球底面的交点为圆心绘制半径为60的圆，单击绘图工具栏中 ╱ 按钮，从主视图相贯体顶面向左视图绘制投射线，单击 ╱ 按钮，以辅助线向左视图的投射线与底面的交点为基点，绘制出到顶面转折的三条粗实线，如图4-33所示。

（3）单击 ╱ 按钮，修剪多余图线，修剪后左视图的主要轮廓线如图4-34所示。

（4）设置辅助平面，确定相贯线可见与不可见部分的分界点。

步骤1：将"细实线"层设置成当前层，单击状态栏中 ╱ 按钮，单击绘图工具栏中 ╱ 按钮，从俯视图上a、b点绘制辅助线，设置辅助平面P_H与半球底面相交于1、2两点，以1、2两点为基点，向辅助斜线绘制投射线，再从辅助斜线与投射线的交点向左视图绘制投射线，使投射线与左视图半球底面相交于1″、2″两点，以左视图上对称中心线与半圆球底面的交点为圆心绘制辅助圆，如图4-35所示。

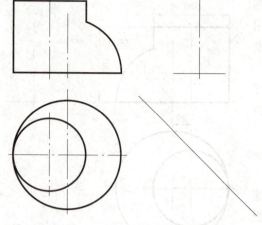

图 4-32　绘制辅助线

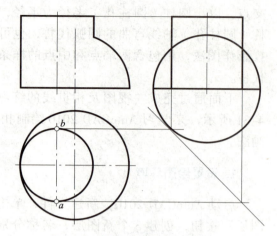

图 4-33　补画主视图主要轮廓线

步骤 2：选中左视图已绘制出的圆柱体的前、后素线，利用夹点将其分别拉长到辅助圆上，求出相贯线可见与不可见的分界点 a''、b''。

步骤 3：单击 按钮，修剪辅助圆。

步骤 4：单击状态栏中 按钮，单击绘图工具栏中 按钮，从左视图 a''、b'' 两点向主视图绘制投射线，画出 a'、(b') 重影点，如图 4-35 所示。

（5）求相贯线。

① 求特殊位置点（单击 和 按钮作点的投影标记）。

步骤 1：选中过 1、2 两点和辅助斜线所作的投射线，从 a''、b'' 两点所作的投射线，以及辅助圆等，单击 按钮将其删除。

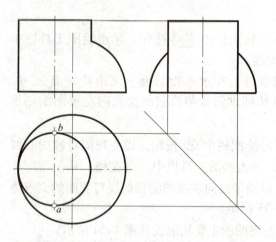

图 4-34　修剪后左视图的主要轮廓线

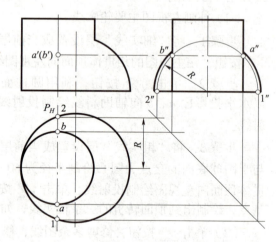

图 4-35　确定可见与不可见的分界点

步骤 2：单击 按钮，利用圆柱面的积聚性，在水平投影面求出特殊位置点 c、d（a、b 为分界点已求出），再求出正面投影 c'、d' 及侧面投影 c''、d''，如图 4-36 所示。

② 求一般位置点（作图过程如图 4-37 所示）。

步骤 1：选中各投射线，单击 按钮将其删除。

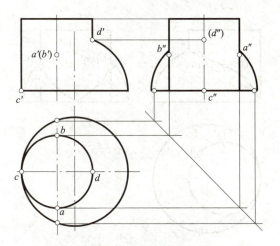

图 4-36　利用圆柱面的积聚性求特殊位置点

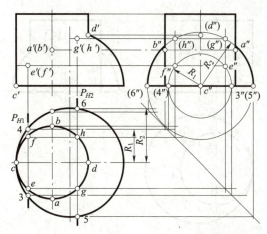

图 4-37　利用圆柱面的积聚性求一般位置点

步骤 2：单击 按钮，在命令行中输入偏移值，回车，选中水平投影面标记 a、b 的对称中心线，将其向左、右偏移。

步骤 3：在俯视图上选中偏移的直线与圆柱面的交点，单击 按钮，求出 e、f、g、h 点。

步骤 4：将偏移的直线拉长，与半圆球底面相交并设辅助平面 P_{H1}、P_{H2}，辅助平面与半圆球底面相交于 3、4、5、6 点。

步骤 5：将"细实线"层设置成当前层，单击状态栏中 按钮，单击绘图工具栏中 按钮，从 3、4、5、6 投影分别向左视图画投射线，求出 $3''$、$4''$、$5''$、$6''$，单击 按钮，以左视图对称中心线与半圆球底面的交点为圆心绘制辅助圆。

步骤 6：将"细实线"层设置成当前层，单击状态栏中 按钮，单击单击绘图工具栏中 按钮，从 e、f、g、h 投影向左视图绘制投射线与辅助圆相交，求出 e''、f''、g''、h''，将这四点的水平投影向主视图绘制投射线，侧面投影向主视图绘制投射线，投射线交点就是这四个点的正面投影 e'、f'、g'、h'。

③ 判断可见性。

选中所有投射线、辅助圆、偏移线，单击 按钮将其删除，如图 4-38 所示。

从俯视图上看，点 c、e、a、g、d 和点 c、f、b、h、d 分别在圆柱的前半部分和后半部分，在主视图上相贯线投影重合，应绘制粗实线，点 a、e、c、f、b 和点 a、g、d、h、b 分别在圆柱的左半部分和右半部分，在左视图上的相贯线应分别绘制成粗实线和虚线。半球左、右部分的赤道圆被圆柱遮挡，在左视图上投影画成虚线。

④ 依次连接各点。（各步骤如图 4-39 所示）。

步骤 1：将"粗实线"层设置成当前层，单击 按钮，按点 c'、e'、a'、g'、d' 的顺序绘制出正面投影上的相贯线。

步骤 2：在左视图上按 c''、f''、b'' 的顺序绘制出可见相贯线，单击 按钮，镜像另一半相贯线。

步骤 3：将"虚线"层设置成当前层，单击 按钮，在左视图上按 b''、(h'')、(d'') 的顺序绘制出不可见相贯线。单击 按钮，镜像另一半相贯线。

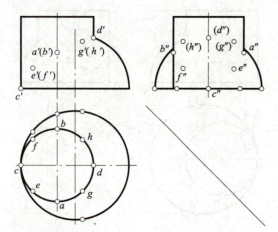

图 4-38 删除投射线、辅助圆、偏移线等

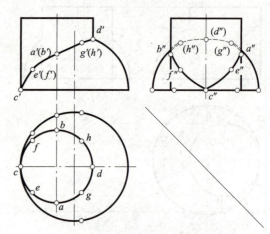

图 4-39 连接各点,完成相贯线投影

步骤4:将"虚线"层设置成当前层,单击 按钮,在左视图上绘制出被圆柱面遮挡的部分半圆球赤道圆圆弧。单击 按钮,镜像另一半相贯线。

⑤ 选中标记、点样式和辅助斜线等,单击 按钮将其删除,如图4-40所示。

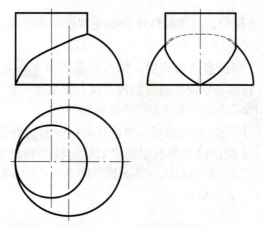

图 4-40 删除标记、点样式和辅助斜线

第 5 章 组合体视图

学习目标

1. 通过运用形体分析法和线面分析法,掌握组合体三视图的分析、绘图和读图的方法。
2. 能正确标注组合体三视图的尺寸,并能绘制中等复杂程度组合体的三视图。
3. 能熟练运用 AutoCAD 2010 绘制组合体并标注尺寸。

实践活动

我们一起来用基本几何体拼一拼吧,如图 5-1 所示。

图 5-1 组合体

5.1 绘制组合体三视图

5.1.1 组合体的组合形式与表面连接关系

1. 组合体的概念

零件的结构形状是多种多样的,但不难看出,复杂零件的结构也是由一些基本形体组合而成的。由两个或两个以上基本几何体所组成的物体称为组合体,如图 5-2 所示。

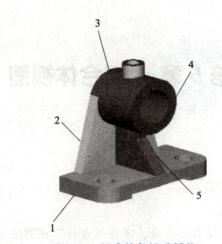

图 5-2　组合体各组成部分

1—底板；2—支撑板；3—凸台；4—圆筒；5—肋板

2. 组合体的分类

按组合体的组合形式，组合体可以分为三类：叠加型、切割型、综合型，如图 5-3 ~ 图 5-6 所示。

图 5-3　组合体的分类

（a）叠加型；（b）切割型；（c）综合型

图 5-4　叠加型

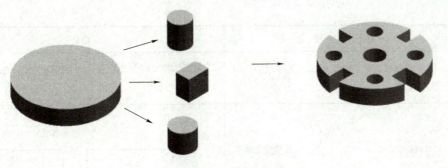

图 5-5　切割型

图 5-6　综合型

3. 组合体的表面连接关系

基本体组合在一起，按其表面相对位置不同，连接关系可分为共面、不共面、相切和相交四种，连接关系不同，连接处投影的画法也不同，见表 5-1。

表 5-1　表面连接关系

共面	不共面
当两形体邻接表面共面时，在共面处不应有邻接表面的分界线	当两形体邻接表面不共面时，两形体的投影间应有线隔开
共面画法	不共面画法

续表

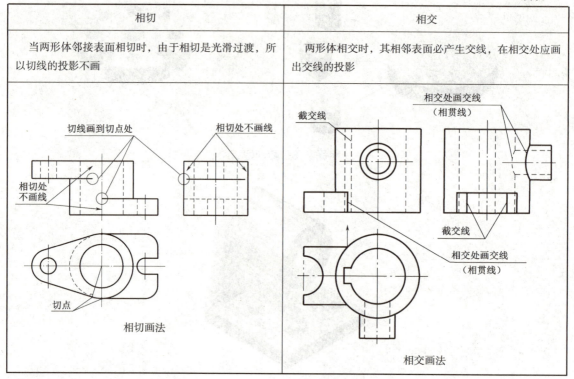

5.1.2 画组合体视图的方法与步骤

画组合体的视图时，首先要运用"形体分析法"将组合体分解成若干个基本形体，分析它们的组合形式和相对位置，判断形体间相邻表面是否处于共面、相切或相交的关系，然后逐个画出各基本形体的三视图。必要时，还要对组合体中的投影面垂直面或一般位置平面及其相邻表面关系进行"线面分析"。

1. 叠加型组合体的视图画法

按形体分析法画组合体的三视图时，要注意以下两个顺序：

（1）组合体的各基本几何体的画图顺序。一般按组合体的生成过程先画基础形体的视图，再画局部细节。

（2）同一个形体三个视图的画图顺序。一般先画形状特征最明显的那个视图，或有积聚性的视图，再画其他两个视图。

【形体分析】如图 5-7（a）所示支座，根据形体特点，可将其分解为五部分。从图中可看出：肋板 4 的底面与底板 3 的顶面叠合；底板 3 的两侧面与圆筒 5 相切；肋板 4 与耳板 1 的侧面均与圆筒 5 相交；凸台 2 的轴心线与圆筒的轴心线垂直相交，二者的通孔连通。

【选择视图】将支座按自然位置安放后，比较箭头所示两个投射方向，选择 A 向作为主视图的投射方向显然比 B 向好。因为组成支座的基本形体及它们之间的相对位置关系在 A 向表达最清晰，能反映支座的结构形状特征。

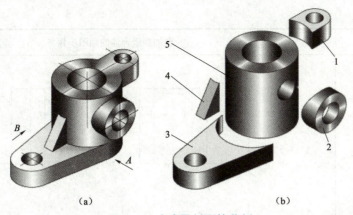

图 5-7 支座及其形体分析

1—耳板；2—凸台；3—底板；4—肋板；5—圆筒

【画图步骤】

（1）选好适当比例和图纸幅面，然后确定视图位置，画出各视图主要中心线和基准线。

（2）按形体分析法，从主要的形体（如圆柱体）着手，并按各基本形体的相对位置逐个画出它们的三视图，具体作图步骤见表 5-2。

表 5-2 叠加型组合体作图步骤

步骤	叠加型组合体的画图步骤
画各视图的主要中心线和基准线	
画主要形体的直立空心圆柱体	

续表

步骤	叠加型组合体的画图步骤
画凸台	
画底板	
画肋板和耳板	

续表

步骤	叠加型组合体的画图步骤
检查并擦去多余作图线，按要求描深	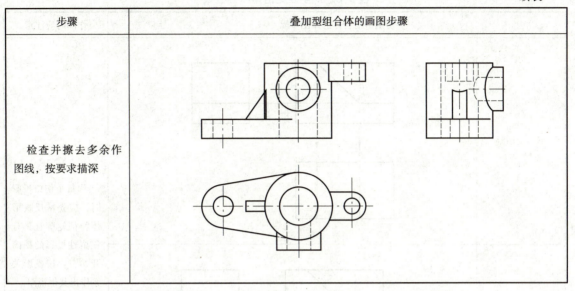

2. 切割型组合体的视图画法

【形体分析】如图 5-8 所示组合体可看成是由长方体切去基本形体 1、2、3 而形成的。切割型组合体可在形体分析的基础上结合线面分析法作图。

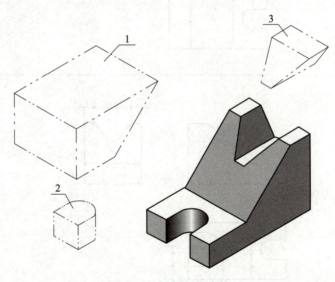

图 5-8　切割型组合体

所谓线面分析法，即根据表面的投影特性来分析组合体表面的性质、形状和相对位置，从而完成画图和读图的方法。

【画图步骤】

（1）画基础形体的三视图。

（2）画切割后的三视图。画切割型组合体的作图步骤见表 5-3。

表 5-3 切割型组合体作图步骤

切割型组合体的作图步骤		作图时应注意
第一次切割	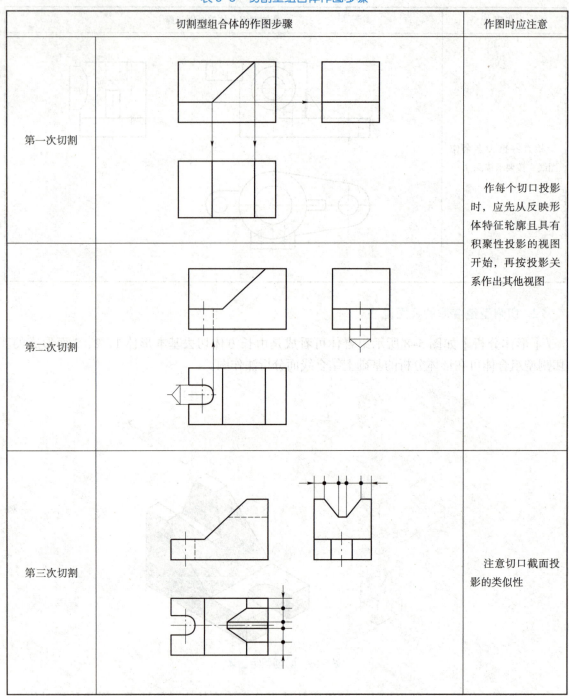	作每个切口投影时，应先从反映形体特征轮廓且具有积聚性投影的视图开始，再按投影关系作出其他视图
第二次切割		
第三次切割		注意切口截面投影的类似性

5.1.3 读组合体视图的方法与步骤

直接来说，画图的目的就是读图。画图就是把空间形体按正投影方法绘制在平面上。读图则是根据已经画出的视图进行形体分析，想象空间形体形状的过程。为了正确而迅速地读懂视图，必须掌握读图的基本要领和基本方法。

1. 读图的基本要领

1)几个视图联系起来读图

在机械图样中,机件的形状一般是通过几个视图来表达的,每个视图只能反映机件一个方向的形状。因此,仅由一个或者两个视图往往不能唯一地表达机件的形状,如图 5-9 和图 5-10 所示。

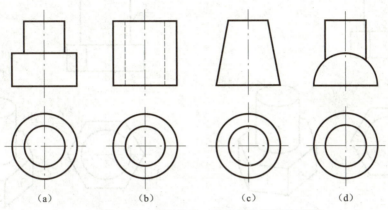

图 5-9 一个视图不能唯一确定物体形状的示例

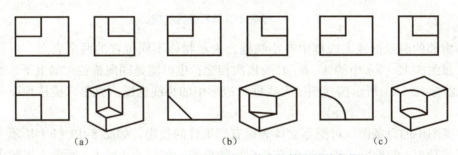

图 5-10 两个视图不能唯一确定物体形状的示例

2)读图时要注意抓特征视图

看图时,必须抓住反映物体形状特征和位置特征的视图。如图 5-11 所示的物体三视图,俯视图反映出物体的形状特征,主视图反映出物体的位置特征,而左视图则表达不了叠加和切割部分的位置关系。

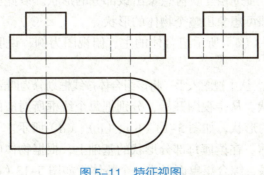

图 5-11 特征视图

3）明确视图中线框和图线的含义

（1）视图中的每个封闭线框通常表示物体上一个表面（平面或曲面）的投影，如图 5-12（a）所示主视图中有四个封闭线框，对照俯视图可知，线框 a'、b'、c' 分别是六棱柱前（后）三个棱面的投影，线框 d' 则是圆柱前（后）半圆柱面的投影。

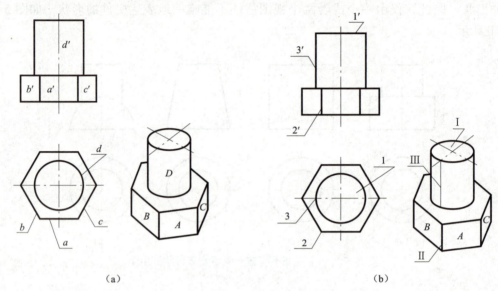

图 5-12 视图中线框和图线的含义

（2）相邻的两线框或大线框中有小线框，表示物体不同位置的两个表面。可能是两表面相交，如图 5-12（a）中的 A、B、C 面依次相交；也可能是同向错位（如上下、前后、左右），如图 5-12（a）所示俯视图中大线框六边形中的小线框图，就是六棱柱顶面与圆柱顶面的投影。

（3）视图中的每条图线可能是立体表面有积聚性的投影，如图 5-12（b）所示主视图中的 $1'$ 是圆柱顶面 I 的投影；或者是两平面交线的投影，如图 5-12（b）所示主视图中 $3'$ 是圆柱面前后转向轮廓线的投影。

2. 读图的基本方法

1）形体分析法

从具有特征部分的封闭线框出发（不仅仅在主视图），在其他两视图中找出对应投影，以形成一个"线框组"，通过相互映衬想象出该部分的形状。以此类推，将各部分的形状按其相对位置加以综合，即可想象出整个物体的形状。

例 5-1　现以图 5-13（a）所示组合体的主、俯视图为例，说明运用形体分析法识读组合体视图的方法与步骤。

（1）划线框，分形体。从主视图入手，将该组合体按线框划分为四部分，如图 5-13（a）所示。

（2）对投影，想形状。从主视图开始，分别把每个线框所对应的其他投影找出来，确定每组投影所表示的形体的形状，如图 5-13（b）、（c）、（d）所示。

（3）合起来，想整体。在读懂每部分形状的基础上，根据物体的三视图，进一步研究它们的相对位置和连接关系，综合想象而形成一个整体，如图 5-13（e）所示。

第 5 章 组合体视图

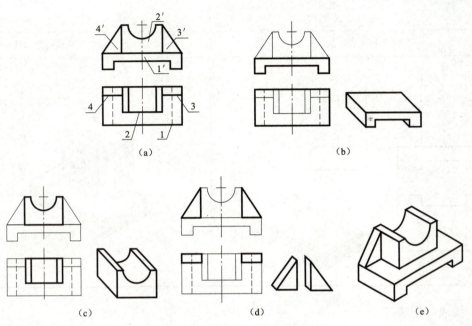

图 5-13 用形体分析法读图

例 5-2 以表 5-4 所示支撑架组合体视图为例，说明运用形体分析法识读组合体视图的方法与步骤。

（1）划线框，分形体。从主视图入手，将该组合体按线框划分为三个部分。

（2）对投影，想形状。从主视图开始，分别把每个线框所对应的其他投影找出来，确定每组投影所表示的形体的形状。

（3）合起来，想整体。在读懂每部分形状的基础上，根据物体的三视图进一步研究它们的相对位置和连接关系，综合想象而形成一个整体。

表 5-4 读支撑架组合体

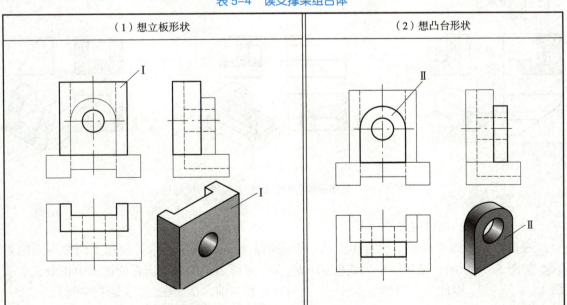

111

续表

（3）想底板形状	（4）综合想象支撑架整体形状

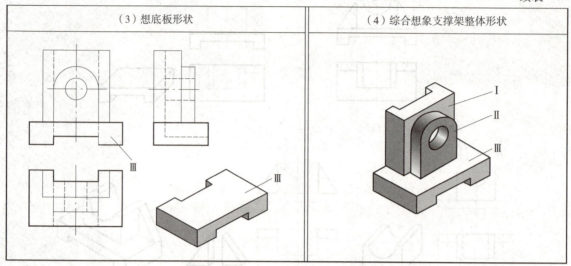

2）线面分析法

对于较复杂的组合体，除用形体分析法分析整体外，往往还要对一些局部结构采用线面分析的方法。线面分析法就是把组合体看成是由若干个平面或平面与曲面围成，面与面之间常存在交线，然后利用线、面的投影特征，确定其表面的形状和相对位置，从而想象出组合体的整体形状。

在三视图中，平面的投影特征是：凡"一框对两线"，则表示投影面平行面；凡"一线对两框"，则表示投影面垂直面；凡"三框相对应"，则表示一般位置平面。读图时，应遵循"形体分析为主，线面分析为辅"的原则。

（1）分析面的形状。

当基本体被投影面垂直面切割时，与截平面倾斜的投影面上的投影成类似形，如图5-14所示。

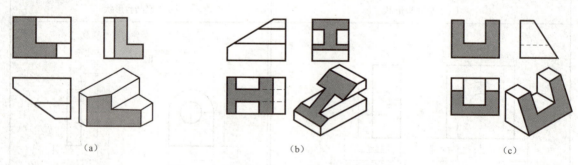

图5-14 倾斜于投影面的截面的投影为类似形

（2）分析面的相对位置。

视图中每个线框都表示组合体上的一个表面，相邻两线框通常是物体上两个不同的表面。如图5-15所示，主视图中的线框 a'、b'、c'、d' 所表示的四个面在俯视图中积聚成水平线 a、b、c、d。因此，它们都是正平面，B 面和 C 面在前，D 面在后，A 面在中间。

例 5-3 如图 5-16 所示的切割型组合体，已知主、俯视图，补画左视图。

（1）俯视图的梯形是可见的，应该位于上方，从主视图中找不到梯形的对应图形，因此该梯形面在主视图中一定是积聚的，根据正垂面的两视图补画出左视图的梯形，如图 5-16（b）所示。

（2）主视图外形基本是三角形，根据俯视图的对应关系，判断出该面是铅垂面，按投影关系，两三角形应该位于梯形的两边，如图 5-16（b）所示。

（3）根据主视图右下角的切割，在三角形面上求出左视图中的截交线投影，如图 5-16（c）所示。

（4）分析可见性，想象立体的整体形状，完成左视图，如图 5-16（d）所示。

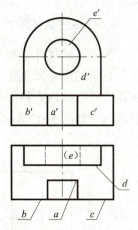

图 5-15 分析面的相对位置

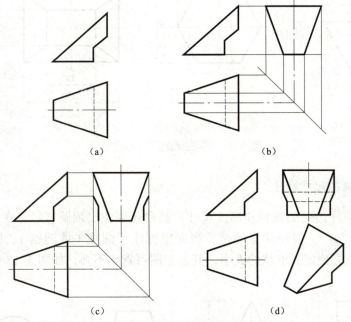

图 5-16 用线面分析法读切割型组合体视图

5.2 组合体的尺寸标注

组合体尺寸标注的基本要求是：正确、齐全和清晰。正确是指符合国家标准的规定；齐全是指标注尺寸既不遗漏，也不多余；清晰是指尺寸注写布局整齐、清楚，便于看图。

5.2.1 基本体的尺寸标注

基本几何体是构成机件的基本元素，可分为两类：一类是平面立体，另一类是曲面立体。常见的平面立体有棱柱、棱锥等，曲面立体有圆柱体、圆锥体、圆球体等。

1. 基本平面体的尺寸标注

平面体的尺寸应根据其形状进行标注。对于基本的平面立体，其大小一般由长、宽、高三个方向的尺寸来确定。对于像正六棱柱等正多边形的尺寸，已知其两对边的距离，就可以计算出外接圆的直径。因为外接圆直径是其理论值，若要作为参考尺寸标注，则应将其放入括弧内，如图5-17所示。

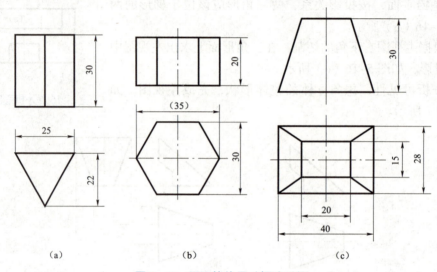

图 5-17 平面体的尺寸标注示例

2. 基本曲面体的尺寸标注

圆柱或圆锥应注出底圆直径和高度尺寸，圆台还要注出顶圆直径。在标注直径尺寸时，应在数字前加注"ϕ"。值得注意的是，当完整标注了圆柱（或圆锥）、圆球的尺寸之后，只要用一个视图就能确定其形状的大小，其余视图可省略不画，如图5-18所示。

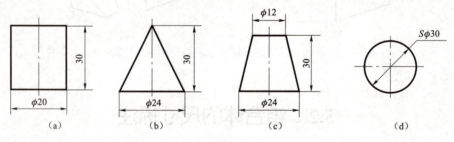

图 5-18 曲面体的尺寸标注示例
(a) 圆柱体；(b) 圆锥体；(c) 圆台体；(d) 圆球

3. 带切口形体的尺寸标注

对于带切口的形体，除了标注基本形体的尺寸外，还要注出确定截平面位置的尺寸。必须注意，由于形体与截平面的相对位置确定后，切口的交线已完全确定，因此，不应在交线上标注尺寸，如图5-19所示。

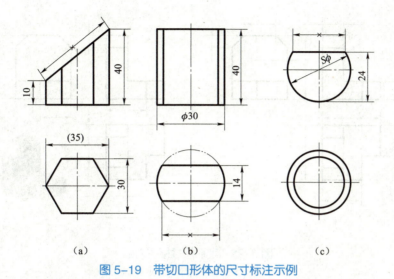

图 5-19 带切口形体的尺寸标注示例

5.2.2 组合体的尺寸标注

1. 尺寸齐全

要使尺寸齐全，既不遗漏，也不重复，如果遗漏尺寸，将使机件无法加工；当重复标注同一个尺寸时，若尺寸互相矛盾，同样会使零件无法加工，若尺寸互相不矛盾，也将使尺寸标注混乱，检验标准不统一，不利于看图。因此，不允许遗漏尺寸和重复标注尺寸。对于能通过已注尺寸计算出的尺寸为多余尺寸，不允许标注多余尺寸，但若必须标注，则应将尺寸数字放在括弧内供参考，如图 5-20 所示。

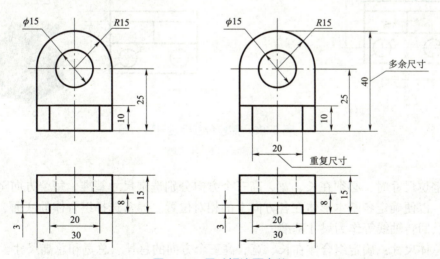

图 5-20 尺寸标注要完整

标注组合体尺寸时，应先按形体分析的方法注出各基本形体大小的定形尺寸，再确定它们之间相对位置的定位尺寸，最后根据组合体的结构特点注出总体尺寸。

（1）定形尺寸：确定组合体中各基本形体大小的尺寸。定形尺寸应尽量标注在反映形体特征明显的视图上，如图 5-21 所示。

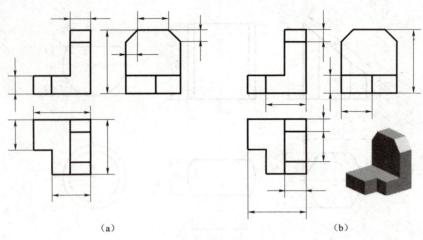

图 5-21　定形尺寸标注对照

（a）清晰；（b）不清晰

（2）定位尺寸：确定组合体中各基本形体之间相对位置的尺寸。定位尺寸应尽量标注在反映位置特征明显的视图上，并尽量与定形尺寸集中在一起，如图 5-22 所示。

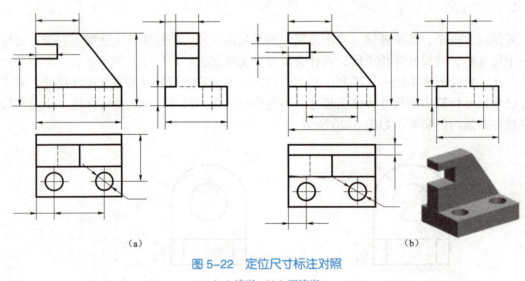

图 5-22　定位尺寸标注对照

（a）清晰；（b）不清晰

标注定位尺寸时，必须在长、宽、高三个方向分别选定尺寸基准，每个方向至少有一个尺寸基准，以便确定各基本形体在各方向上的相对位置。通常选择组合体的底面、端面或对称平面以及回转轴线等作为尺寸基准。

（3）总体尺寸：确定组合体在长、宽、高三个方向的总长、总宽和总高尺寸。

必须注意，当组合体一端为同心圆孔的回转体时，通常仅标注孔的定位尺寸和外端圆柱面的半径，不标注总体尺寸，如图 5-23 所示。

2. 尺寸清晰

为了便于读图和查找相关尺寸，尺寸的布置必须整齐、清晰。

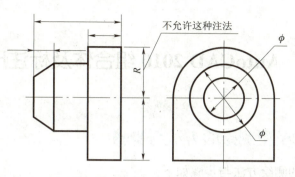

图 5-23　不标注总高尺寸示例

（1）突出特征：定形尺寸尽量标注在反映该部分形状特征的视图上，如底板的圆孔和圆角的尺寸应标注在俯视图上。

（2）相对集中：形体某一部分的定形尺寸及有联系的定位尺寸应尽可能集中标注，以便于读图时查找。

（3）布局整齐：尺寸应尽可能布置在两视图之间，以便于对照。同方向的平行尺寸，应使小尺寸在内、大尺寸在外，间隔均匀，且避免尺寸线与尺寸界线相交。主、俯视图上同方向的尺寸应排列在同一条直线上，这样既整齐，又便于画图。

例 5-4　组合体的尺寸标注示例。

标注组合体尺寸的顺序为逐个标出基本形体的定形和定位尺寸，具体步骤见表 5-5。

表 5-5　组合体尺寸标注步骤

（1）	（2）	（3）
标注定形尺寸	标注定位尺寸	标注总体尺寸
将组合体分解为两个形体，分别注出其定形尺寸，如底板的长、宽、高尺寸，底板上圆孔和圆角尺寸。必须注意，相同的圆孔 φ6 要注写数量，如 2×φ6，但相同的圆角 R6 不注数量，两者都不必重复标注	由长度方向尺寸基准注出底板上两圆孔的定位尺寸 28；由宽度方向尺寸基准注出底板上圆孔与后端面的定位尺寸 18；由高度方向尺寸基准注出竖板上圆孔与底面的定位尺寸 20	组合体的总长和总宽尺寸，即底板的长 40 和宽 24，不再重复标注。总高尺寸 30 应从高度方向尺寸基准处注出。总高尺寸标注以后，原来标注的竖板高度尺寸 22 取消

5.3　AutoCAD 2010 组合体及标注尺寸

5.3.1　组合体模型测绘的方法与步骤

一般组合体模型的测绘方法与步骤如下：
（1）对组合体进行形体分析。
（2）确定视图表达方案。组合体模型测绘一般选择三视图表达。
（3）测量模型尺寸。
（4）绘制组合体模型三视图。
一般绘制组合体模型三视图的步骤如下：
① 定图幅，选比例。
② 选定尺寸基准。
③ 画底稿。
④ 标注尺寸。
⑤ 检查、加深。

5.3.2　常用测量工具及方法

1. 常用测量工具

测量组合体模型时，由于模型的复杂程度及测量精度的不同，需要使用多种不同的工具和仪器，才能比较准确地确定模型上各部分的尺寸。

图 5-24 仅列出了几种常用的测量工具。

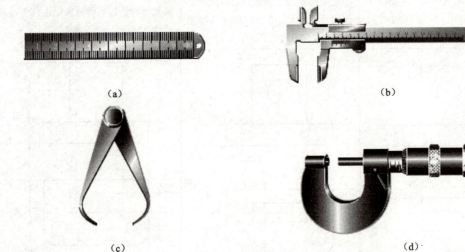

图 5-24　常用测量工具
(a) 钢直尺；(b) 游标卡尺；(c) 外卡钳；(d) 千分尺

（e）

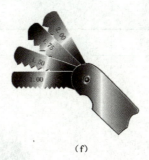
（f）

图 5-24　常用测量工具（续）

（e）内卡钳；（f）螺纹规

2. 常用测量方法

在测绘组合体模型时，正确测量模型上各部分的尺寸，对确定模型的形状大小是非常重要的，在实际工作中，使用的测量工具、方法很多，这里仅根据制图作业的需要介绍几种常用的方法，如表 5-6 所示。

表 5-6　常用测量方法简介

测量尺寸类型	测量方法	说明
测量直线尺寸		一般可用直尺直接测量，有时也可用三角板与直尺配合进行。 若要求精确，则用游标卡尺
测量回转体的内、外径		测量外径用外卡钳，测量内径用内卡钳。测量时要将内、外卡钳上下、前后移动，量得的最大值即为其内径或外径。用游标卡尺测量时的方法与用内、外卡钳时相同

续表

测量尺寸类型	测量方法	说明
测量壁厚		可将外卡钳与直尺配合使用
测量孔间距		用外卡钳测量相关尺寸,再进行计算
测量轴孔、中心高		用内卡钳及直尺测量相关尺寸,再进行计算
测量圆角		每套圆角规有很多片,一半测量外圆角,一半测量内圆角,每片上均有圆角半径,测量圆角时只要在圆角规中找出与被测量部分完全吻合的一片,则片上的读数即为圆角半径。铸造圆角一般目测估计其大小即可。若手头有工艺资料,则应选取相应的数值而不必测量

续表

测量尺寸类型	测量方法	说明
测量螺纹		螺纹规测量螺距：螺纹规由一组钢片组成，每一钢片的螺距大小均不相同，测量时只要某一钢片上的牙型与被测量的螺纹牙型完全吻合，则钢片上的读数即为其螺距大小
		拓印法测量：在没有螺纹规的情况下，则可以在纸上压出螺纹的印痕，然后算出螺距的大小，根据算出的螺距再查手册取标准值
测量曲线轮廓或获取曲面的半径		铅丝法：将铅丝弯成与被测曲线或曲面部分的实形相吻合的形状，然后将铅丝放在纸上画出曲线，将曲线适当分段，用中垂线法求得各段圆弧的中心，最后量得半径
		拓印法：在零件的被测部位覆盖一张白纸，用手轻压纸面，或用铅心或用复写纸在纸面上轻磨，即可印出曲面轮廓，得到真实的平面曲线，再求出各段圆弧的半径

3. 测量注意事项

一般进行尺寸测量时，应注意下列事项：
（1）应正确选择测量基准，以减少测量误差。

（2）组合体模型上的尺寸如果测得为小数，则应圆整为整数标出。

（3）模型上的截交线和相贯线不能机械地照实物绘制，因为它们常常由于制造上的缺陷而被歪曲。画图时要分析它们是怎样形成的，然后用相应方法画出。

5.3.3 尺寸圆整

按实物模型测量出来的尺寸往往不是整数，所以应对所测量出来的尺寸进行处理、圆整。尺寸圆整后，可简化计算，使图形清晰。

基本原则：四舍六入五单双法。

例 5–5 将下列数字进行圆整，精确位数为小数点后 1 位。

圆整结果见表 5–7。

表 5–7 尺寸圆整规则

数值	圆整值	遵循规律
4.841 9	4.8	四舍
14.399 1	14.4	六入
4.651 3	4.7	五后非零，则进一
13.850 7	13.8	五后为零视奇偶，五前为偶应舍去
27.750 9	27.8	五后为零视奇偶，五前为奇应进一

5.3.4 示例

如图 5–25 所示，以支座三视图为例，用 AutoCAD 2010 软件完成三视图的绘制并标注尺寸。

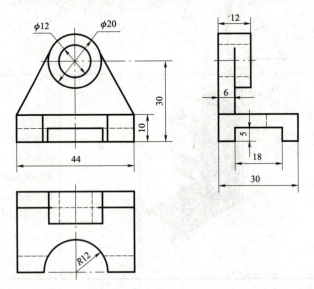

图 5–25 支座三视图

【形体分析】支座由底板、支撑板和圆筒三部分组成。绘图时，先绘制基准线，确定三个视图的位置；再依次绘制底板、圆筒、支撑板，三个视图对应着一起绘制；最后绘制其他细节部分，并标注尺寸。

第 5 章 组合体视图

【操作步骤】

（1）绘制基准线：在粗实线图层状态下绘制各视图的基准线，具体操作步骤见表 5-8。

表 5-8 基准线绘制步骤

命令操作步骤	说明
命令：_Line 指定第一点：A 指定下一点或【放弃（U）】：B	直线命令绘制直线 直线 1、2、3、4、5 的画法与直线 AB 的画法类似，各直线之间的距离要布置适当，以方便绘图和标注
命令：_Line 指定第一点： 指定下一点或［放弃（U）］：36 指定下一点或［放弃（U）］：	
命令：_Line 指定第一点： 指定下一点或［放弃（U）］：44 指定下一点或［放弃（U）］：	
命令：_Line 指定第一点： 指定下一点或［放弃（U）］：50 指定下一点或［放弃（U）］：	
命令：_Line 指定第一点： 指定下一点或［放弃（U）］：30 指定下一点或［放弃（U）］：	
命令：_Line 指定第一点： 指定下一点或［放弃（U）］： 指定下一点或［放弃（U）］：	

（2）绘制底板：绘制底板的具体操作步骤见表 5-9。

表 5-9 底板绘制步骤

命令操作步骤	说明
命令：_Line 指定第一点：A 指定下一点或［放弃（U）］：30 指定下一点或［放弃（U）］：44 指定下一点或［闭合（C）/放弃（U）］： 指定下一点或［闭合（C）/放弃（U）］：	直线命令绘制直线
命令：_Line 指定第一点： 指定下一点或［放弃（U）］：10 指定下一点或［放弃（U）］：44 指定下一点或［闭合（C）/放弃（U）］：	

续表

命令操作步骤	说明
指定下一点或［闭合（C）/放弃（U）］： 命令：_Line 指定第一点： 指定下一点或［放弃（U）］：10 指定下一点或［放弃（U）］： 指定下一点或［闭合（C）/放弃（U）］：	

（3）绘制圆筒：绘制圆筒的具体操作步骤见表5-10。

表 5-10　圆筒绘制步骤

命令操作步骤	说明
命令：_Offset 当前设置：删除源=否　图层=源　OFFSETGAPTYPE=0 指定偏移距离或［通过（T）/删除（E）/图层（L）］<30.0000>：30 选择要偏移的对象，或［退出（E）/放弃（U）］<退出>： 指定要偏移的那一侧上的点，或［退出（E)/多个（M)/放弃（U)］<退出>： 选择要偏移的对象，或［退出（E）/放弃（U）］<退出>：　*取消*	偏移命令绘制中心线
命令：_Line 指定第一点： 指定下一点或［放弃（U）］： 指定下一点或［放弃（U）］：	直线命令绘制直线
命令：_Circle 指定圆的圆心或［三点（3P)/两点（2P)/切点、切点、半径（T）］： 指定圆的半径或［直径（D）］：6 命令：_Circle 指定圆的圆心或［三点（3P)/两点（2P)/切点、切点、半径（T）］： 指定圆的半径或［直径（D）］<6.0000>：10	圆命令绘制圆
命令：_Line 指定第一点： 指定下一点或［放弃（U）］：12 指定下一点或［放弃（U）］：20 指定下一点或［闭合（C）/放弃（U）］： 指定下一点或［闭合（C）/放弃（U）］： 命令：_Line 指定第一点： 指定下一点或［放弃（U）］：12 指定下一点或［放弃（U）］：20 指定下一点或［闭合（C）/放弃（U）］： 指定下一点或［闭合（C）/放弃（U）］： 命令：_Line 指定第一点： 指定下一点或［放弃（U）］： 指定下一点或［放弃（U）］： 命令：_Mirror	直线命令绘制直线 镜像命令绘制对称线

续表

命令操作步骤	说明
选择对象：找到1个 指定镜像线的第一点：指定镜像线的第二点： 要删除源对象吗？［是（Y）/否（N）］<N>： 命令：LINE 指定第一点： 指定下一点或［放弃（U）］： 指定下一点或［放弃（U）］： 命令：MIRROR 选择对象：找到1个 选择对象： 指定镜像线的第一点：指定镜像线的第二点： 要删除源对象吗？［是（Y）/否（N）］<N>：	

（4）绘制支撑板：绘制支撑板的具体操作步骤见表5-11。

表5-11 支撑板绘制步骤

命令操作步骤	说明
命令：_Line 指定第一点： 指定下一点或［放弃（U）］：_tan 到 指定下一点或［放弃（U）］：	直线命令绘制直线
命令：_mirror 选择对象：指定对角点：找到0个 选择对象：找到1个 选择对象： 指定镜像线的第一点：指定镜像线的第二点： 要删除源对象吗？［是（Y）/否（N）］<N>：	镜像命令绘制对称线
命令：_Line 指定第一点： 指定下一点或［放弃（U）］：6 指定下一点或［放弃（U）］： 指定下一点或［闭合（C）/放弃（U）］：	直线命令绘制直线
命令：_Trim 当前设置：投影=UCS，边=无 选择剪切边... 选择对象或<全部选择>： 选择要修剪的对象，或按住［Shift］键选择要延伸的对象，或 ［栏选（F）/窗交（C）/投影（P）/边（E）/删除（R）/放弃（U）］： 选择要修剪的对象，或按住Shift键选择要延伸的对象，或 ［栏选（F）/窗交（C）/投影（P）/边（E）/删除（R）/放弃（U）］： 命令：_Line 指定第一点：6	修剪命令剪去多余线条

续表

命令操作步骤	说明
指定下一点或［放弃（U）］： 指定下一点或［放弃（U）］： 命令：_Mirror 选择对象：找到 1 个 选择对象： 指定镜像线的第一点：指定镜像线的第二点： 要删除源对象吗？［是（Y）/否（N）］<N>： 命令：_Line 指定第一点： 指定下一点或［放弃（U）］： 指定下一点或［放弃（U）］：	直线命令绘制直线 镜像命令绘制对称线 直线命令绘制直线

（5）绘制矩形槽：绘制矩形槽的具体操作步骤见表 5–12。

表 5–12　矩形槽绘制步骤

命令操作步骤	说明
命令：_Line 指定第一点：6 指定下一点或［放弃（U）］：5 指定下一点或［放弃（U）］：18 指定下一点或［闭合（C）/放弃（U）］： 指定下一点或［闭合（C）/放弃（U）］： 命令：_Trim 当前设置：投影 =UCS，边 = 无 选择剪切边 … 选择对象或 < 全部选择 >： 选择要修剪的对象，或按住［Shift］键选择要延伸的对象，或［栏选（F）/窗交（C）/投影（P）/边（E）/删除（R）/放弃（U）］： 选择要修剪的对象，或按住［Shift］键选择要延伸的对象，或［栏选（F）/窗交（C）/投影（P）/边（E）/删除（R）/放弃（U）］： 命令：_Line 指定第一点： 指定下一点或［放弃（U）］： 指定下一点或［放弃（U）］： 命令：_Offset 当前设置：删除源 = 否　图层 = 源　OFFSETGAPTYPE=0 指定偏移距离或［通过（T）/删除（E）/图层（L）］< 通过 >：　6 选择要偏移的对象，或［退出（E）/放弃（U）］< 退出 >： 指定要偏移的那一侧上的点，或［退出（E）/多个（M）/放弃（U）］< 退出 >： 选择要偏移的对象，或［退出（E）/放弃（U）］< 退出 >：	直线命令绘制直线 修剪命令剪去多余线条 偏移命令绘制直线

（6）绘制半圆槽：画半圆槽的具体操作步骤如下：

命令操作步骤	说明
命令：_Circle 指定圆的圆心或［三点（3P）/两点（2P）/切点、切点、半径（T）］： 指定圆的半径或［直径（D）］：12	圆命令绘制圆
命令：_Trim 当前设置：投影 =UCS，边 = 无 选择剪切边 … 选择对象或 < 全部选择 >： 选择要修剪的对象，或按住［Shift］键选择要延伸的对象，或［栏选（F）/窗交（C）/投影（P）/边（E）/删除（R）/放弃（U）］： 选择要修剪的对象，或按住［Shift］键选择要延伸的对象，或［栏选（F）/窗交（C）/投影（P）/边（E）/删除（R）/放弃（U）］：	修剪命令剪去半圆
命令：_Line 指定第一点： 指定下一点或［放弃（U）］：5 指定下一点或［放弃（U）］： 指定下一点或［闭合（C）/放弃（U）］：	直线命令绘制直线
命令：_Mirror 选择对象：找到 1 个 选择对象：找到 1 个，总计 2 个 选择对象： 指定镜像线的第一点：指定镜像线的第二点： 要删除源对象吗？［是（Y）/否（N）］<N>：	镜像命令绘制对称线
命令：_Line 指定第一点：12 指定下一点或［放弃（U）］： 指定下一点或［放弃（U）］： 命令：_Line 指定第一点： 指定下一点或［放弃（U）］： 指定下一点或［放弃（U）］： 命令：_Line 指定第一点： 指定下一点或［放弃（U）］： 指定下一点或［放弃（U）］：	直线命令绘制直线

（7）尺寸标注：完成此视图的标注主要运用线性标注、半径标注和直径标注三种标注命令。

线性标注命令调用一般有以下三种方法：

① 直接在命令栏里输入"Dimlinear"命令。

② 下拉菜单"标注"—"线性"进行调用。

③ 单击标注工具条中的"线性标注"按钮 进行调用。

线性标注命令调用后，根据命令提示：

指定第一条延伸线原点或＜选择对象＞：

指定第二条延伸线原点：

指定尺寸线位置或［多行文字（M）/文字（T）/角度（A）/水平（H）/垂直（V）/旋转（R）］，即可标注完成。

半径和直径标注时，调用命令后同样指定尺寸线位置即可。

组合体支座的尺寸标注结果如图 5-25 所示。

第6章　机件图样的常用表达方法

学习目标

1. 了解六个基本视图的名称、配置位置与三等关系，掌握斜视图和局部视图的画法及标注方法。
2. 理解各种剖视图和各种剖切方法的概念及其特点。
3. 掌握各种剖视画法、适用场合及标注方法。
4. 掌握断面图画法及标注方法。
5. 了解其他简化画法。
6. 能合理选用机件的表达方法。

在生产实际中，当机件的结构形状比较复杂时，仅用前面所学习的三视图难以将机件的形状表达清楚。为此，国家标准《机械制图》又规定了表达机件的其他方法，即视图、剖视图、断面图、局部放大图、简化画法等，只有熟悉并掌握这些基本表示法，才能根据机件的结构特点，完整、清晰、简便地表达机件的各部分形状，并熟练识读机械图样。

6.1　视　　图

视图是根据有关国家标准和规定用正投影法原理将机件向投射面投射所得的图形。机械图样主要用来表达机件外部结构和形状，一般只画出可见的部分，必要时才用虚线画出不可见的部分。根据国家标准 GB/T 17451—1998 的规定，视图包括基本视图、向视图、局部视图和斜视图等四种。

6.1.1　基本视图

将机件向基本投影面投射所得的视图称为基本视图。在原有三个投影面的基础上再增加三个分别与原来三个投影面相平行的投影面，构成一个由六个侧面围成的六面体，好似一个透明的空"盒子"。这六个面称为基本投影面。将机件放在空"盒子"中（图6-1），分别由前、后、上、下、左、右六个方向向六个基本投影面投射，得到六个视图。六个基本视图的名称与投射方向为：

主视图：由前向后投射所得的视图。
俯视图：由上向下投射所得的视图。
左视图：由左向右投射所得的视图。
右视图：由右向左投射所得的视图。
仰视图：由下向上投射所得的视图。
后视图：由后向前投射所得的视图。

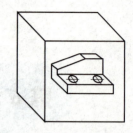

图 6-1　机件在"盒子"中

六个基本投影面连同投射其上的基本视图按照以下规定展开：主视图所在的投射面（V 面）保持位置不动，其他投影面按图 6-2 所示的方法展开到同一平面内，就得到如图 6-3 所示的六个基本视图。

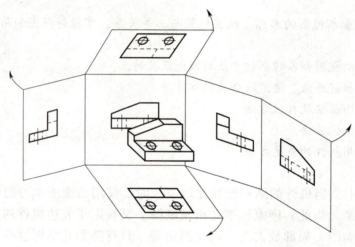

图 6-2　基本视图的展开

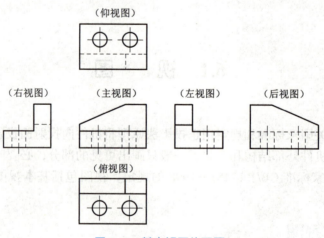

图 6-3　基本视图的配置

六个基本视图同前面学习的三视图一样，保持投影对应关系，符合"长对正，高平齐，宽相等"的投影规律。

表示机件时，不是任何机件都需要画出六个基本视图，而是根据机件的结构特点和复杂程度按实际需要选用必要的基本视图，但主视图是必不可少的，并且优先选用主、俯、左视图。

6.1.2 向视图

向视图是可以自由配置的视图。

画图时应在向视图的上方用大写拉丁字母标注"*X*"，表示图形的名称，在相应视图的附近标注同样的字母，并用箭头指明投射方向，如图6-4所示。

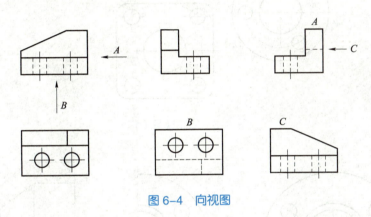

图6-4 向视图

6.1.3 局部视图

将机件的某一部分向基本投影面投射所得的视图称为局部视图。

当采用一定数量的基本视图后，机件上仍有部分结构形状尚未表达清楚，而又没有必要再画出完整的其他基本视图时，可以采用局部视图来表达。如图6-5所示，用主视图、俯视图两个基本视图表达了机件的主体形状，但左下部、右上部的凸起以及下底板尚未表达清楚，如果用左视图、右视图和仰视图表达，则显得重复与烦琐。采用*A*、*B*、*C*三个局部视图来表达，既简练，又能突出需要表达的重点。

局部视图可按基本视图的配置形式配置（图6-5的*A*、*B*向局部视图），也可按向视图的配置形式配置并标注（图6-5的*C*向局部视图）。

局部视图的标注与向视图相似，一般在局部视图的上方用大写字母标出视图的名称"*X*"，在相应的视图附近用箭头指明投射方向并标注同样的字母，如图6-5所示。但当局部视图按基本视图位置配置，中间又没有其他视图隔开时，可以省略标注（图6-5的*A*、*B*向局部视图均可省略标注，为了说明问题方便，图中未省略）。

局部视图的断裂边界用波浪线或双折线表示，如图6-5的局部视图*A*、*B*。当所表达部分的外形轮廓线是完整而又封闭时，波浪线可以省略不画，如图6-5所示的局部图视图*C*。

另外，还有一种局部视图的特殊画法（这也是一种简化画法），即对称机件的视图可以只画一半或四分之一，并在对称中心线的两端画两条与之垂直、等长的平行细实线，如图6-6所示。

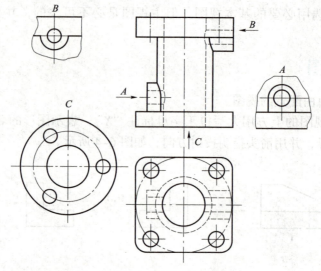

图 6-5 局部视图（1）

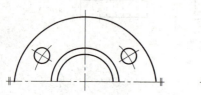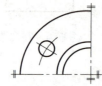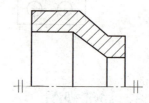

图 6-6 局部视图（2）

6.1.4 斜视图

将机件向不平行于任何基本投影面投射所得的视图称为斜视图。

斜视图一般按照投影关系配置，也可根据需要配置在适当的位置。斜视图的标注与向视图、局部视图也有相似之处，即在视图的上方标注视图的名称"X"，在相应的视图附近用箭头指明投射方向，并注写相同的字母"X"，如图 6-7 所示。

为了画图和看图方便，在不致引起误解的情况下，也可将斜视图旋转配置，具体标注形式如图 6-7 所示。

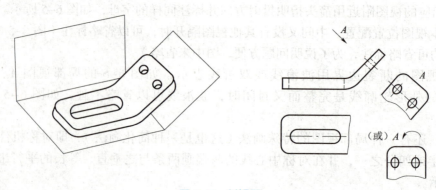

图 6-7 斜视图

6.2 剖 视 图

6.2.1 剖视图

用前面学习过的视图表达机件结构形状时，对于机件上看不见的内部结构如孔、槽等需用虚线表示，如图 6-8（a）所示。如果机件的内部形状较为复杂，则图上会出现较多的虚线，再加上虚线交叉、重叠，就会给画图和读图带来很大不便。为了清楚地表达机件的内部形状，国家标准规定用剖视图来表示。

1. 剖视图的概念与形成

假想用剖切面剖开机件，将处在观察者与剖切面之间的部分移去，而将其余部分向投影面投射所得的图形称为剖视图，如图 6-8 所示。

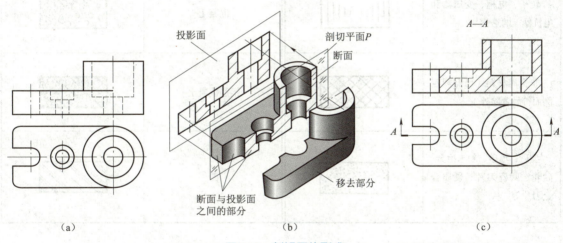

图 6-8 剖视图的形成

2. 剖视图的画法与标注

1）确定合适的剖切平面位置

一般情况下，剖切平面的位置选择所需表达机件的内部结构的对称面，而且要平行于基本投影面。图 6-8（b）中的 P 平面不但是机件前后的对称平面，通过左右两个内部结构的轴心线，而且与基本投影面 V 平面平行，所以选为剖切面。

2）画出剖切平面后部分机件的可见轮廓线

将剖开的机件，移去处于观察者与剖切面 P 之间的部分，画出剖切面 P 后部分机件的所有可见轮廓线，如图 6-8（c）的主视图。与此同时，由于机件是假想剖开的，其他各视图应保持完整性，不能因假想移去了机件的一部分而漏画图形，如图 6-8（c）所示的俯视图。

3）画出剖面符号

为了区分机件内部的空与实，需在剖切面与机件截切所得的断面（剖面区域）上，即机件被剖切面截切到的实体部分，画上剖面符号，如图6-8（c）所示。

剖面符号的画法因机件材料的不同而不同，国家标准对常见材料的剖面符号作了规定，具体见表6-1。

表6-1 剖面符号

金属材料（已有规定剖面符号者除外）		木质胶合板（不分层数）	
线圈绕组元件		基础周围的泥土	
转子、电枢、变压器和电抗器等的迭钢片		混凝土	
非金属材料（已有规定剖面符号者除外）		钢筋混凝土	
型砂、填砂、粉末冶金、砂轮、陶瓷刀片、硬质合金刀片等		砖	

金属材料的剖面符号通常也称为剖面线，关于剖面线应注意：

（1）剖面线应画成向左或向右倾斜、间隔均匀的平行细实线。

（2）同一机件的所用视图中的剖面线的方向与间距应该一致。

（3）不需要在剖面区域中表示材料的类别时，可采用通用剖面线表示。通用剖面线应以适当角度的细实线绘制，最好与主要轮廓线或剖面区域的对称线成45°，如图6-9所示。

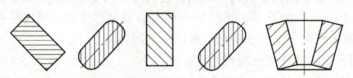

图6-9 通用剖面线的画法

4）作必要的标注

为了便于识读，一般要在剖视图的上方用大写字母标注其名称"X—X"，在相应的视图中用剖切符号（粗短画）表示剖切位置和投射方向，并标注相同的字母，如图6-10所示。

3. 剖视图的种类

根据机件被剖切范围的大小不同，剖视图可分为全剖视图、半剖视图和局部剖视图。

1）全剖视图

用剖切面完全地剖开机件所得的剖视图称为全剖视图。如图6-8（c）、图6-10、图6-11（a）和图6-12（c）所示的主视图均是全剖视图。

全剖视图一般用于表达外形比较简单、内部结构比较复杂的机件。

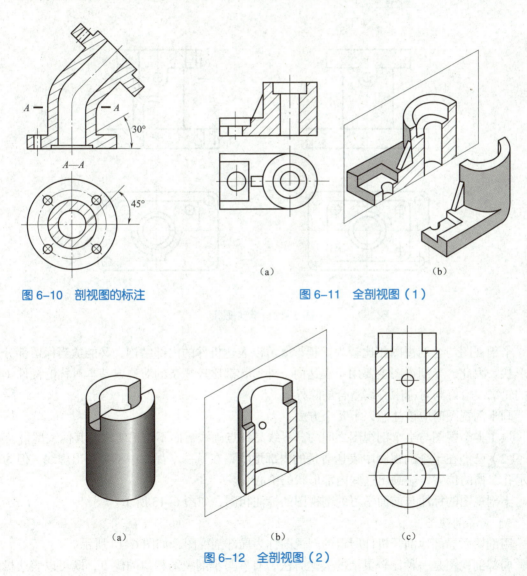

图6-10 剖视图的标注　　　图6-11 全剖视图（1）

图6-12 全剖视图（2）

2）半剖视图

当机件具有对称平面时，在对称平面所垂直的投影面上投射所得的图形可以对称中心线为分界，一半画成剖视图，一半画成视图，这种剖视图称为半剖视图，如图6-13所示。

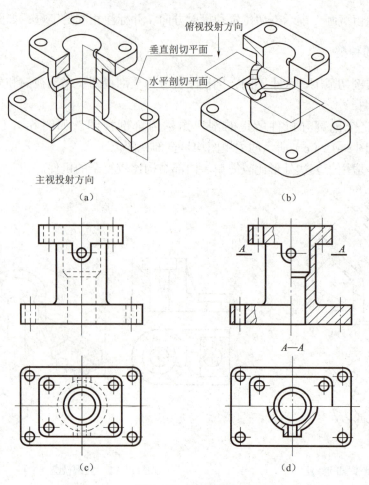

图 6-13 半剖视图

半剖视图与全剖视图相比较为优越，既可以表达机件的内部结构，又能适当保留部分外部形状。因此，半剖视图主要用于表达内、外形状都比较复杂的对称或基本对称的机件（机件的轮廓线恰好与对称中心线重合的除外）。

画半剖视图时应该注意以下几个方面：

（1）半个视图与半个剖视图之间的分界线是细点画线，而不是粗实线或其他线型。

（2）已经在半个剖视图中表达清楚的内部形状，在另一半视图中不再画出虚线。但为了表示孔、槽的位置，应画出这些内部形状的中心线。

半剖视图的标注与前面学习的剖视图的标注相同，如图 6-13 所示。

3）局部剖视图

用剖切面局部地剖开机件所得的剖视图称为局部剖视图，如图 6-14 所示。

局部剖视图是一种比较灵活的表达方法，有着与半剖视图相似的优点，既可以表达机件的内部结构，又能适当保留部分外部形状，但画法上有些区别。画局部剖视图应注意以下几个方面：

（1）局部剖视图中剖视与视图之间用波浪线或双折线分界，波浪线应画在机件的实体上，即波浪线既不能超出实体的轮廓线，也不能画在机件的中空处，如图 6-15 所示。

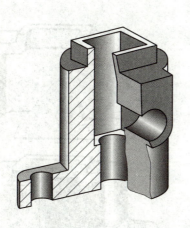
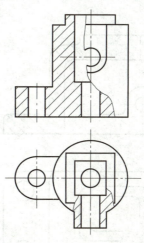

图 6-14　局部剖视图（1）

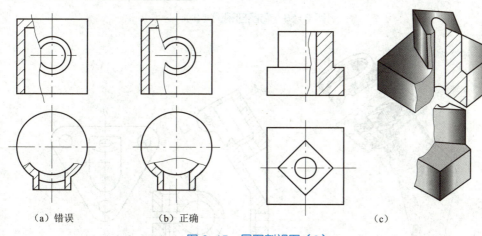

（a）错误　　　　　　（b）正确　　　　　　　　（c）

图 6-15　局部剖视图（2）

（2）波浪线不能与其他图线重合，也不能画在轮廓线的延长线上。

（3）一个视图中，局部剖视图的数量不宜过多。在不影响外部形状表达的情况下，可以采用较大范围的局部剖视图来减少局部剖视图的数量，如图 6-16 所示。

局部剖视图一般不需要标注。

4. 剖切面的种类

剖切面的选择直接关系到剖视图能否清晰地表达机件的结构形状。由于机件内部结构的复杂多样，常常需要选择不同位置与数量的剖切面来剖切机件，才能得到更为清晰的机件内部形状。国家标准规定了单一剖切面、几个平行的剖切面和几个相交的剖切面等三种剖切面，前面学习的全剖视图、半剖视图和局部剖视图都是用单一剖切面剖切得到的剖视图。

1）单一剖切面

单一剖切面一般又有平行于基本投影面（见图 6-8、图 6-10）、不平行于基本投影面（见图 6-17）和柱面（见图 6-18）三种情况。用后两种面剖切机件时，剖视图需要标注，标注方法与斜视图的标注相似。

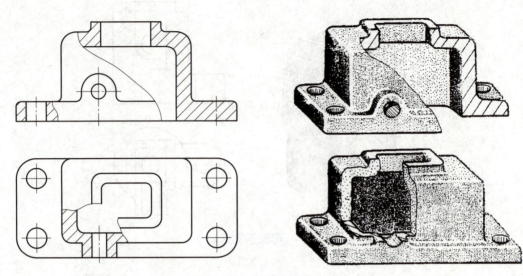

图 6-16 局图剖视图（3）

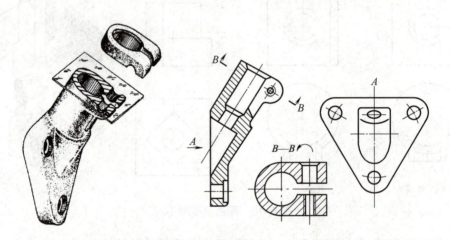

图 6-17 单一剖切面（1）

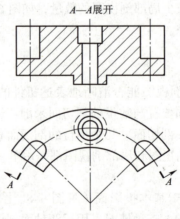

图 6-18 单一剖切面（2）

2）几个平行的剖切平面

有些机件有几种不同的内部结构要素需要表达，而且这些内部结构要素的中心线位于几个平行的平面内（见图 6-19），这就需要采用几个平行的剖切平面剖开机件。

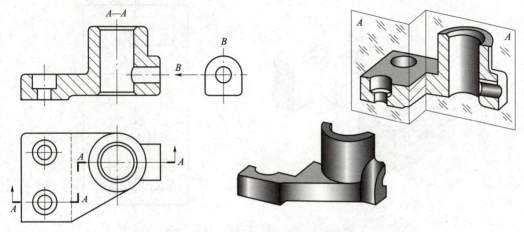

图 6-19　几个平行的剖切平面（1）

画几个平行的剖切平面剖开机件得到剖视图时应注意以下几个方面：

（1）由于剖切面是假想的，因此在剖视图上不画出剖切平面转折处的"投影"，如图 6-19 所示。

（2）在剖视图上不能出现不完整要素，如图 6-20 所示。

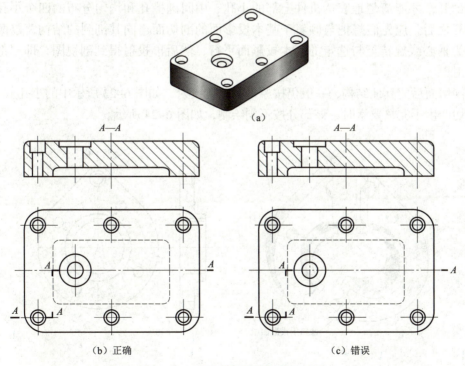

图 6-20　几个平行的剖切平面（2）

（3）当两个结构要素在图形上具有公共的对称中心线或轴心线时，可以细点画线为分界线，各画一半，如图6-21所示。

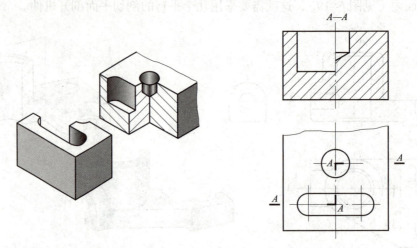

图6-21　几个平行的剖切平面（1）

（4）剖切平面的起止、转折要用剖切符号（粗短画）标注清楚，其余标注与前面学习的相同。

3）几个相交的剖切面

有些机件需要用几个相交的剖切面（交线垂直于某一基本投影面）剖开，才能表达清楚其内部结构。如图6-22（a）所示机件只有用两个相交且交线垂直于正投影面的平面剖开将其剖开，才能清楚地表达机件上部的小孔、中间键槽孔和均匀分布的四个小孔中的一个。剖开之后，应先假想把与倾斜于基本投影面的剖切面连同其剖到的结构，以两剖切面的交线为轴心线旋转至与选定的基本投影面平行，然后再投射得到剖视图，即"剖切、旋转、投射"。

在剖切面后的其他结构，一般仍按原来的位置投射，如图6-23所示中的小孔。

剖切产生不完整要素时，该部分按不剖绘制，如图6-24所示。

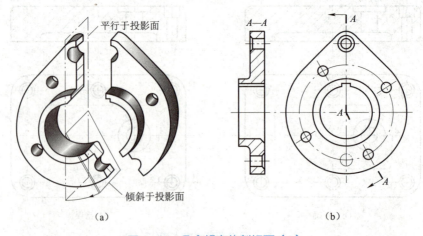

图6-22　几个相交的剖切面（1）

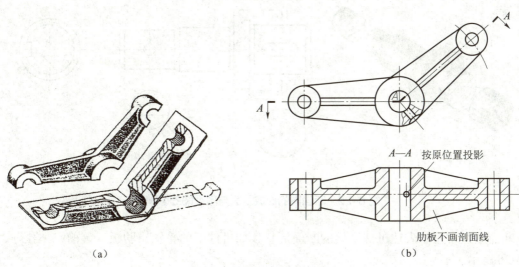

图 6-23 几个相交的剖切面（2）

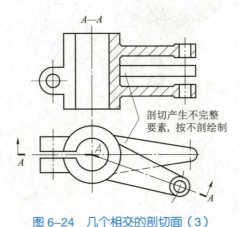

图 6-24 几个相交的剖切面（3）

6.3 断 面 图

6.3.1 断面图的概念

假想用剖切面将物体的某处切断，仅画出该剖切面与物体接触部分的图形，该图形称为断面图，可简称断面，如图 6-25 所示。图 6-25（b）中的主视图只能表示键槽的形状和位置，虽然用视图或剖视图［如图 6-25（c）所示］可以表达键槽的深度，但显得不够简洁明了，使用断面图表达则显得清晰、简洁。

运用断面图进行表达时，应注意断面图与剖视图的区别：断面图只画出断面的形状，而剖视图除了画出断面的形状外还要画出断面后面所有能看到的该机件的轮廓的投影。

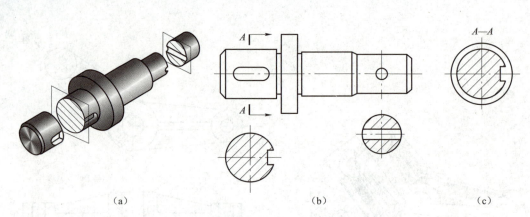

图 6-25 断面图的形成及其与剖视图的区别

断面图经常用于表达机件某处的断面形状,如机件上的轮辐、肋板、键槽、小孔等,如图 6-26 所示。

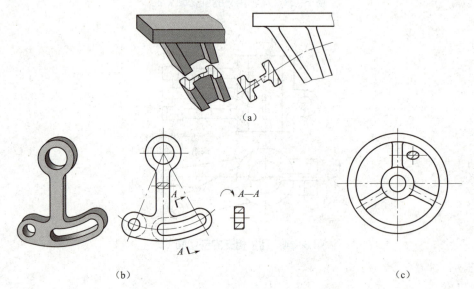

图 6-26 断面图表达实例

6.3.2 断面图的分类

根据断面图配置位置的不同,断面图可分为移出断面图和重合断面图。

1. 移出断面图

画在视图轮廓之外的断面图称为移出断面图,如图 6-25(b)、图 6-26(a)、图 6-26(b)和图 6-27 所示。

移出断面图的轮廓线用粗实线绘制。为了看图方便,移出断面图应尽量配置在剖切线的延长线上(见图 6-25),必要时,也可配置在其他适当的位置,如图 6-27(a)所示。当断面形状对称时,也可配置在视图的中断处,如图 6-27(b)所示。

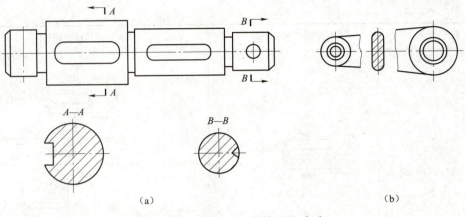

图 6-27 移出断面图的画法（1）

移出断面图中的剖面线只画在剖切面与机件接触的剖切区域内。

绘制移出断面图时，应注意以下几点。

（1）剖切面一般应垂直于被剖切部分的主要轮廓线。当遇到如图 6-28 所示的结构时，画出的两个断面图之间一般应用波浪线断开。

（2）当剖切面通过回转面形成的孔、凹坑（图 6-29），或当剖切面通过非回转孔会导致出现完全分离的断面（图 6-26b）时，这些结构按剖视绘制。

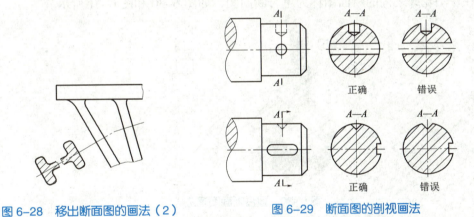

图 6-28 移出断面图的画法（2）　　图 6-29 断面图的剖视画法

移出断面图的标注规定参见表 6-2。

表 6-2 移出断面图的标注

断面图位置	对称的移出断面图	不对称的移出断面图
配置在剖切线或剖切符号延长线上	省略标注	省略字母

续表

断面图位置	对称的移出断面图	不对称的移出断面图	
配置在剖切符号延长线之外	A—A	按投影关系配置	A—A
	省略箭头	省略箭头	
		不按投影关系配置	A—A
	省略箭头	需完整标注剖切符号和字母	

2. 重合断面图

画在视图轮廓之内的断面图称为重合断面图，如图 6-30 和图 6-31 所示。

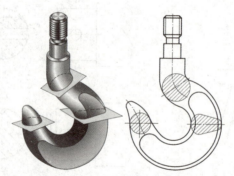

图 6-30　重合断面图画法（1）

断面轮廓线用细实线绘制。当视图中轮廓线与重合断面图的图形重叠时，视图中的轮廓线仍应连续画出，不可间断，如图 6-31 所示。

重合断面图均不必标注。

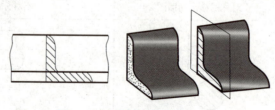

图 6-31　重合断面图画法（2）

6.4 其他表示法

为了使图形更清晰、画图更简便,在表达机件时除了运用视图、剖视图、断面图等表达方法之外,国家标准还规定了局部放大图、规定画法和简化画法等其他表达方法,以便必要时选用。

6.4.1 局部放大图

把图样中部分细小结构用大于原图形所采用的比例画出的图形,称为局部放大图,如图 6-32 和图 6-33 所示。

局部放大图可以画成视图、剖视图和断面图,与被放大部位的表达方法无关。局部放大图的比例是指放大图与机件相应要素线性尺寸的比值,与原图形所采用的比例毫无关系。

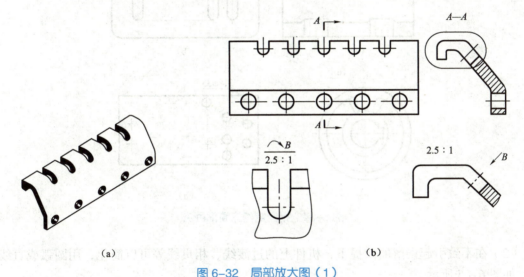

图 6-32 局部放大图(1)

(a)立体图;(b)视图和局部放大图

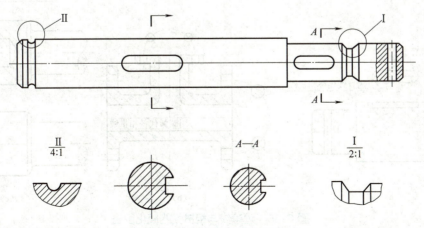

图 6-33 局部放大图(2)

局部放大图一般配置在被放大部位的附近，以便看图方便。画局部放大图时要做到两点：一是用细实线圆（或长圆）在原图形中把被放大部位圈出，二是在局部放大图的上方注写放大图的比例。如果图样中同时有多处被放大，则要用罗马数字Ⅰ、Ⅱ、Ⅲ…依次标明被放大的部位，并在相应局部放大图的上方标出相应的罗马数字（图形名称）和所采用的比例，必要时，可以用几个视图来表达同一个被放大的部位，如图 6-32 所示。

6.4.2 简化画法

（1）机件上的若干按一定规律分布的相同要素（如孔、槽等）可以只画出一个或几个，其余只需画出中心线表示其中心位置，如图 6-34 所示。

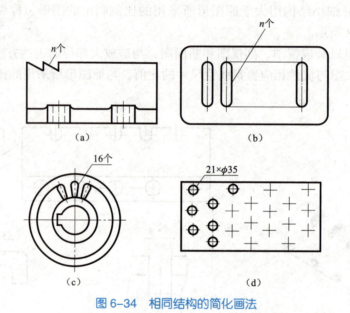

图 6-34　相同结构的简化画法

（2）在不致引起误解的前提下，机件上的过渡线、相贯线等可以简化，用圆弧或直线代替，如图 6-35 所示。

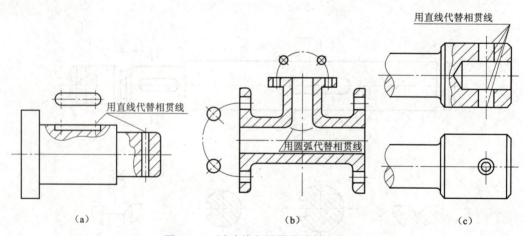

图 6-35　过渡线与相贯线的简化画法

（3）与投影面倾斜角度小于或等于30°的圆或圆弧，其在该投影面上的投影可以不画成椭圆，而用圆或圆弧代替，如图6-36所示。

（4）机件上的肋、轮辐等结构，若纵向剖切，则都不画剖面符号，只用粗实线将它们与其相邻的结构分开，如图6-37所示。

回转形成的机件上，均匀分布但不处于剖切平面上的肋、轮辐、孔等结构，可将这些结构旋转到剖切平面上画出，如图6-37所示。

（5）较长的机件，如沿长度方向的形状一致或按一定规律变化，可采用断开缩短绘制，如图6-38所示（尺寸仍按原来的长度标注）。

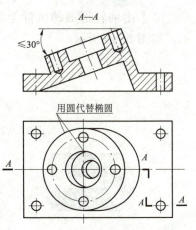

图6-36 倾斜圆或圆弧的简化画法

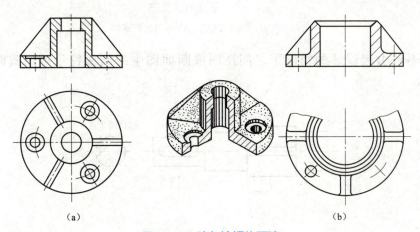

图6-37 肋与轮辐的画法

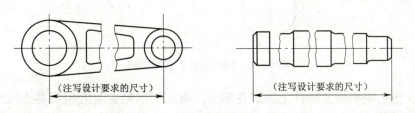

图6-38 较长机件的简化画法

（6）对称机件的视图可以只画一半或四分之一，但要在对称中心线的两端画出两条与其垂直的短的平行细实线，如图6-39所示。

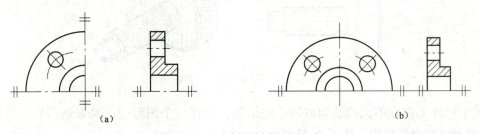

图6-39 对称机件视图的画法

（7）由回转形成的机件上的平面在图形中不能充分表达时，可用两条相交的细实线表示，如图 6-40 所示。

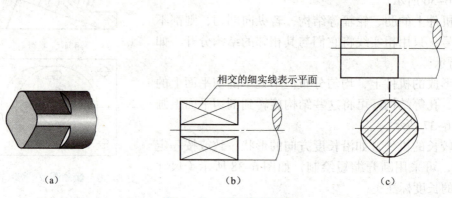

图 6-40　平面的表示法
（a）立体图；（b）简化图；（c）移出断面图

（8）在不致引起误解的情况下，剖视图或断面图中的剖面符号可以省略不画，如图 6-41 所示。

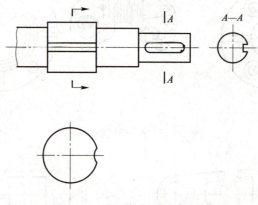

图 6-41　剖面符号的省略画法

（9）网状物、编织物或机件上的滚花部分，可在图形轮廓附近用细实线局部示意画出，如图 6-42 所示。

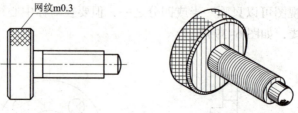

图 6-42　滚花的局部示意画法

（10）机件上斜度不大的结构或较小的结构，如在一个图形中已经表达清楚，另外图形的倾斜部分可按小端画出，如图 6-43 所示。

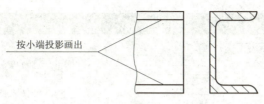

图 6-43 较小结构的简化画法

6.5 用 AutoCAD 绘制机件图样

在设计绘图中，经常需要对图形中的某些区域或剖面填充某种特定的图案，以帮助区分装配图中的不同组成部分，表示构成一个物体的材料类型或者增强图形的表面效果等，也就是前面所学的剖面符号。AutoCAD 在系统中预先定义了多种剖面符号，以便在绘图时选择。绘制剖视图或断面图，剖面符号是必不可少的。AutoCAD 采用区域填充的方式绘制剖面符号，相比手工绘图而言，AutoCAD 绘制剖面符号不但高效精确，而且操作简便。下面通过在图形中对其填充剖面线介绍有关的命令使用。

6.5.1 画剖面线

在绘制剖面线时，首先要指定填充边界，一般可用两种方法选定画剖面线的边界，一种是在闭合的区域中一点，AutoCAD 自动搜索闭合的边界；另一种是通过选择对象来定义边界。AutoCAD 为用户提供了许多标准填充图案，用户也可定制自己的图案，此外，还能控制剖面图案的疏密及剖面线条的倾角。

1. 填充封闭区域

填充封闭区域的操作步骤如下：

（1）单击"绘图"工具栏上的 按钮，打开"图案填充和渐变色"对话框，如图 6-44 所示。该对话框中的常用选项如下：

"添加：拾取点"：单击 按钮，在填充区域中单击一点，AutoCAD 自动分析边界集，并从中确定包围该点的闭合边界。

"添加：选择对象"：单击 按钮，选择一些对象进行填充，此时无须对象构成闭合的边界。

删除边界：单击 按钮，可用拾取框选择该命令中已定义的边界，选择一个取消一个。

重新创建边界： 按钮在执行修改命令时才可用。

查看选择集：单击 按钮，AutoCAD 显示当前的填充边界。

继承特性：单击 按钮，AutoCAD 要求用户选择某个已绘制的图案，并将其类型及属性设置为当前图案类型及属性。

关联：若图案与填充边界关联，则修改边界时，图案将自动更新以适应新边界。

（2）单击"图案"框右边的 按钮，打开"填充图案选项板"对话框，再单击"ANSI"选项卡，然后选择剖面线为 ANSI31，如图 6-45 所示。

图 6-44 "图案填充和渐变色"对话框

图 6-45 "填充图案选项板"对话框

（3）在"图案填充和渐变色"对话框中单击 （拾取点）按钮。

（4）在想要填充的区域中选定点（1），此时可以观察到 AutoCAD 自动寻找一个闭合的边界，如图 6-46 所示。

（5）按［Enter］键。

（6）在"图案填充和渐变色"对话框中单击 按钮，观察填充的预览图，如果满意，再单击 按钮，完成剖面线的绘制，如图 6-47 所示。

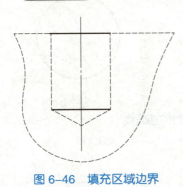

图 6-46　填充区域边界

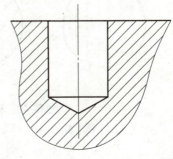

图 6-47　在封闭区域内画剖面线

2. 剖面线的比例

在 AutoCAD 中，预定义剖面线图案的默认缩放比例是 1.0，但用户可在"图案填充和渐变色"对话框的"比例"栏中设定其他比例值，如图 6-44 所示。画剖面线时，若没有指定特殊比例值，则 AutoCAD 按默认值绘制剖面线。当输入一个不同于默认值的缩放比例时，可以增加或减小剖面线的间距。图 6-48 所示为剖面线比例为 1、2、0.5 时的情况。

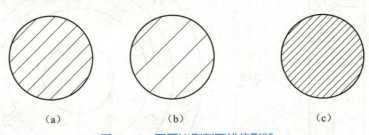

图 6-48　不同比例剖面线的形状

（a）缩放比例=1.0；（b）缩放比例=2.0；（c）缩放比例=0.5

注意，在选定图案比例时，可能不小心输入了太小的比例值，此时会产生很密集的剖面线。在这种情况下，预览剖面线或实际绘制都要耗费相当长的时间（几分钟甚至十几分钟）。当看到剖面线区域有任何闪动时，说明没有死机。此外，如果使用了过大的比例，可能观察到剖面线没有被绘制出来，这是因为剖面线间距太大而不能在区域中插入任何一个图案。

3. 剖面线角度

除剖面线间距可以控制外，剖面线的倾斜角度也可以控制。读者可能已经注意到在"图案填充和渐变色"对话框的"角度"区域中（见图 6-44），图案的角度是零，而此时剖面线（ANSI31）与 X 轴夹角却是 45°。因此，在角度参数栏中显示的角度值并不是剖面线与 X 轴的倾斜角度，而是剖面线以 45°线方向为起始位置的转动角度。

当分别输入角度值 45°、90°、15° 时，剖面线将逆时针转动到新的位置，它们与 X 轴的夹角是 90°、135°、60°，如图 6-49 所示。

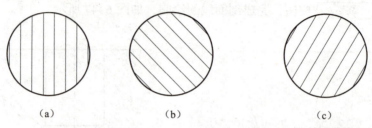

图 6-49 输入不同角度时的剖面线

（a）输入角度 =45°；（b）输入角度 =90°；（c）输入角度 =15°

6.5.2 端盖绘制实例

端盖的主视图和左视图如图 6-50 所示，下面我们绘制出这两个视图。此练习的目的是使读者掌握对称及均布几何特征的绘制方法，并学会填充剖面图案。

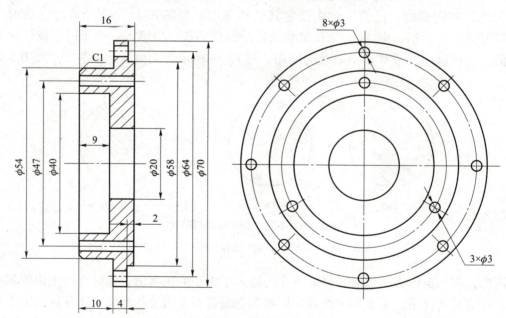

图 6-50 端盖的视图

（1）打开极轴追踪、对象捕捉及自动追踪功能，并设置对象捕捉方式为端点和交点两种方式。

（2）画主视图的对称线及上半部分轮廓线。

上半部分轮廓线绘制如图 6-51 和表 6-3、表 6-4 所示。

第 6 章 机件图样的常用表达方法

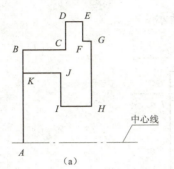
(a)

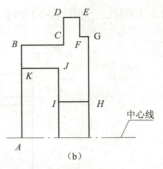
(b)

图 6-51 画上半部分轮廓线

表 6-3 上半部分轮廓线的绘制（一）

命令操作步骤	说明
命令：_Line	直线命令绘制直线，单击一点
指定第一点：	沿水平方向追踪，再单击一点
指定下一点或［放弃（U）］：	按回车键结束命令
指定下一点或［放弃（U）］：	按回车键重复命令，从对称线的端点追踪到 A 点
命令：_Line	向上追踪并输入 AB 线段长度
指定第一点：	向右追踪并输入 BC 线段长度
指定下一点或［放弃（U）］：27	向上追踪并输入 CD 线段长度
指定下一点或［放弃（U）］：10	向右追踪并输入 DE 线段长度
指定下一点或［闭合（C）/放弃（U）］：8	向下追踪并输入 EF 线段长度
指定下一点或［闭合（C）/放弃（U）］：4	向右追踪并输入 FG 线段长度
指定下一点或［闭合（C）/放弃（U）］：6	向下追踪并输入 GH 线段长度
指定下一点或［闭合（C）/放弃（U）］：2	向左追踪并输入 HI 线段长度
指定下一点或［闭合（C）/放弃（U）］：19	向上追踪并输入 IJ 线段长度
指定下一点或［闭合（C）/放弃（U）］：7	向左追踪并捕捉交点 K
指定下一点或［闭合（C）/放弃（U）］：10	按回车键结束
指定下一点或［闭合（C）/放弃（U）］：	
指定下一点或［闭合（C）/放弃（U）］：	
结果如图 6-51（a）所示	

表 6-4 上半部分轮廓线的绘制（二）

命令操作步骤	说明
命令：_Extend	输入延伸命令
当前设置：投影=UCS，边=无	
选择边界的边 ...	
选择对象或＜全部选择＞： 找到 1 个	点选中心线
选择对象或＜全部选择＞： 找到 1 个	点选中心线
选择要延伸的对象，或按住［Shift］键选择要修剪的对象，或［栏选（F）/窗交（C）/投影（P）/边（E）/放弃（U）］：	单击 JI 线段的下部
选择要延伸的对象，或按住［Shift］键选择要修剪的对象，或［栏选（F）/窗交（C）/投影（P）/边（E）/放弃（U）］：	点击 GH 线段的下部
选择要延伸的对象，或按住［Shift］键选择要修剪的对象，或［栏选（F）/窗交（C）/投影（P）/边（E）/放弃（U）］：	按回车键结束
结果如图 6-51（b）所示	

(3) 绘制端盖上的孔,如图 6-52 和表 6-5 所示。

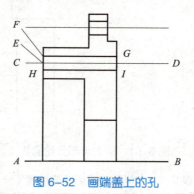

图 6-52　画端盖上的孔

表 6-5　端盖上的孔的绘制

命令操作步骤	说明
命令:_Offset	输入偏移命令,绘制 AB 的平行线 CD
当前设置:删除源=否　图层=源　OFFSETGAPTYPE=0	输入平行线间的距离
指定偏移距离或［通过(T)/删除(E)/图层(L)］<通过>:23.5	
选择要偏移的对象,或［退出(E)/放弃(U)］<退出>:	选择 AB 线段
指定要偏移的那一侧上的点,或［退出(E)/多个(M)/放弃(U)］<退出>:	在 AB 线上方单击一点
选择要偏移的对象,或［退出(E)/放弃(U)］<退出>:	按回车键结束
命令:_Line	E 点向上追踪并输入距离 1.5
指定第一点:1.5	向右追踪并捕捉交点 G
指定下一点或［放弃(U)］:	按回车键结束
指定下一点或［放弃(U)］:	绘制 HI
命令:_Offset	
当前设置:删除源=否　图层=源　OFFSETGAPTYPE=0	输入平行线间的距离
指定偏移距离或［通过(T)/删除(E)/图层(L)］<23.5>:3	选择 AB 线段
选择要偏移的对象,或［退出(E)/放弃(U)］<退出>:	在 FG 线下方单击一点
指定要偏移的那一侧上的点,或［退出(E)/多个(M)/放弃(U)］<退出>:	按回车键结束
选择要偏移的对象,或［退出(E)/放弃(U)］<退出>:	
用同样的方法绘制另一个小孔,结果如图 6-52 所示	

(4) 绘制倒角,如图 6-53 和表 6-6 所示。

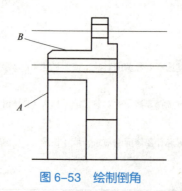

图 6-53　绘制倒角

表 6-6　倒角的绘制

命令操作步骤	说明
命令：_Chamfer	输入倒角命令
（"修剪"模式）当前倒角距离 1=0.0000，距离 2=0.0000	
选择第一条直线或［放弃（U）/多段线（P）/距离（D）/角度（A）/修剪（T）/方式（E）/多个（M）］：d	选择距离选项，设置倒角距离
指定　第一个　倒角距离 <0.0000>：1	输入第一个倒角距离
指定　第二个　倒角距离 <1.0000>：	输入第二个倒角距离或回车确认同第一个倒角距离相同
选择第一条直线或［放弃（U）/多段线（P）/距离（D）/角度（A）/修剪（T）/方式（E）/多个（M）］：	选择第一个倒角边直线 A
选择第二条直线，或按住 Shift 键选择直线以应用角点或［距离（D）/角度（A）/方法（M）］：	选择第二个倒角边直线 B
结果如图 6-53 所示	

（5）绘制剖面线，如图 6-54、图 6-55 和表 6-7 所示。

表 6-7　剖面线的绘制

命令操作步骤	说明
命令：_Hatch	执行"图案填充命令"，弹出"图案填充"对话框，设置图案、比例，如图 6-54 所示，单击"添加：拾取点" 按钮
拾取内部点或［选择对象（S）/删除边界（B）］： 正在选择所有对象 … 正在选择所有可见对象 … 正在分析所选数据 … 正在分析内部孤岛 …	拾取 A 点，如图 6-55（a）所示
拾取内部点或［选择对象（S）/删除边界（B）］： 正在选择所有对象 … 正在选择所有可见对象 … 正在分析所选数据 … 正在分析内部孤岛 …	拾取 B 点，如图 6-55（a）所示
拾取内部点或［选择对象（S）/删除边界（B）］： 正在选择所有对象 … 正在选择所有可见对象 … 正在分析所选数据 … 正在分析内部孤岛 …	拾取 C 点，如图 6-55（a）所示
拾取内部点或［选择对象（S）/删除边界（B）］： 结果如图 6-55（b）所示	按回车键，返回"图案填充"对话框，最后单击确定按钮完成填充

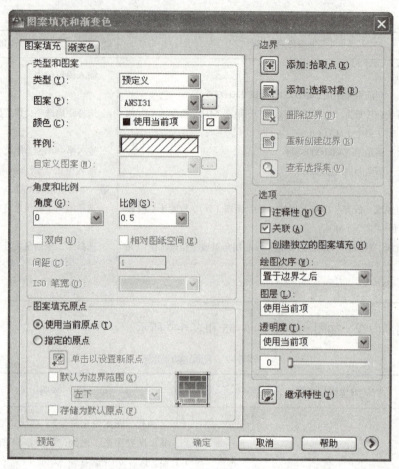

图 6-54　图案填充设置

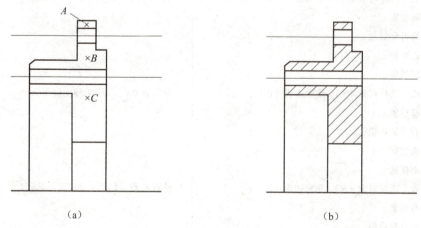

（a）　　　　　　　　　　　　（b）

图 6-55　绘制剖面线

（6）镜像图形的上半部分，如图 6-56 和表 6-8 所示。

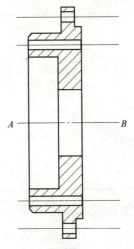

图 6-56　镜像结果

表 6-8　镜像步骤

命令操作步骤	说明
命令：_Mirror	输入镜像命令
选择对象：指定对角点：找到 18 个	用交叉窗口选择图形的上半部分
选择对象：	按回车键确认
指定镜像线的第一点：	捕捉 A 点
指定镜像线的第二点：	捕捉 B 点
要删除源对象吗？［是（Y）/否（N）］<N>：	按回车键不删除源对象
结果如图 6-56 所示	

（7）绘制左视图的定位线，如图 6-57 和表 6-9 所示。

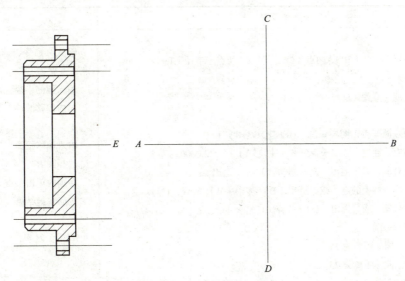

图 6-57　画左视图的定位线

表 6-9 左视图定位线的绘制

命令操作步骤	说明
命令：_Line 指定第一点： 指定下一点或［放弃（U）］： 指定下一点或［放弃（U）］： 命令：_Line 指定第一点： 指定下一点或［放弃（U）］： 指定下一点或［放弃（U）］： 结果如图 6-57 所示	输入直线命令，从 E 向右追踪到 A 点 再向右追踪到 B 点 按回车键结束 重复命令，在 C 点处单击点 向下追踪到 D 点 按回车键结束

（8）绘制同心圆，如图 6-58 和表 6-10 所示。

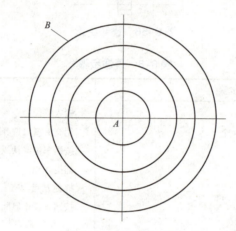

图 6-58 创建同心圆

表 6-10 同心圆的绘制

命令操作步骤	说明
命令：_Circle 指定圆的圆心或［三点（3P）/两点（2P）/切点、切点、半径（T）］： 指定圆的半径或［直径（D）］：35 命令：_Offset 当前设置：删除源=否　图层=源　OFFSETGAPTYPE=0 指定偏移距离或［通过（T）/删除（E）/图层（L）］<32.0000>：　8 选择要偏移的对象，或［退出（E）/放弃（U）］<退出>： 指定要偏移的那一侧上的点，或［退出（E）/多个（M）/放弃（U）］<退出>： 选择要偏移的对象，或［退出（E）/放弃（U）］<退出>： 继续绘制下列同心圆： 向内偏移圆 B，偏移距离为 15。 向内偏移圆 B，偏移距离为 25。 结果如图 6-58 所示	输入圆命令，捕捉中心线的交点 A 输入圆的半径 向内偏移圆 输入偏移距离 选择圆 B 在圆内单击一点 按回车键结束

（9）绘制均布的小圆，如图6-59和表6-11所示。

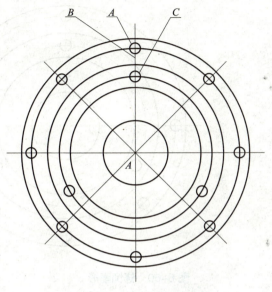

图6-59　绘制均布的小圆

表6-11　均布小圆的绘制

命令操作步骤	说明
用偏移命令绘制定位圆 $\phi 64$	输入偏移命令
命令：_Arraypolar	用修改菜单输入环形阵列命令
选择对象：	选择圆 A 和中心线 B
指定对角点：找到 2 个	按回车键结束
选择对象：	
类型 = 极轴　关联 = 是	
指定阵列的中心点或［基点（B）/旋转轴（A）］：	输入阵列数目
输入项目数或［项目间角度（A）/表达式（E）］<4>：8	按回车键结束
指定填充角度（+= 逆时针、-= 顺时针）或［表达式（EX）］<360>：	
按［Enter］键接受或［关联（AS）/基点（B）/项目（I）/项目间角度（A）/填充角度（F）/行（ROW）/层（L）/旋转项目（ROT）/退出（X）］	按回车键结束
<退出>：	
绘制定位圆 $\phi 47$，再绘制圆 C，并阵列此圆，结果如图6-59所示	

（10）图形的对称线、圆的中心线置于中心图层中，并用打断命令修饰图形，结果如图6-60所示。

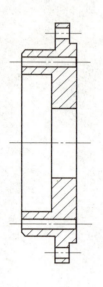 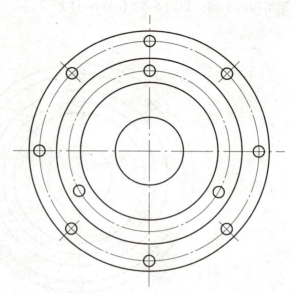

图 6-60　修饰图形

6.5.3　绘制断裂线

SPLINE 命令可以绘制光滑曲线，此曲线是非均匀有理 B 样条线，AutoCAD 通过拟合给定的一系列数据点形成这条曲线。绘制时，用户可以设定样条线的拟合公差，拟合公差控制着样条曲线与指定拟合点间的接近程度。公差值越小，样条曲线与拟合点越接近，若公差值为 0，样条线就通过拟合点。在绘制机械图时，用户可以利用 Spline 命令画断裂线。

单击"绘图"工具栏上的 ～ 按钮，或输入"Spline"命令，其步骤见表 6-12。

表 6-12　断裂线的绘制

命令操作步骤	说明
命令：　_Spline 指定第一个点或［对象（O）］： 指定下一点： 指定下一点或［闭合（C）/拟合公差（F）］＜起点切向＞ 指定下一点或［闭合（C）/拟合公差（F）］＜起点切向＞： 指定下一点或［闭合（C）/拟合公差（F）］＜起点切向＞： 指定下一点或［闭合（C）/拟合公差（F）］＜起点切向＞： 指定起点切向 指定端点切向： 结果如图 6-61 所示	如图 6-61 所示拾取（1）点 拾取（2）点 拾取（3）点 拾取（4）点 拾取（5）点 按回车键指定起点及终点切线方向 在（6）点处单击鼠标左键指定起点切线方向 在（7）点处单击鼠标左键指定终点切线方向

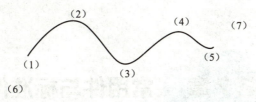

图 6-61　绘制样条曲线

Spline 命令选项的功能如下：

对象（O）：该选项把用"Spline"选项建立的近似样条线转化为真正的样条线。

闭合（C）：使样条线闭合。

拟合公差（F）：控制样条曲线与数据点的接近程度。

第 7 章 常用件与标准件

1. 掌握国家标准对于螺纹与螺纹连接件的规定画法。
2. 掌握国家标准对于直齿圆柱齿轮轮齿部分的计算、画法、尺寸注法以及啮合画法。
3. 了解键与销连接的种类，能正确识读常见键连接、销连接的画法与标注。
4. 了解滚动轴承的简化画法和规定画法以及标记形式，并能够正确识读。
5. 了解圆柱螺旋压缩弹簧的画法、尺寸标注及其标记格式，并能够正确识读。

7.1 螺纹与螺纹紧固件

7.1.1 螺纹的形成和螺纹的要素

螺纹是指在圆柱或圆锥表面上沿着螺旋线所形成的具有规定牙型的连续凸起和沟槽。在圆柱或圆锥外表面上形成的螺纹，称为外螺纹；在圆柱或圆锥内表面上形成的螺纹，称为内螺纹。内外螺纹配对使用，用于各种机械连接，传递运动和动力。

1. 螺纹的形成

某一动点既沿圆柱表面的母线做等速直线运动，同时又绕圆柱轴线做等角速度旋转运动时，动点的运动轨迹称为圆柱螺旋线。螺旋线的形成如图 7-1 所示。

螺纹则是沿螺旋线在圆柱表面上所形成的螺旋体，具有相同轴向端面的连续沟槽和凸起。在圆柱外表面上形成的螺纹称为外螺纹，在圆柱内表面上形成的螺纹称为内螺纹。内、外螺纹均可在车床上进行加工，内螺纹也可先钻光孔然后用丝锥攻螺纹，如图 7-2 所示。在车床上加工外螺纹时，车床主轴带动工件旋转，刀具沿轴线方向做等速移动，形成螺纹，沟槽底部称为牙底，凸起的顶部称为牙顶。

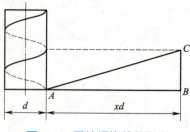

图 7-1 圆柱螺旋线的形成

第7章 常用件与标准件

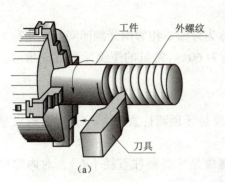
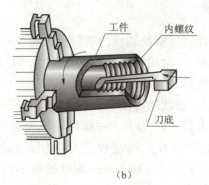

图7-2 螺纹的形成

(a) 车制外螺纹；(b) 加工内螺纹

2. 螺纹的工艺结构

（1）螺尾：在螺纹的末端，刀具要退出工件时，是逐渐离开的，所以该处的螺纹会变浅，牙型不完整，称为螺尾，如图7-3（a）所示。

（2）倒角、倒圆：为便于装配，在螺纹的起始端加工出锥面或球面，称为倒角或倒圆，如图7-3（b）所示。

（3）退刀槽：为避免产生螺尾，在螺纹尾部事先加工出刀具退出的位置，称为退刀槽，如图7-3（c）所示。

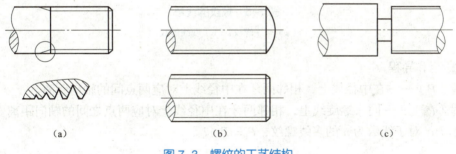

图7-3 螺纹的工艺结构

3. 普通螺纹的主要参数（见图7-4）

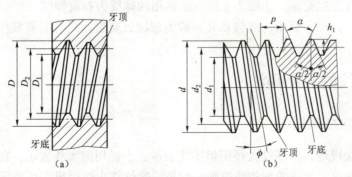

图7-4 内螺纹与外螺纹主要参数

(a) 内螺纹；(b) 外螺纹

163

1）牙型

在通过螺纹轴线的剖面上，螺纹的轮廓形状称为牙型。相邻两牙侧面间的夹角称为牙型角（α）。常用普通螺纹的牙型为三角形，牙型角为60°。常见的螺纹牙型有三角形、梯形和锯齿形等。

2）螺纹的直径

大径（d、D）——螺纹的最大直径。对外螺纹是牙顶圆柱直径（d），对内螺纹是牙底圆柱直径（D）。标准规定大径为螺纹的公称直径。

小径（d_1、D_1）——螺纹的最小直径。对外螺纹是牙底圆柱直径（d_1），对内螺纹是牙顶圆柱直径（D_1）。

中径（d_2、D_2）——处于大径和小径之间的一个假想圆柱直径，该圆柱的母线位于牙型上凸起（牙）和沟槽（牙间）宽度相等处。此假想圆柱称为中径圆柱。

3）线数

形成螺纹的螺旋线的条数称为线数，有单线螺纹和多线螺纹之分，多线螺纹在垂直于轴线的剖面内是均匀分布的，如图7-5所示。螺纹的线数用 n 来表示。

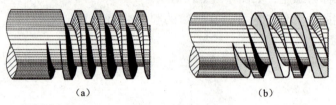

图7-5　螺纹的线数

（a）单线螺纹；（b）双线螺纹

4）螺距和导程

螺距（P）——在中径线上，相邻两牙在中径线上对应两点间的轴向距离。

导程（P_h）——同一螺旋线上，相邻两牙在中径线上对应两点之间的轴向距离。对单线螺纹，$P_h=P$；对于线数为 n 的多线螺纹，$P_h=nP$。

4. 旋向

螺纹分左旋和右旋两种，沿轴线方向看，顺时针方向旋转的螺纹称为右旋螺纹，逆时针方向旋转的螺纹称为左旋螺，如图7-6所示。常用的螺纹为右旋螺纹。

螺纹的牙型、大径、螺距、线数和旋向称为螺纹五要素，只有五要素相同的内、外螺纹才能互相旋合。

7.1.2　螺纹的规定画法

1. 外螺纹的规定画法

外螺纹的画法规定，外螺纹大径用粗实线表示，小径用细实线表示，在投影不反映圆的视图上，倒角应画出，牙底的细实线应画入倒角，螺纹终止线用粗实线表示，螺尾部分不必画出。当需要表示螺尾部分时，该部分用与轴线成15°的细实线画出。螺纹的小径可按大

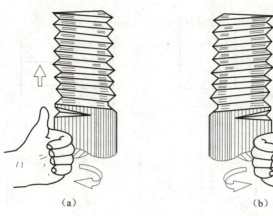

图 7-6　螺纹的旋向
(a) 左旋；(b) 右旋

径的 0.85 倍绘制。在投影为圆的视图上，小径用 3/4 圆的细实线圆弧表示，螺杆端面倒角圆省略不画，如图 7-7 所示。

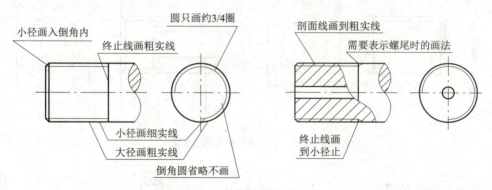

图 7-7　外螺纹的规定画法

2. 内螺纹的规定画法

外螺纹的画法规定，一般以剖视图表示内螺纹。此时，内螺纹的大径用细实线表示，小径用粗实线表示。在投影为圆的视图上，大径用 3/4 圆的细实线圆弧表示，倒角圆不画。若为盲孔，终止线到孔的末端的距离可按 0.5 倍的大径绘制，钻孔时在末端形成的锥面的锥角按 120° 绘制，如图 7-8 所示。需要注意的是，剖面线应画到粗实线。其余要求同外螺纹。

内螺纹不剖时，在非圆视图上其大径和小径均用虚线表示。

3. 内、外螺纹连接的画法

在剖视图中，内、外螺纹的旋合部分应按外螺纹的规定画法绘制，即大径画成粗实线、小径画成细实线，其余不重合的部分按各自原有的规定画法绘制。在剖视图上，剖面线均应画到粗实线。在剖切平面通过螺纹轴线的剖视图中，实心螺杆按不剖绘制，如图 7-9 所示。

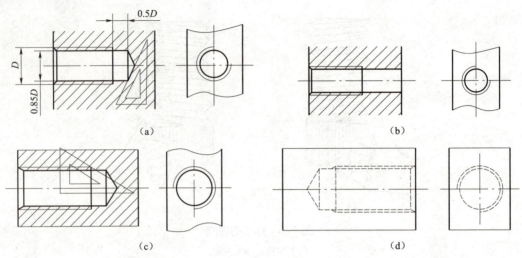

图7-8 内螺纹的画法

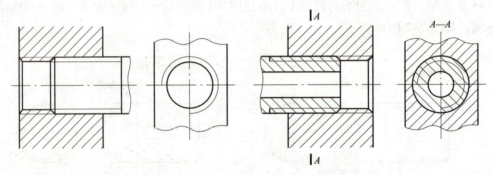

图7-9 内、外螺纹旋合画法

4. 螺纹不通孔的画法

在绘制不穿通的螺孔时，一般应将钻孔深度与螺纹深度分别画出，钻孔深度应比螺纹深度大0.5D，其中D为螺纹大径。在画图时一般将钻头头部形成的锥顶角画成120°，如图7-10所示。

7.1.3 常用螺纹的标注

1. 普通螺纹的标注（表7-1）

普通螺纹的完整标注由螺纹代号、螺纹公差带代号和螺纹旋合长度代号三部分组成，螺纹标注一定要注在大径上。完整的螺纹标记如下：

钻孔

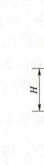

攻丝

图7-10 螺纹不通孔的画法

螺纹特征代号 公称直径×导程（螺距）旋向－中径公差带 顶径公差带－旋合长度代号

螺纹代号　　　　　　　　　公差带代号　　　旋合长度代号

普通螺纹代号是由螺纹特征代号、螺纹公称直径和螺距以及螺纹的旋向组成的。普通螺纹的牙型代号为 M，有粗牙和细牙之分，粗牙螺纹的螺距可省略不注。左旋螺纹旋向代号为 LH，右旋不标注旋向。

公差带代号由中径公差带和顶径公差带两组组成，它们都是由表示公差等级的数字和表示公差带位置的字母组成的。大写字母表示内螺纹，小写字母表示外螺纹。当中径和顶径的公差带代号相同时，只标注一次。

旋合长度分为短（S）、中（N）、长（L）三种，中等旋合长度最为常用。当采用中等旋合长度时，不标注旋合长度代号。

表 7-1　普通螺纹的标注

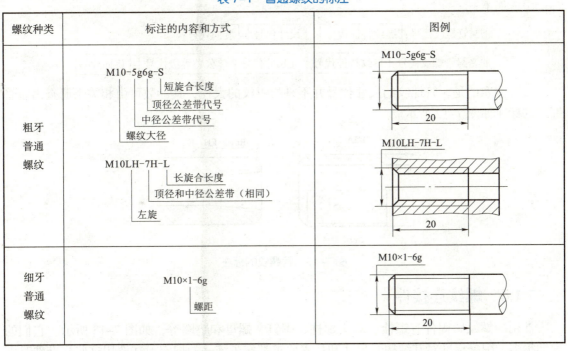

2. 梯形螺纹的标记

梯形螺纹的完整标记形式与普通螺纹相似，也是由螺纹代号、螺纹公差带代号和螺纹旋合长度代号三部分组成的，其格式如下：

螺纹特征代号　公称直径 × 导程（P螺距）旋向 — 中径公差带 — 旋合长度

梯形螺纹的特征代号用 Tr 表示，单线螺纹用"公称直径 × 螺距"表示，多线螺纹用"公称直径 × 导程（P螺距）"表示。当螺纹为左旋时，标注"LH"，右旋时不标注。其公差带代号只标注中径的，旋合长度只分中旋合长度和长旋合长度两种。当采用中等旋合长度时，不标注旋合长度代号，如图 7-11 所示。

例如，Tr50×16（P8）LH-7e-L，其含义为：

梯形外螺纹，公称直径 50 mm，导程 16 mm，螺距 8 mm，双线，左旋，中径公差带代号 7e，长旋合长度。

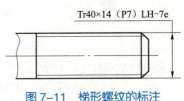

图 7-11　梯形螺纹的标注

例如，Tr40×7-7H，其含义为：

梯形内螺纹，公称直径 40 mm，螺距 7 mm，单线，右旋，中径公差带代号 7H，中等旋合长度。

3. 锯齿形螺纹的标记

锯齿形螺纹的特征代号为"B"，它的标注形式基本与梯形螺纹一致。

4. 管螺纹的标注

管螺纹分为螺纹密封管螺纹和非螺纹密封管螺纹。管螺纹的尺寸引线必须指向大径，其标记组成如下：

密封管螺纹代号：螺纹特征代号　尺寸代号－旋向代号

非密封管螺纹代号：螺纹特征代号　尺寸代号　公差等级代号－旋向代号

需要注意的是，管螺纹的尺寸代号并不是指螺纹的大径，其参数可由相关手册查出。管螺纹的标注如图 7-12 所示。

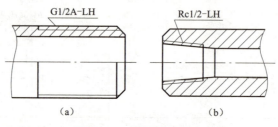

图 7-12　管螺纹的标注

7.1.4　螺纹连接件

常用的螺纹紧固件有螺栓、双头螺柱、螺钉、螺母和垫圈等，如图 7-13 所示。它们的种类很多，国家标准对其结构、尺寸和技术要求都作了统一的规定。在选用这些标准件时不必画出它们的零件图。

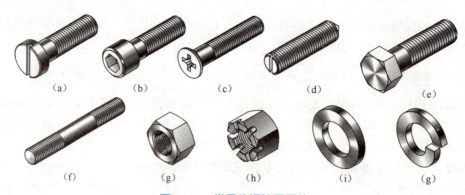

图 7-13　常用的螺纹紧固件

(a) 开槽盘头螺钉；(b) 内六角圆柱头螺钉；(c) 十字槽沉头螺钉；(d) 开槽锥端紧定螺钉；(e) 六角头螺栓；(f) 双头螺柱；(g) Ⅰ型六角螺母；(h) Ⅰ型六角开槽螺母；(i) 平垫圈；(j) 弹簧垫圈

常用螺纹紧固件连接的基本形式有螺栓连接、双头螺柱连接、螺钉连接等。

1. 螺栓连接

螺栓连接由螺栓、螺母、垫圈组成，用于连接较薄的并且能钻成通孔的零件。紧固件一般采用比例画法绘制，即以螺栓上螺纹的公称直径（大径 d）为基准，其余各部分的结构尺寸均按与公称直径成一定比例关系绘制。螺栓的长度则由下式计算

$$l \geqslant \delta_1 + \delta_2 + h + m + a$$

式中　　l——螺栓有效长度；

　　　δ_1，δ_2——被连接件的厚度（已知条件）；

　　　h——平垫圈厚度（根据标记查表）；

　　　m——螺母高度（根据标记查表）；

　　　a——螺栓末端超出螺母的高度，一般可取 $a = (0.2 \sim 0.4)d$。

按上式计算出的螺栓长度，还应根据螺栓的标准长度系列选取标准长度值。

螺栓连接的画法如图 7-14 所示。

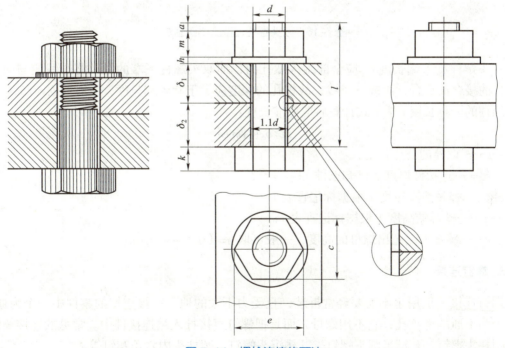

图 7-14　螺栓连接的画法

绘制螺纹紧固件的装配图时，应遵守下述基本规定：

（1）两零件接触表面画一条线，不接触表面画两条线。

（2）两零件邻接时，不同零件的剖面线方向应相反，或者方向一致、疏密不等。

（3）对于紧固件实心零件（如螺栓、螺母、垫圈、键、销和轴等），若剖切面通过它们的基准轴线，则这些零件都按照不剖绘制，仍画外形，需要时，则可采用局部剖视。在装配图中，螺栓连接可用简化画法：螺母、螺栓的六方倒角以及螺栓上螺纹端面的倒角均可省略不画。

2. 双头螺柱连接

双头螺柱连接常用于被连接件之一太厚而不能加工成通孔的情况。双头螺柱两端都有螺纹，其中一端全部旋入被连接件的螺孔内，称为旋入端，其长度用 b_m 表示；另一端穿过另一被连接件的通孔，加上垫圈，旋紧螺母，如图 7-15 所示。

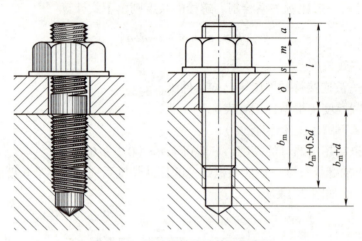

图 7-15　双头螺柱连接的比例画法

双头螺柱旋入端长度 b_m 应全部旋入螺孔内，即双头螺柱下端的螺纹终止线应与两个被连接件的接合面重合，画成一条线，故螺孔的深度应大于旋入端长度，一般取 $b_m + 0.5d$。

螺柱的公称长度 l 按下式计算后取标准长度：

$$l \geq \delta + s + m + a$$

式中　l——螺栓的公称长度；

　　　δ——连接件厚度（已知条件）；

　　　s——弹簧垫圈厚度（根据标记查表）；

　　　m——螺母的高度（根据标记查表）；

　　　a——螺柱末端超出螺母的高度，一般可取 $a = (0.2 \sim 0.4)d$。

3. 螺钉连接

螺钉连接一般用于不需要经常拆装，且受力不大的地方；被连接的零件中一个为通孔，另一个为不通的螺纹孔；它不用螺母，而是把螺钉直接拧入被连接件中。常见的连接螺钉有开槽圆柱头螺钉、开槽半圆头螺钉、开槽沉头螺钉、圆柱头内六角螺钉等。

b_m 为螺钉的旋入长度，其取值与螺柱连接相同。按上式计算出公称长度后再查表取标准值。

螺钉的螺纹终止线应画在两个被连接件的接合面之上，这样才能保证螺钉的螺纹长度与螺孔的螺纹长度都大于旋入深度，使连接牢固。

螺钉的公称长度计算如下：

$$l \geq \delta（通孔零件厚）+ b_m$$

螺钉连接的画法如图 7-16 所示。

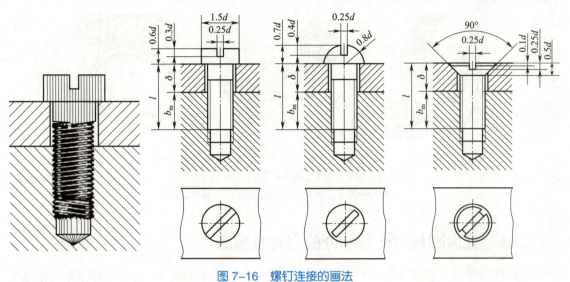

图 7-16　螺钉连接的画法

4. 紧定螺钉

紧定螺钉主要用于防止两个零件的相对运动。通常用锥端紧定螺钉限制轮和轴的相对位置，使它们不能产生轴向相对运动，如图 7-17 所示。

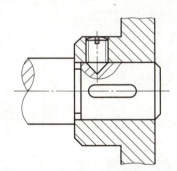

图 7-17　开槽锥端紧定螺钉连接

7.2　齿　轮

齿轮是机械传动中广泛应用的传动零件，它可以用来传递动力、改变转速和旋转方向。其具有传动稳定可靠、效率高、结构紧凑等特点。常见的传动齿轮传动形式有：圆柱齿轮传动——适用于两轴线平行的传动；圆锥齿轮传动——适用于两轴线相交的传动；蜗轮蜗杆传动——适用于两轴线垂直交叉的传动，如图 7-18 所示。直齿圆柱齿轮是工业中最常用的一种齿轮，其齿轮上的齿与圆柱素线方向一致。本节主要学习齿廓曲线为渐开线的标准直齿圆柱齿轮的有关知识和规定画法。

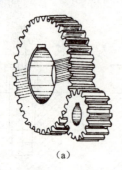  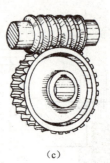

图 7-18　常见齿轮传动形式

（a）圆柱齿轮传动；（b）圆锥齿轮传动；（c）蜗轮蜗杆传动

7.2.1　直齿圆柱齿轮各部分的名称及参数

在圆柱齿轮上，垂直于齿轮轴线的平面称为端平面，直齿圆柱齿轮各部分参数均指端平面上的参数。标准直齿圆柱齿轮是指模数、齿形角、齿顶高系数、顶隙系数都为标准值，且分度圆上齿厚等于齿槽宽的直齿圆柱齿轮。

1. 直齿圆柱齿各部分名称及代号

直齿圆柱齿轮各部分名称及代号如图 7-19 所示。

齿顶圆（d_a）：由齿轮各轮齿顶部所围成的圆。

齿根圆（d_f）：由齿轮各轮齿根部所围成的圆。

分度圆（d）：分度圆是人为设定的一个假想的参考圆，用作设计、制造齿轮的基准，该圆上具有标准模数和标准压力角。

齿距（p）：相邻两轮齿在分度圆上所对应的弧长。

齿厚（s）：齿轮轮齿两侧在分度圆上所对应的弧长。

齿宽（b）：齿轮有齿部分沿分度圆柱面的直母线方向量度的宽度。

齿槽宽（e）：相邻轮齿近侧齿廓在分度圆上所对应的弧长。

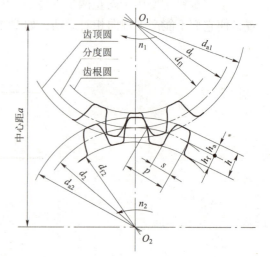

图 7-19　直齿圆柱齿轮各部分名称及代号

齿顶高（h_a）：分度圆至齿顶圆的径向距离。

齿根高（h_f）：分度圆至齿根圆的径向距离。

全齿高（h）：齿顶圆至齿根圆的径向距离。

中心距（a）：相啮合的一对齿轮两轴线间的距离。

2. 直齿圆柱齿轮的基本参数

1）齿数 z

齿数指齿轮整个圆周上轮齿的总数，用 z 表示。

172

2)模数 m

为便于设计制造、安装和互换性要求,人为地把分度圆上齿距与无理数的比值规定为标准值,称为齿轮的模数,用 m 表示,其单位为 mm。

$$m=\frac{p}{\pi} \text{ 或 } p=\pi m$$

$$s=e=\frac{p}{2}=\pi m/2$$

模数是齿轮几何尺寸计算的基础,齿轮的主要几何尺寸都与模数成正比,m 越大,则 p 越大,轮齿就越大,轮齿的抗弯能力也越强,所以模数 m 又是轮齿抗弯能力的重要标志。我国已规定了标准模数系列,见表 7-2。

表 7-2 渐开线圆柱齿轮模数(摘自 GB/T 1357—2008) 单位:mm

第一系列	1 1.25 1.5 2 2.5 3 4 5 68 10 12 16 20 25 32 40 50
第二系列	1.125 1.375 1.75 2.25 2.75 3.54.5 5.5(6.5)7 9(11)14 18 22 28 36 45

齿数相等的齿轮,齿轮的模数越大,齿轮的尺寸就越大,齿轮的轮齿也越大,承载能力越强,如图 7-20 所示。

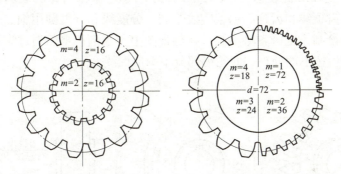

图 7-20 模数大小和齿轮尺寸大小的比较

3)压力角

指分度圆上的压力角,用 α 表示。国家规定的标准压力角 $\alpha=20°$。分度圆上压力角的大小对轮齿几何形状有影响,在分度圆半径不变的条件下,压力角大于 20° 时,r_b 减小,齿顶变尖,齿根变厚,承载能力增强,但传动较费力;压力角小于 20° 时,r_b 增大,齿顶变宽,齿根变细,承载能力降低。

只有模数和压力角都相同的齿轮才能相互啮合。在设计齿轮时要先确定模数和齿数,其他各部分尺寸都可由模数和齿数计算出来。标准直齿圆柱齿轮的计算公式如表 7-3 所示。

表 7-3 标准直齿圆柱齿轮的计算公式

各部分名称	代号	公式
分度圆直径	d	$d=mz$
齿顶高	h_a	$h_a=m$
齿根高	h_f	$h_f=1.25m$

续表

各部分名称	代号	公式
齿顶圆直径	d_a	$d_a=m(z+2)$
齿根圆直径	d_f	$d_f=m(z-2.5)$
齿距	p	$p=\pi m$
齿厚	s	$s=(1/2)\pi m$
中心距	a	$a=(d_1+d_2)/2=m(z_1+z_2)/2$

7.2.2 直齿圆柱齿轮的规定画法

1. 单个齿轮的画法

单个齿轮的表达一般只采用两个视图，主视图画成剖视图，且可采用半剖。投影为圆的视图应将键槽的位置和形状表达出来，如图 7-21 所示。单个齿轮的表达也可采用一个视图和一个局部视图。齿顶线和齿顶圆用粗实线绘制。分度线和分度圆用细点画线绘制。齿根线和齿根圆用细实线绘制，也可省略不画。在剖视图中，当剖切平面通过齿轮轴线时，齿根线用粗实线绘制，轮齿按不剖处理，即轮齿部分不画剖面线。

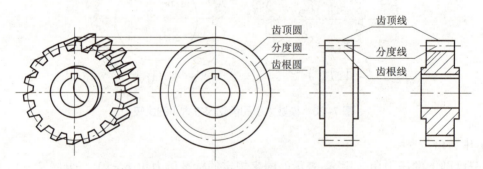

图 7-21 单个圆柱齿轮的画法

2. 圆柱齿轮啮合的画法

两标准齿轮相互啮合时，它们的分度圆处于相切位置，此时分度圆又称节圆。两齿轮啮合的画法如图 7-22 所示。在投影为圆的视图上，齿顶圆用粗实线绘制，分度圆用细点画线绘制，齿根圆不画。在投影不为圆的视图上，采用剖视图时，在啮合区域，一个齿轮的轮齿用粗实线绘制，另一个齿轮的轮齿按被遮挡处理，齿顶线用虚线绘制。在啮合区中，一个齿轮的齿顶线与另一个齿轮的齿根线之间有 0.25 m（模数）的间隙，如图 7-23 所示。

在齿轮零件图 7-24 中，不仅要表示出齿轮的形状、尺寸和技术要求，还要表示出制造齿轮所需的基本参数。

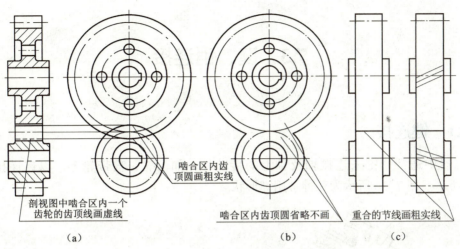

图 7-22 齿轮的啮合画法

（a）规定画法；（b）省略画法；（c）外形画法（直齿与斜齿）

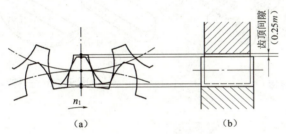

图 7-23 啮合齿轮的齿顶间隙

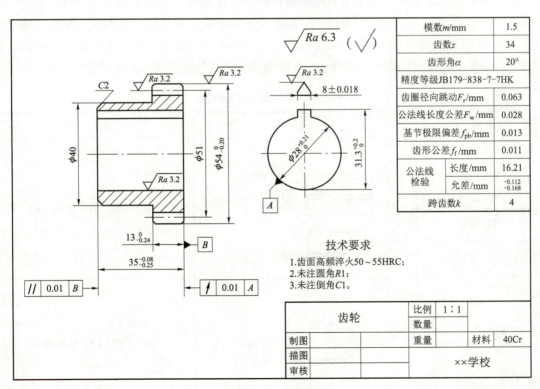

图 7-24 齿轮零件图

7.3 键、销连接

7.3.1 键连接

在机器中通常用键来连接轴及轴上的传动件，如齿轮、皮带轮等，以传递扭矩，如图 7-25 所示。图 7-26 所示为三种常用键形状。

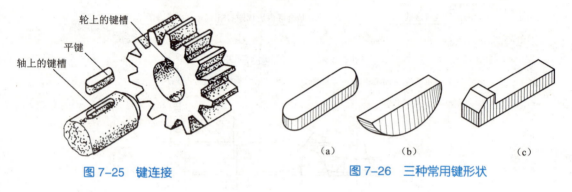

图 7-25 键连接　　　　　图 7-26 三种常用键形状

1. 键连接

键是用于连接的零件，通常用于连接轴和轴上的传动件，它的结构和尺寸已标准化，属于标准件。普通平键应用最广，按轴槽结构可分为圆头普通平键（A 型）、方头普通平键（B 型）和单圆头普通平键（C 型）三种形式，它的标记和画法如表 7-4 所示。选用时，根据轴径查标准手册选定键宽 b 和键高 h，再根据轮毂长度选定长度 L 的标准值。

表 7-4　常用键形式和标记

名称	图例	规定标记示例
普通平键		GB/T 1096—2003 键 $b \times h \times L$
半圆键		GB/T 1099—2003 键 $b \times h \times L$

第7章 常用件与标准件

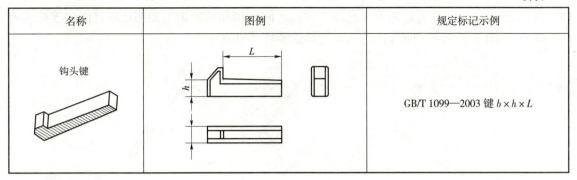

续表

名称	图例	规定标记示例
钩头键		GB/T 1099—2003 键 $b \times h \times L$

2. 键连接的画法及尺寸标注

在采用键连接时，轴和轮的零件图上都应画出键槽，并应标注出尺寸。

画普通平键连接图时，一般采用一个主视图和一个左视图来表达它们的装配关系，如图 7-27 所示。在主视图中，键和轴均按不剖来绘制。为了表达键在轴上的装配情况，主视图又采用了局部剖。在左视图上，键的两个侧面是工作面，只画一条线。键的顶面与键槽顶面不接触，应画两条线。

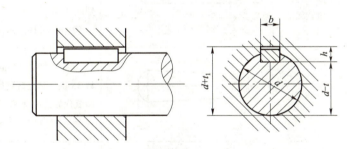

图 7-27 普通平键连接画法

半圆键连接的画法如图 7-28 所示。钩头楔键的底面和轮毂的底面都有 1∶100 的斜度，连接时将键打入槽内，键的顶面与毂槽底面接触，画图时只画一条线，如图 7-29 所示。

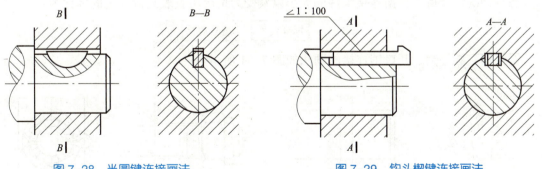

图 7-28 半圆键连接画法　　　图 7-29 钩头楔键连接画法

7.3.2 销连接

销是常用的标准件，通常用于固定零件之间的相对位置，起连接、定位或防松的作用；

也可用于轴与轮毂的连接，传递不大的载荷，还可作为安全装置中的过载剪断元件。常用的销有圆柱销、圆锥销和开口销等（见图7-30），圆柱销和圆锥销主要用于零件间的连接或定位；开口销用来防止连接螺母松动或固定其他零件（见表7-5）。

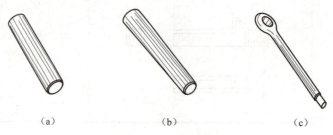

（a） （b） （c）

图 7-30 常用销

（a）圆柱销；（b）圆锥销；（c）开口销

表 7-5 销的形式、标准、画法及标记

名称	标准号	图例	标记示例
圆柱销	GB/T 119—2000		公称直径 $d=8$ mm、长度 $l=18$ mm、材料35钢、热处理 28～38HRC、表面氧化处理的A型圆柱销： 销 GB/T 119—86 A8×18
圆锥销	GB 117—2000		公称直径 $d=10$ mm、长度 $l=60$ mm、材料35钢、热处理硬度为 28～38 HRC、表面氧化处理的A型圆锥销： 销 GB/T 117—86 A10×60
开口销	GB 91—2000		公称直径 $d=5$ mm、长度 $l=50$ mm、材料为低碳钢不经表面处理的开口销： 销 GB/T 91—86 5×50

各种销的尺寸可以根据连接零件的大小以及受力情况由查表获得。销的标记为：

名称　标准代号　型号规格

圆锥销、圆柱销、开口销连接的画法如图7-31所示。

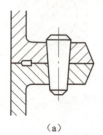 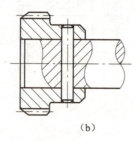 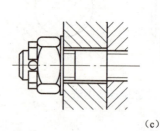 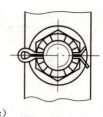

（a） （b） （c）

图 7-31 销连接的画法

（a）圆锥销；（b）圆柱销；（c）开口销

7.4 滚动轴承、弹簧

7.4.1 滚动轴承

滚动轴承是用来支承转动轴的标准部件，它可以大大减小轴与孔相对旋转时的摩擦力，且具有效率高、结构紧凑等优点，在各种机器、仪表等产品中得到了广泛应用。

1. 滚动轴承的结构和类型

滚动轴承的结构一般由以下四部分组成：
（1）外圈：装在机体或轴承座内，一般固定不动。
（2）内圈：装在轴上，与轴紧密配合且随轴转动。
（3）滚动体：装在内外圈之间的滚道中，有滚珠、滚柱、滚锥等类型。
（4）保持架：用来均匀分隔滚动体，防止滚动体之间相互摩擦与碰撞。
滚动轴承的类型按承受载荷的方向可分为三类：
（1）向心轴承：适于承受径向载荷，图7-32（a）所示为深沟球轴承。
（2）推力轴承：适于承受轴向载荷，图7-32（b）所示为推力球轴承。
（3）向心推力轴承：用于同时承受径向载荷和轴向载荷，图7-33（c）所示为圆锥滚子轴承。

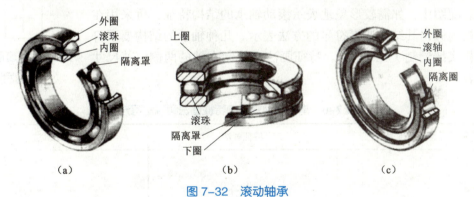

图7-32 滚动轴承

（a）深沟球轴承；（b）推力球轴承；（c）圆锥滚子轴承

2. 滚动轴承代号

滚动轴承的种类很多，为了便于选用，国家标准规定用代号来表示滚动轴承。代号是用字母加数字来表示轴承结构、尺寸、公差等级、技术性能等特征的产品符号。国家标准GB/T 272—2017规定，轴承的代号由基本代号、前置代号和后置代号三部分组成，各部分的排列如下：

| 前置代号 | 基本代号 | 后置代号 |

基本代号表示轴承的基本类型、结构和尺寸，是轴承代号的基础。基本代号由类型代

号、尺寸系列代号、内径代号构成，并按此顺序排列，其中类型代号用阿拉伯数字或大写拉丁字母表示不同类型的轴承。尺寸系列代号和内径代号用数字表示，由两位数字组成，前一位数字代表宽度系列（向心轴承）或高度系列（推力轴承），后一位数字代表直径系列。尺寸系列表示内径相同的轴承可具有不同的外径，而同样的外径又有不同的宽度（或高度），由此用以满足各种不同要求的承载能力。内径代号表示轴承公称内径的大小，用数字表示。

例：轴承 2 32 24：

2—类型代号，调心滚子轴承；32—尺寸系列代号；24—内径代号，d=120 mm。

例：轴承 6208-2Z/P6：

6—类型代号，深沟球轴承；2—尺寸系列代号；08—内径代号，d=40 mm；2Z—轴承两端面带防尘罩；P6—公差等级符合标准规定 6 级。

3. 滚动轴承的画法

滚动轴承是标准组件，一般不单独绘出零件图，国标规定其在装配图中采用简化画法和规定画法来表示，其中简化画法又分为通用画法和特征画法两种。

1）滚动轴承的通用画法

在装配图中，当不需要确切地表示滚动轴承的外形轮廓、载荷特性、结构特征时，可采用通用画法来表示，即在轴的两侧用粗实线矩形线框及位于线框中央正立的十字形符号表示（用粗实线绘制），十字形符号不应与线框接触。其尺寸比例如图 7-33 所示。

2）滚动轴承的特征画法和规定画法

在装配图中，如需较形象地表示滚动轴承的结构特征，可采用在矩形线框内画出其结构要素符号的方法表示。几种轴承的结构要素符号（用粗实线绘制）见表 7-6。特征画法应绘制在轴的两侧，其尺寸比例见表 7-6。

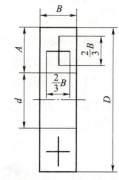

图 7-33　滚动轴承的通用画法

表 7-6　常用滚动轴承的特征画法和规定画法

轴承类型及标准号	特征画法	规定画法
深沟球轴承（60000 型） GB/T 276—2013		

续表

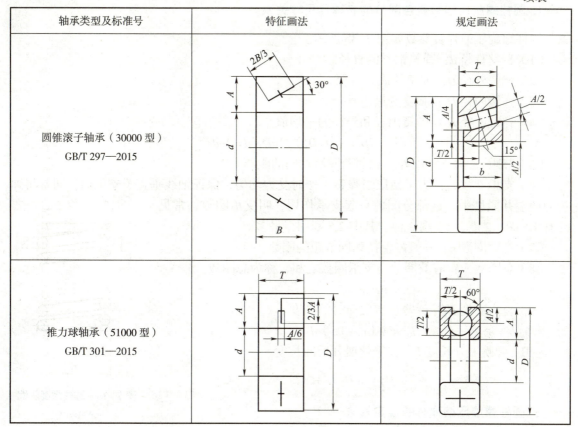

在滚动轴承的产品图样、产品样本、产品标准、用户手册和使用说明中，可采用规定方法。规定画法一般绘制在轴的一侧，另一侧按通用画法绘制。规定画法的尺寸比例见表 7-6。采用规定画法绘制剖视图时，轴承的滚动体不画剖面线，其各套圈等可画方向和间隔相同的剖面线。在不致引起误解时，剖面线允许省略。

7.4.2 弹簧

弹簧是一种起减震、测力和夹紧等作用的常用件。常见的有螺旋弹簧和涡卷弹簧等。根据受力情况不同，螺旋弹簧又可分为压缩弹簧、拉伸弹簧和扭转弹簧等，常用的各种弹簧如图 7-34 所示。弹簧的用途很广，这里只介绍圆柱螺旋压缩弹簧。

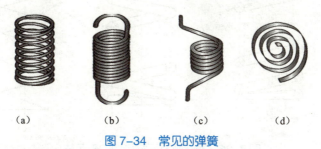

图 7-34　常见的弹簧

（a）压缩弹簧；（b）拉伸弹簧；（c）扭转弹簧；（d）蜗卷弹簧

1. 圆柱螺旋压缩弹簧各部分的名称及尺寸关系

圆柱螺旋压缩弹簧参数如图 7-35 所示。

（1）簧丝直径 d：弹簧钢丝的直径。

（2）弹簧外径 D：弹簧的最大直径。

（3）弹簧内径 D_1：弹簧的最小直径。

（4）弹簧中径 D_2：弹簧内径和外径的平均值。

$$D_2=(D+D_1)/2=D_1+d=D-d$$

（5）节距 t：除支承圈外，相邻两圈沿轴向的距离。

（6）支承圈数 n_0：为了使压缩弹簧工作时受力均匀，保证轴线垂直于支承面，通常将弹簧的两端并紧磨平。这部分圈数只起支承作用，叫支承圈数，常见的有 1.5 圈、2 圈、2.5 圈 3 种。其中 2.5 圈用得最多。

（7）有效圈数 n：弹簧能保持相同节距的圈数。

（8）总圈数 n_1：有效圈数与支承圈数之和，称为总圈数。

$$n_1=n+n_0$$

（9）自由高度 H_0：弹簧没有负荷时的高度。

$$H_0=nt+(n_0-0.5)d$$

（10）弹簧展开长度 L：弹簧丝展开后的长度。

$$L\approx n_1\sqrt{(\pi D_2)^2+t^2}$$

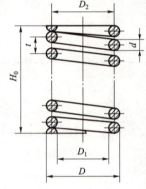

图 7-35　圆柱螺旋压缩弹簧参数

2. 圆柱螺旋压缩弹簧的规定画法

螺旋弹簧可用视图或剖视图表示。国家标准（GB/T 4459.4—2003）对螺旋弹簧的画法作如下规定。

（1）在平行于螺旋弹簧轴线的投影面的视图中，其各圈的轮廓应画成直线。

（2）有效圈数在 4 圈以上时，可以每端只画出 1～2 圈（支承圈除外），其余省略不画。

（3）螺旋弹簧均可画成右旋，但左旋弹簧不论画成左旋还是右旋，一律要注意写旋向"左"字。

（4）螺旋压缩弹簧如果要求两端并紧且磨平，则不论支承圈多少，均按照支承圈为 2.5 圈绘制，必要时也可按支承圈的实际结构绘制。

弹簧的表达方法有剖视、视图和示意画法，如图 7-36 所示。绘制视图时应注意弹簧螺旋方向。

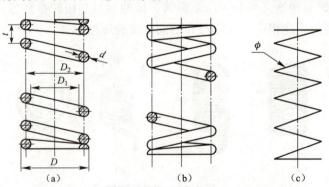

图 7-36　圆柱螺旋压缩弹簧的表示法

（a）剖视；（b）视图；（c）示意画法

3. 圆柱螺旋压缩弹簧的画图步骤

已知圆柱螺旋压缩弹簧的中径 $D_2=38$ mm，簧丝直径为 6 mm，节距 $t=11.8$ mm，有效圈数 $n=7.5$，支承圈数 $n_0=2.5$，右旋，试画出弹簧的轴向剖视图。

弹簧外径：

$$D=D_2+d=38+6=44\text{（mm）}$$

自由高度：

$$H_0=nt+(n_0-0.5)d=7.5\times11.8+(2.5-0.5)\times6=100.5\text{（mm）}$$

画图步骤如图 7-37 所示。

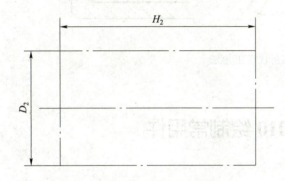

(a)

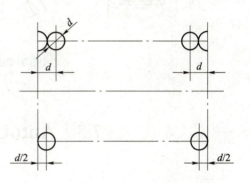

(b)

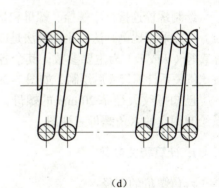

(d)

图 7-37 弹簧画图步骤

4. 弹簧在装配图中的画法

在装配图中，弹簧的画法要注意以下几点：

（1）弹簧被挡住的结构一般不画，其可见部分应从弹簧的外径或中径画起，如图 7-38（a）所示。

（2）螺旋弹簧被剖切时，允许只画簧丝剖面。当簧丝直径小于或等于 2 mm 时，其剖面可涂黑表示，如图 7-38（b）所示。

（3）当簧丝直径小于或等于 2 mm 时，允许采用示意画法，如图 7-38（c）所示。

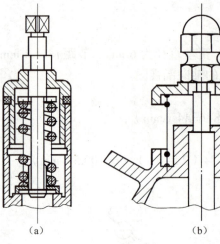

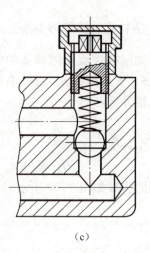

图 7-38　弹簧在装配图中的画法

7.5　AutoCAD 2010 绘制常用件

7.5.1　AutoCAD 2010 绘制螺纹连接件

绘制螺栓连接件中螺栓、螺母和垫圈的视图时，一般采用比例画法。比例画法是以螺纹的公称直径（d 或 D）为主要参数，其余各部分结构按比例关系计算尺寸后绘制，如图 7-39 所示。

已知螺纹大径 $d=20$ mm 的螺母，根据比关系绘制相应的六角螺母三视图。

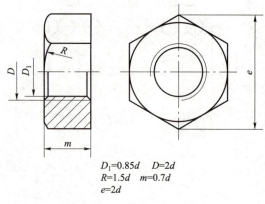

$D_1=0.85d$　$D=2d$
$R=1.5d$　$m=0.7d$
$e=2d$

图 7-39　螺母的比例画法

1. 计算相关参数

六角螺母的直径：

$$D=2d=40 \text{ mm}$$

六角螺母的内螺纹小径：

$$D_1=0.85\,d=0.85 \times 20=17 \text{（mm）}$$

六角螺母的高度：

$$m=0.8\,d=0.8 \times 20=16 \text{（mm）}$$

六角螺母主视图圆弧交线半径：

$$R=1.5\,d=1.5 \times 20=30 \text{（mm）}$$

2. 设置图形界限

新建图形文件，设置图纸幅面为 A5 图纸，执行"格式"—"图形界限"菜单命令，相关命令提示见表 7-7。

表 7-7　设置图形界限

命令操作步骤	说明
命令：_Limits 重新设置模型空间界限 指定左下角点或［开（ON）/关（OFF）］ <0.0000，0.0000>： 指定左上角点 <420.0000，297.0000>：210，148	直接回车确认或者输入坐标（0，0）后回车 输入坐标（210，148）

3. 放大图形界面，全屏显示

命令提示行输入 Zoom（缩放）命令并回车，相关提示见表 7-8。

表 7-8　放大图形界面

命令操作步骤	说明
命令：_Zoom 指定窗口的角点，输入比例因子（nX 或 nXP），或者［全部（A）/中心（C）/动态（D）/范围（E）/上一个（P）/比例（S）/窗口（W）/对象（O）］<实时>：a 正在重新生成模型	

4. 设置图层

由于六角螺母比较简单，故分别设置两个图层即可，即"实线"图层和"点划线"图层。

选择"点划线"图层，单击"置为当前图层"按钮，并将实线图层设置为当前工作图层，在该图层上绘制点画线，如图 7-40 所示。

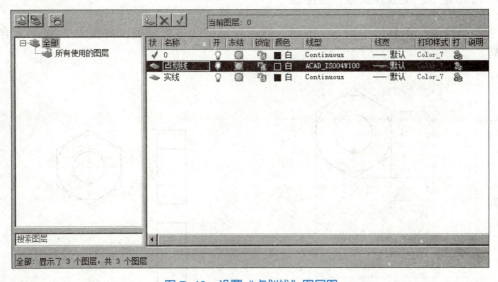

图 7-40　设置"点划线"图层图

5. 绘制基准线和辅助斜线

在"点划线"图层上用直线命令绘制图 XX 基准线和辅助斜线，如图 7-41 所示。

6. 绘制左视图

单击"绘图"工具栏中的 按钮，绘制一个正六边形。执行"绘图"—"圆"—"相切、相切、相切"命令，绘制正六边形的内切圆，如图 7-42 所示。

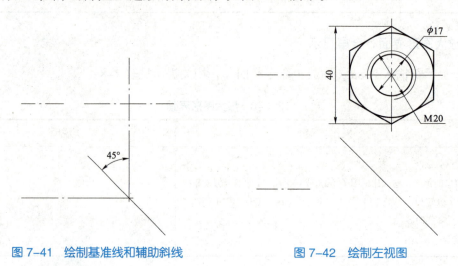

图 7-41　绘制基准线和辅助斜线　　　　图 7-42　绘制左视图

7. 绘制主、俯视图

采用 Line（直线）命令绘制如图 7-43 所示的辅助线和投影线。单击"修改"工具栏中的 按钮，将垂直线辅助线分别水平偏移 16 mm 和 3 mm，如图 7-43 所示。

8. 绘制矩形、交线并删除多余图线

单击"修改"工具栏中的 按钮，然后对辅助线进行修剪，并按图 7-44 所示删除多余图线。

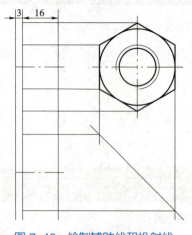
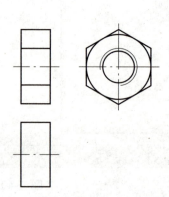

图 7-43　绘制辅助线和投射线　　　　图 7-44　绘制矩形、交线并删除多余图线

9. 绘制主、俯视图

在绘图区任意一位置绘制一个半径 $R=30$ 的圆，移动圆，使其象限点与中心线交点重合，并修剪多余图线。过主视图圆弧一个端点绘制垂直辅助线，并在俯视图对应位置作出垂直辅助线，如图 7-45（a）所示。找出中点位置，并采用三点画圆弧的方式分别绘制主俯视图上的两段圆弧，如图 7-45（b）所示。

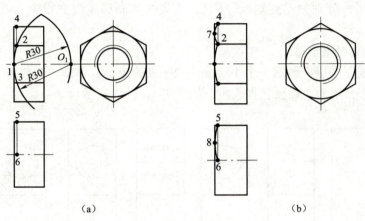

图 7-45　绘制辅助圆和辅助线

利用主视图上方圆弧作 30° 倒角，如图 7-46 所示。

10. 镜像

对主视图和俯视图中的倒角及圆弧进行镜像，修剪并删除多余图线，标注尺寸，如图 7-47 所示，完成六角螺纹三视图绘图。

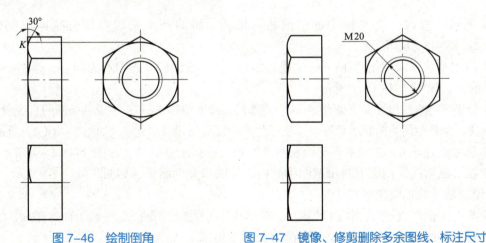

图 7-46　绘制倒角　　　　图 7-47　镜像、修剪删除多余图线、标注尺寸

7.5.2　AutoCAD 2010 绘制滚动轴承

滚动轴承是标准件，不需要画零件图，在装配图中一般采用简化画法或示意画法。画图时要先根据轴承代号通过国家标准查出相关数据，然后按规定画出。

滚动轴承剖视图轮廓应按照外径 D、内径 d、宽度 B 等实际绘制。轮廓内可采用简化画法或示意画法。在装配图中，如果需要详细表达滚动轴承的结构，则采用简化画法，否则可采用示意画法。

已知单列向心球轴承为 GB/T 276—2013 型，重（4）窄系列，轴承型号为 404，通过查表得知 $d=20$ mm、$D=72$ mm、$B=19$ mm、$r=1.1$ mm（过渡圆角半径），用简化画法绘制单列向心球轴承。

1. 新建图层

新建 3 个图层，分别为"点划线"图层、"实线"图层（线宽设置为 0.3 mm）、"剖面线"图层。

2. 绘制轴承剖视图轮廓

（1）在"实线"图层下绘制一个 19 mm × 72 mm 的矩形。单击"修改"工具标中的"分解"按钮，将矩形分解为 4 条独立直线段，如图 7-48（a）所示。

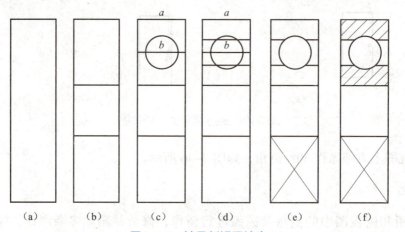

图 7-48　轴承剖视图轮廓

（2）通过"修改"工具标中的"偏移"按钮，将两条水平轮廓线分别向内侧偏移 26 mm，如图 7-48（b）所示。

（3）将水平线 a 向下偏移 13 mm 生成直线段 b，以直线段 b 的中点为圆心，绘制一个半径为 6.5 的圆，如图 7-48（c）所示。

（4）分别再将直线段 a 向下偏移 8 mm、直线段 b 向下偏移 5 mm，生成两条新的直线段（因为简化画法，偏移距离为简画示意取值，实际生产中需要由设计决定），如图 7-48（d）所示。

（5）删除直线段 b，在轴承下部绘制两条对角线进行示意简画，如图 7-48（e）所示。

（6）在"剖面线"图层下对示意图中的内、外圈填充剖面线，如图 7-48（f）所示。

3. 绘制轴承的轴向视图

（1）将"点划线"设置为当前工作图层，根据轴承剖视图绘制轴线，并画出轴向视的中心线。

（2）以中心线交点为圆心，绘制半径为 23 mm 的圆。

（3）将"实线"设置为当前工作图层，以中心线交点为圆心，分别绘制半径为 36 mm、10 mm、28 mm 和 18 mm 的圆，如图 7-49（a）所示。

（4）在"点划线"图层中，以中心线交点为起点，绘制 45° 斜线段。在"实线"图层中，斜线段与滚珠的中心线交点为圆心，绘制半径为 6.5 mm 的滚珠，如图 7-49（b）所示。

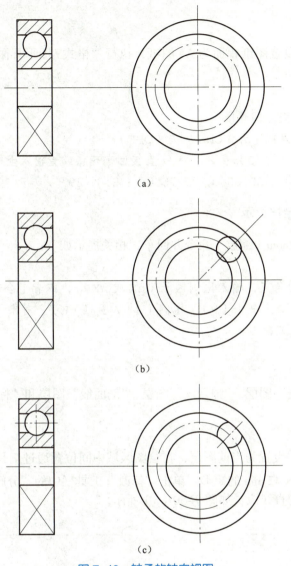

图 7-49 轴承的轴向视图

(5)修剪"滚珠"及图线完成轴承的轴向视图,如图 7-49(c)所示。

7.5.3 AutoCAD 2010 绘制螺旋压缩弹簧

已知螺旋压缩弹簧的簧丝直径 $d=8$ mm,弹簧外径 $D=50$ mm,节距 $t=12$ mm,有效圈数 $n=8$ mm,支承圈数 $n_0=1.5$,左旋,画出该螺旋压缩弹簧的视图。

1. 计算相关参数

弹簧中径:

$$D_2=D-d=42 \text{ mm}$$

自由高度:

$$H_0=nt+(n_0-0.5)d=104 \text{ mm}$$

2. 设置图形界限

新建图形文件，设置图纸幅面为 A4 图纸，执行"格式 / 图形界限"菜单命令，相关命令提示如下操作：

命令：_Limits
　　重新设置模型空间界限
　　指定左下角点或 [开（ON）/ 关（OFF）]
　　<0.0000, 0.0000>：✓　　　 // 直接回车确认或者输入坐标（0，0）后回车
　　指定左上角点 <420.0000, 297.0000>：210, 297 ✓　// 输入坐标（210, 297）

3. 放大图形界面全屏显示

命令提示行输入 Zoom（缩放）命令并回车，相关提示如下：

命令：_Zoom
　　指定窗口的角点，输入比例因子（nX 或 nXP），或者 [全部（A）/ 中心（C）/ 动态（D）/ 范围（E）/ 上一个（P）/ 比例（S）/ 窗口（W）/ 对象（O）]< 实时 >：a ✓
　　正在重新生成模型

4. 设置图层

分别设置"辅助线"图层、"弹簧丝"图层、"剖面线"图层和"标注"图层。

5. 绘制辅助线

将"辅助线"图层设置为当前图层，在绘图区域中间位置通过工具栏上的"矩形"命令按钮绘制一个 104 mm × 42 mm 的矩形。单击"修改"工具栏中的"分解"命令按钮 ，将矩形分解为 4 条独立的直线段，如图 7-50（a）所示。

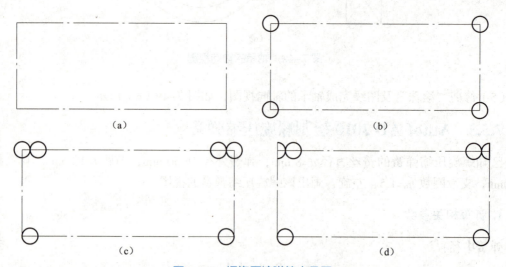

图 7-50　螺旋压缩弹簧支承圈

6. 绘制弹簧的支承圈部分

将"弹簧丝"图层设置为当前图层，以矩形的 4 个顶点为圆心，分别绘制 4 个直径为 8 mm 的圆，如图 7-50（b）所示。

将上边的两个圆分别向中间水平复制 8 mm，再将下边的两个圆分别向中间水平移动 4 mm，如图 7-50（c）所示。单击"修改"工具栏中的 按钮，延伸两条垂直辅助线，这样便于对支承圈进行修改。单击"修改"工具栏中的 按钮，修剪两端被磨平的弹簧丝，结果如图 7-50（d）所示。

7. 绘制弹簧的有效圈数部分

将圆 1 水平向右复制 12 mm 生成圆 3，将圆 2 水平向左复制 12 mm 生成圆 4，如图 7-51（a）所示；分别绘制一条连接圆 1、圆 3 以及圆 2、圆 4 顶部象限的直线段，如图 7-51（b）所示。

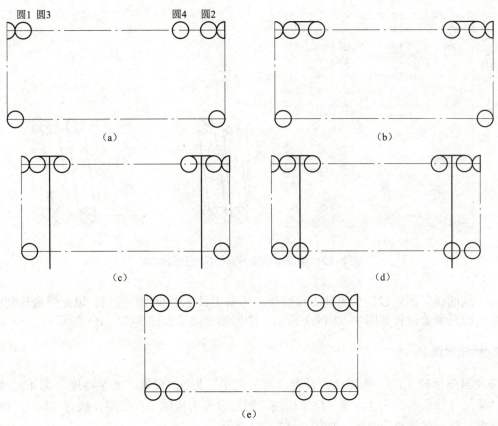

图 7-51 螺旋压缩弹簧有效圈数

将以上绘制的两条直线的中点作为起点，向下绘制两条垂直线，注意要与下边的水平辅助线相交，如图 7-51（c）所示。将以上绘制的两条垂直直线与水平辅助线的交点为圆心，分别绘制两个直径为 8 mm 的圆，如图 7-51（d）所示。

如图 7-51（e）所示，先删除 4 条辅助直线，然后将圆 1 水平向左复制 12 mm，完成弹簧有效圈数部分的绘制。

8. 按右旋方向作相应的公切线及剖面线

如图7-52（a）所示，绘制圆的公切线。接下来绘制剖面线，为方便绘图，可将"辅助线"图层隐藏，单击"图层"工具栏中的下拉按钮，在弹出的图层下拉列表中单击"辅助线"图层前面的"开"按钮，隐藏图层，即在绘图区不可见，如图7-52（b）所示。

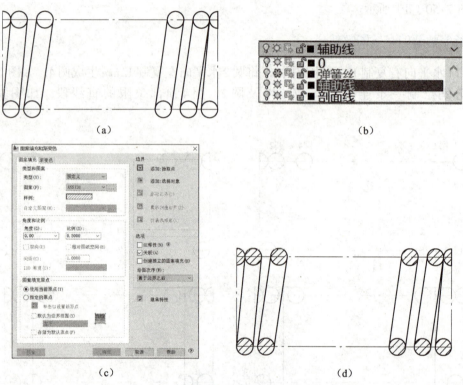

图7-52　螺旋压缩弹簧有公切线及剖面线

将"剖面线"图层设置为当前工作图层，单击工具栏中的 按钮，填充弹簧丝剖面的剖面线，填充参数设置如图7-52（c）所示，图形填充效果如图7-52（d）所示。

9. 标注弹簧

修改当前标样式的一些属性，设置"箭头大小"为5，设置"文字高度"为4.5，设置文字"从尺寸线偏移"为1。将"尺寸标注"图层设置为当前工作图层，执行"标注/线性"菜单命令，标注弹簧自由高度，如图7-53（a）所示。

在实际生产过程中，由于允许弹簧自由高度有一个"公差"，所以需要通过"特性"面板标注出"公差"。选中上一步标注的尺寸，按［Ctrl］+［1］组合键，打开"特性"面板，在"公差"选项组中设置参数，如图7-53（b）、（c）所示。

执行"标注/线性"菜单命令，标注弹簧外径，具体操作如图7-54所示。

弹簧尺寸标注见表7-9。

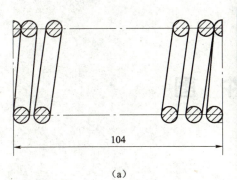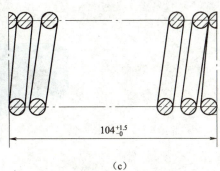

(a)   (b)   (c)

图 7-53　螺旋压缩弹簧尺寸标注

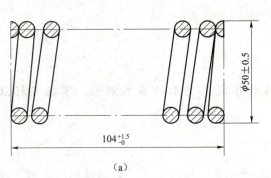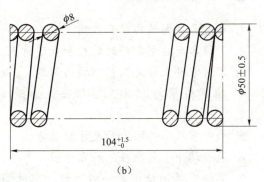

(a)   (b)

图 7-54　螺旋压缩弹簧尺寸标注

表 7-9　弹簧尺寸标注

命令操作步骤	说明
命令：_Dimlinear 指定第一个尺寸界线原点或 <选择对象>： 指定第二条尺寸界线原点： 指定尺寸线位置或 [多行文字（M）/文字（T）/角度（A）/水平（H）/垂直（V）/旋转（R）]：t 输入标注文字 <50>：%%C50%%p0.5 指定尺寸线位置或 [多行文字（M）/文字（T）/角度（A）/水平（H）/垂直（V）/旋转（R）]： 执行"标注/线性"菜单命令，标注弹簧的直径，具体操作如图 7-46（e）所示。 命令：_Dimdiameter 选择圆弧或圆： 标注文字 =8 指定尺寸线位置或 [多行文字（M）/文字（T）/角度（A）]：	捕捉圆弧的端点 捕捉圆弧的象限点 输入标注文字 在适当位置拾取一点，标注文字 =50 单击表示弹簧的圆 在适当位置拾取一点

第 8 章 零件图

学习目标

1. 熟悉零件图的内容和作用。
2. 了解各类典型零件的结构和表达特点。
3. 了解零件上常见工艺结构的用途。
4. 理解极限与配合、形位公差和表面结构等技术要求的基本概念,掌握其标注方法。
5. 初步掌握零件图上的尺寸标注方法。
6. 能识读中等复杂程度的零件图。
7. 掌握零件图绘制的一般过程,零件图中尺寸公差、形位公差、表面结构的注写,并能绘制中等复杂程度的零件图。

8.1　认识零件图及视图选择

8.1.1　零件图的作用

一台机器是由若干个零件按一定的装配关系和技术要求装配而成的,我们把构成机器的最小单元称为零件。如图 8-1 所示的齿轮泵就是由齿轮、轴、螺母、螺栓、箱体等若干零件组成的。

图 8-1　齿轮泵轴测分解图

零件图是表达单个零件的机械图样,它是生产和检验零件的依据,是设计和生产部门的重要技术文件,如图 8-2 所示。

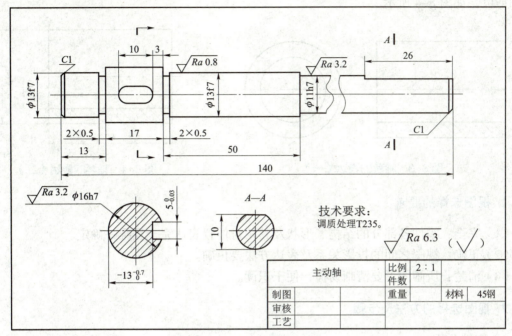

图 8-2 主动轴零件图

8.1.2 零件图的内容

由图 8-2 所示主动轴的零件图可见,一张零件图应包括下列内容。

1. 一组视图

用恰当的视图、剖视图、断面图等,完整、清晰地表达零件各部分的结构形状。

2. 完整的尺寸

零件制造和检验所需的全部尺寸。所标注的尺寸必须正确、完整、清晰、合理。

3. 技术要求

零件制造和检验应达到的技术指标。除用文字在图纸空白处书写出技术要求外,还有用符号表示的技术要求,如表面结构、尺寸公差和几何公差等。

4. 标题栏

位于图纸的右下角,标题栏中填写零件基本信息及必要签署。

8.1.3 零件的视图表达

为满足生产的需要,零件图的一组视图应视零件的功用及结构形状的不同而采用不同的视图及表达方法。

例如，轴套用两个视图即可表达清楚，如图8-3所示。如果加上尺寸标注，只需要一个视图即可，如图8-4所示。

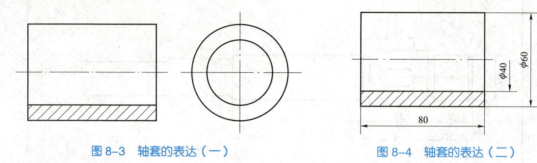

图8-3 轴套的表达（一）　　　　　　图8-4 轴套的表达（二）

1. 视图选择的要求

（1）完全：零件各部分的结构、形状及其相对位置表达完全且唯一确定。

（2）正确：视图之间的投影关系及表达方法要正确。

（3）清楚：所画图形要清晰易懂，便于识读。

2. 视图选择的方法及步骤

1）零件分析

要表达一个零件，首先要了解该零件在机器或部件中的作用、位置和加工方法，然后要对该零件进行形体分析和结构分析，分析零件的内、外部形状，以及各部分之间的相对位置，找出各部分的特征和要表达的关键。

2）选择主视图

主视图是一组图形的核心。主视图在表达零件结构形状及画图和看图中起着关键作用，因此，应把主视图的选择放在首位。选择主视图时，应考虑以下几个方面：

形状特征原则：主视图应以能够尽可能多地反映零件各部分形状及组成零件各功能部分的相对位置作为视图的投射方向，以便于设计和读图。

工作位置原则：主视图的表达应尽量与零件的工作位置一致，以便于想象零件在机器中的工作状况，方便阅读零件图。像叉架、箱体等零件，由于结构形状比较复杂，加工面较多，并且需要在各种不同的机床上加工。因此，这类零件的主视图应该按该零件在机器中的工作位置画出，以便于按图装配，如图8-5所示。

加工位置原则：为便于工人生产，主视图所表示的零件位置应与零件在主要工序中的装夹位置保持一致，以便于加工时读图形、看尺寸。轴、套、轮、盖等零件的主视图，一般按车削加工位置画出。

3）选择其他视图

对于结构形状较复杂的零件，主视图还不能完全地反映其结构形状，必须选择其他视图包括剖视图、断面图、局部放大图，以及简化画法等各种表达方法，与主视图共同表达零件。

选择其他视图的原则：在完整、清晰地表达零件内、外结构形状的前提下，尽量减少图形数量，以方便画图和看图。如图8-6（a）所示的轴承端盖，其主视图为全剖视图，四周均

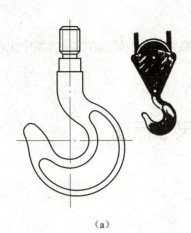
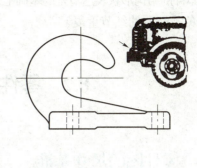

图 8-5 主视图的选择

（a）吊钩；（b）前拖钩

匀分布的螺孔采用简化画法来表达，省去了左视图。如图 8-6（b）所示的轴，除主视图外，又采用了两处移出断面图、一处局部视图、一处局部剖视图和两处局部放大图来表达销孔、键槽和退刀槽等局部结构。

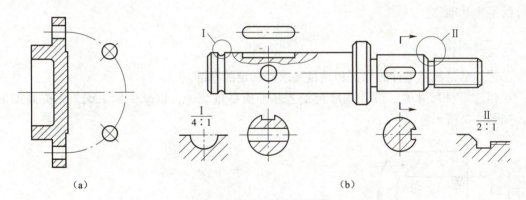

图 8-6 其他视图的选择

总之，在选择视图时，要目的明确、重点突出，使所选择的视图完整、清晰、数量适当，做到既作图简便，又便于看图。对于同一零件，通常可有几种表达方案，且往往各有优缺点，需全面地分析、比较。

3. 视图选择应注意的问题

在选择表达某一零件的视图时，应注意以下几个方面：

（1）优先选用基本视图。

（2）对于内、外形的表达，可以作如下考虑：内形复杂、外形比较简单的零件，可以采取全剖视图；内、外形都比较复杂的，需相互兼顾，在不影响清楚表达的前提下，可以采取半剖视图或局部剖视图。

（3）尽量不用虚线表示零件的轮廓线，但是当用少量虚线可节省视图数量而又不在虚线上标注尺寸时，可适当采用虚线。

（4）选择最佳表达方案。择优选择的原则是：
① 在零件的结构形状表达清楚的基础上，视图的数量越少越好，在多种方案中比较、择优。
② 避免不必要的细节重复。

8.2　零件图的尺寸标注

8.2.1　零件图的尺寸基准

尺寸基准是确定零件上尺寸位置的几何元素，是测量或标注尺寸的起点。通常将零件上的一些面（主要加工面、两零件的接合面、对称面）和线（轴、孔的轴线、对称中心线等）作为尺寸基准。根据基准在生产过程中的作用不同，一般将基准分为设计基准和工艺基准。

1. 设计基准

设计基准是根据零件的结构和设计要求而选定的基准，如轴、盘类零件的轴线。它也是零件的主要基准。

2. 工艺基准

工艺基准是根据零件的加工和测量要求而选定的基准。

在标注零件尺寸时，设计基准与工艺基准应尽量统一，以减少加工误差，提高加工质量，如图8-7所示。

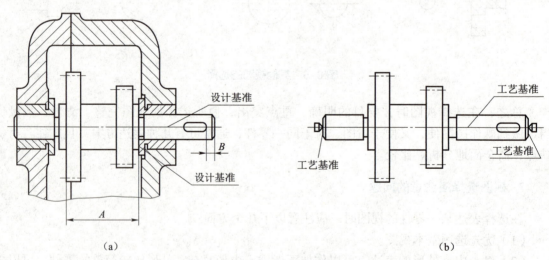

图 8-7　零件的尺寸基准（一）
(a) 设计基准；(b) 工艺基准

零件的长、宽、高三个方向上都各有一个主要基准，还可有辅助基准，如图8-8所示。

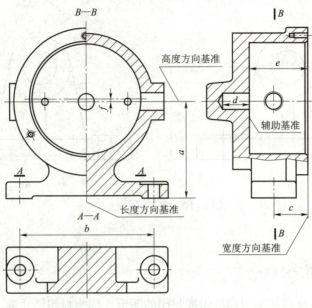

图 8-8 零件的尺寸基准（二）

主要基准和辅助基准之间必须有尺寸联系，基准选定后，主要尺寸应从主要基准出发进行标注，如图 8-9 所示。

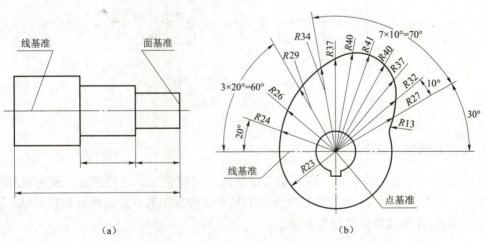

（a）　　　　　　　　　　　　（b）

图 8-9 零件的尺寸基准（三）

8.2.2 尺寸标注要点

1. 零件的重要尺寸必须从基准直接注出

加工好的零件尺寸存在误差，为使零件的重要尺寸不受其他尺寸的影响，应在零件图中把重要尺寸从尺寸基准直接注出，不可通过几个尺寸累加的形式进行标注。重要尺寸指影响产品性能、工作精度和配合的尺寸。非主要尺寸指非配合的直径、长度、外轮廓尺寸等。如图 8-10 所示中轴承座轴线的高度尺寸。

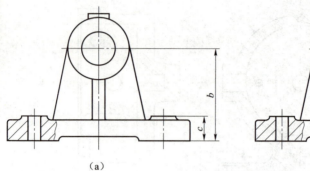

(a)　　　　　　　　　　　　　(b)

图 8-10　重要尺寸的标注

(a) 正确；(b) 错误

2. 避免形成封闭尺寸链

同一方向的尺寸串联并头尾相接组成封闭的图形，称为封闭尺寸链，如图 8-11 所示。

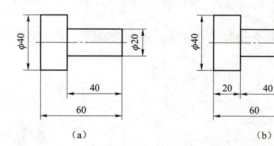

(a)　　　　　　　　　　　　(b)

图 8-11　避免形成尺寸链

(a) 正确；(b) 错误

3. 标注的尺寸要便于测量

在满足设计要求的前提下，应尽量考虑使用通用测量工具进行测量，避免或减少使用专用量具。如图 8-12（a）中所注长度方向的尺寸 A 在加工和检验时测量均较困难，而按图 8-12（b）的标注形式测量则较为方便。

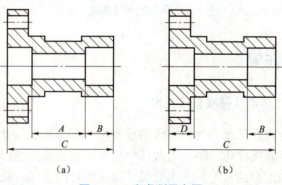

(a)　　　　　　　　　　　　(b)

图 8-12　考虑测量方便

4. 标注尺寸时应考虑便于加工

如图 8-13 所示的轴是按加工顺序标注尺寸的，考虑到该零件在车床上要掉头加工，因此其轴向尺寸是以两端面为基准，而尺寸 20±0.1、25±0.1 两段长度要求较严，故直接注出。

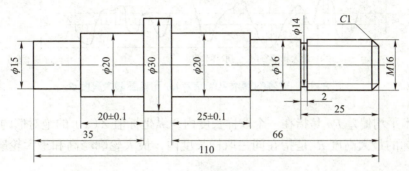

图 8-13　标注尺寸要便于加工

总之，标注尺寸时，首先要了解零件在机器中的作用；其次对零件进行形体分析，弄清长、宽、高三个方向的尺寸基准，找出主要尺寸，在满足加工和测量要求的前提下选择恰当的尺寸标注形式。

8.3　零件图的技术要求

8.3.1　表面结构

在机械图样上，为保证零件装配后的使用要求，除了对零件各部分结构给出尺寸和几何公差外，还要求根据功能需求要对零件的表面质量——表面结构给出要求。表面结构是表面粗糙度、表面波纹度、表面缺陷、表面纹理和表面几何形状的总称。表面结构的各项要求在图样上的表示方法在 GB/T 131—2006 中均有具体规定。本节主要介绍常用的表面结构表示法。

1. 表面粗糙度及其评定参数

无论采用何种加工方法所获得的零件表面，都不是绝对平整和光滑的。由于刀具在零件表面上留下的刀痕、切削时表面金属的塑性变形和机床振动等因素的影响，使零件表面存在微观凹凸不平的轮廓峰谷，这种表示零件表面具有较小间距和峰谷所组成的微观几何不平度，称为表面粗糙度。表面粗糙度与加工方法、切削刃形状和进给量等各种因素都有密切关系。

表面粗糙度是评定零件表面质量的一项重要技术指标，对于零件的配合、耐磨性、耐蚀性以及密封性都有显著影响，是零件图中必不可少的一项技术要求。

国家标准规定，表面结构以参数值的大小评定。在生产中，轮廓参数是我国机械图样中目前最常用的评定参数。本节仅介绍评定粗糙轮廓（R 轮廓）的两个高度参数 Ra 和 Rz，如图 8-14 所示。

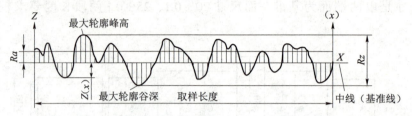

图 8-14　轮廓的算术平均偏差 Ra 和轮廓最大高度 Rz

（1）算术平均偏差 Ra 是指在一个取样长度内，纵坐标值 $Z(x)$ 的绝对值的算术平均值。

（2）轮廓的最大高度 Rz 是指在同一取样长度内，最大轮廓峰高和最大轮廓谷深之间的高度。

表面结构的选用，既要满足零件表面的功能要求，又要考虑经济合理。一般情况下，凡零件上有配合要求或有相对运动的表面，粗糙度值要小，其值越小，表面质量越高，但加工成本越高。因此，在满足使用要求的前提下，应尽量选用较大的参数值，以降低成本。

表 8-1 列出了零件表面结构数值不同的表面情况以及对应的加工方法和应用举例。

表 8-1　表面结构 Ra 值与加工方法

$Ra/\mu m$	表面特征	加工方法	应用举例
50 25 12.5	粗面	粗车、粗铣、粗刨、钻孔、锯断以及铸、锻、轧制等	多用于粗加工的非配合表面，如机座底面、轴的端面、倒角、钻孔、键槽非工作面，以及铸、锻件的不接触面等
6.3 3.2 1.6	半光面	精车、精铣、精刨、铰孔、刮研、拉削（钢丝）等	较重要的接触面和一般配合表面，如键槽和键的工作面、轴套及齿轮的端面、定位销的压入孔表面
0.8 0.4 0.2	光面	精铰、精磨、抛光等	要求较高的接触面和配合表面，如齿轮工作面、轴承的重要表面、圆锥销孔等
0.1 0.05 0.025	镜面	研磨、超级精密加工等	高精度的配合表面，如要求密封性能好的表面、精密量具的工作表面等

2. 表面结构的图形符号

表面结构的图形符号见表 8-2。

表 8-2 表面结构的图形符号

符号名称	符号	含义
基本图形符号	√	未指定工艺方法的表面，通过一个注释可单独使用
扩展图形符号	√	用去除材料方法获得的表面，仅当其含义是"被加工表面"时可单独使用
	√	不去除料的表面，也可用于保持上道工序形成的表面，不管这种状况是通过去除还不去除材料形成的
完整图形符号	√ √ √	在以上各种符号的长边上加一横线，以便注写对表面结构的各种要求

3. 表面结构代号

表面结构符号中注写了具体参数代码及数值等要求后即称为表面结构代号。
表面结构符号代号的画法及其在零件图中的标注方法见表 8-3。

表 8-3 表面结构符号代号的画法及其在图样上的标注

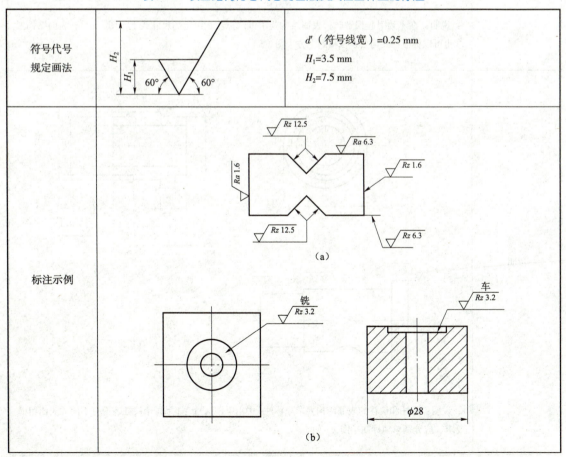

203

续表

标注示例	说明：表面结构的注写和读取方向与尺寸的注写和读取方向一致。表面结构要求可标注在轮廓线上，其符号应从材料外指向表面 [图(a)]。必要时，表面结构也可用带箭头或黑点的指引线引出标注 [图(b)] （图示：φ120 H7 Rz 12.5；φ120 h6 Rz 6.3）（a） （图示：Ra 1.6、⌖ 0.1；Rz 6.3、φ10±0.1、⌖ φ0.2 A B）（b） 说明：在不致引起误解时，表面结构要求可以标注在给定的尺寸线上 [图(a)]，表面结构要求也可以标注在几何公差框格的上方 [图(b)]
说明	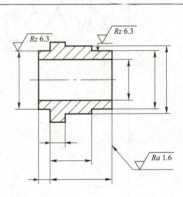 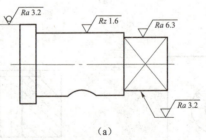 （a）　　　　　　　　（b） 说明：圆柱和棱柱的表面结构要求只标注一次 [图(a)]。如果每个棱柱表面有不同的表面粗糙要求，应分别单独标注 [图(b)]

4. 表面结构要求在图样中的简化注法

（1）有相同表面结构要求的简化注法。

如果在工件的多数（包括全部）表面有相同的表面结构要求，则其表面结构要求可统一标注在图样的标题栏附近（不同的表面结构要求应直接标注在图形中）。此时，表面结构要求的符号后面应有：

在圆括号内给出无任何其他标注的基本符号，如图 8-15（a）所示。

在圆括号内给出不同的表面结构要求，如图 8-15（b）所示。

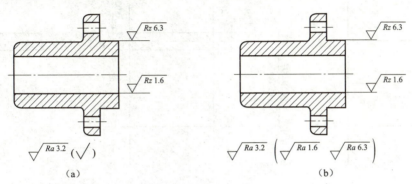

图 8-15 大多数表面有相同表面结构要求的简化注法

（2）多个表面有共同要求的注法。

用带字母的完整符号的简化注法。如图 8-16 所示，用带字母的完整符号以等式的形式，在图形或标题栏附近对有相同表面结构要求的表面进行简化标注。

只用表面结构符号的简化注法。如图 8-17 所示，用表面结构符号以等式的形式给出多个表面共同的表面结构要求。

图 8-16 在图纸空间有限时的简化注法

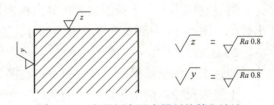

图 8-17 多个表面结构要求的简化注法

（a）未指定工艺方法；（b）要求去除材料；（c）不允许去除材料

8.3.2 极限与配合

机器中同种规格的零件，任取其中一个，不经挑选和修配，就能装到机器中去，并满足机器性能的要求，零件的这种性质称为具有互换性。零件具有互换性，不仅能组织大规模的专业化生产，而且可以提高产品质量、降低成本、便于维修。为了正确地了解公差与配合的有关内容，现将常用的基本概念、术语及定义分别作以下介绍。

1. 尺寸公差

在生产过程中，由于设备条件（如机床、工具、量具等）和技术水平的影响，零件的尺寸不可能做得绝对准确,而且在使用中也无此必要。因此,在设计零件时,应根据它的使用要求,并考虑加工的可能性和经济性,给零件的尺寸规定一个允许的变动量,这个变动量即称为公差。

现以孔为例,将有关尺寸公差的术语及定义介绍如下:
1)公差尺寸

设计给定的尺寸,如图8-18（a）中的尺寸 $\phi 50$。

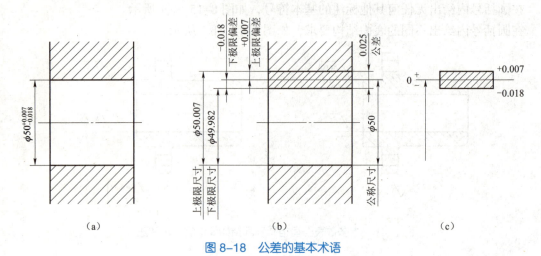

图8-18　公差的基本术语

（a）孔的公差；（b）孔的公差示意；（c）孔公差带图

通过它应用上、下极限偏差可算出极限尺寸的尺寸。公称尺寸可以是一个整数值或一个小数值。图8-18中剖面符号较密的部分,表示尺寸允许的变动量,称为公差带。

2)实际尺寸

通过实际测量所得的尺寸。由于存在测量误差,故实际尺寸并非被测尺寸的真值。

上极限尺寸:两个界限值中较大的一个,如图8-18（b）中的尺寸 $\phi 50.007$。

下极限尺寸:两个界限值中较小的一个,如图8-18（b）中的尺寸 $\phi 49.982$。

3)尺寸偏差（简称偏差）

某一尺寸减其公称尺寸所得的代数差。偏差数值可以是正值、负值和零。

上极限偏差（孔用ES、轴用es表示）:上极限尺寸减其公称尺寸所得的代数差。如图8-18（b）所示,孔的上极限偏差为ES=50.007-50=+0.007。

下极限偏差（孔用EI、轴用ei表示）:下极限尺寸减其公称尺寸所得的代数差。如图8-18（b）所示,孔的下极限偏差EI=49.982-50=-0.018。

实际尺寸减去公称尺寸所得的代数差称为实际偏差。实际偏差应在上、下极限偏差所决定的区间内才算合格。上、下极限偏差统称为极限偏差。极限偏差可以为正、负或零值。

4)尺寸公差（简称公差）

允许尺寸的变动量。公差等于上极限尺寸与下极限尺寸之差,也等于上极限偏差与下极限偏差之差,是一个没有符号的绝对值。在图8-18（b）中,公差=50.007-49.982=0.007-（-0.018c）=0.025。

5）公差带

为了便于分析尺寸公差和进行有关计算，以公称尺寸为基准（零线），用夸大了间距的两条直线表示上、下极限偏差。这两条直线所限定的区域称为公差带，用这种方法画出的图称为公差带图，如图8-18（c）所示。

在公差带图中，零线是确定正、负偏差的基准线，正偏差位于零线之上，负偏差位于零线之下。公差带沿零线垂直方向的宽度反映了公差带的大小。公差值越小，零件尺寸的精度越高，反之则尺寸精度越低。

2. 配合

1）配合

公称尺寸相同的、互相接合的孔和轴公差带之间的关系称为配合。孔和轴配合时，由于它们的实际尺寸不同，故将产生间隙或过盈。

2）间隙或过盈

孔的尺寸减去相配合的轴的尺寸所得的代数差为正时是间隙，为负时是过盈，如图8-19所示。

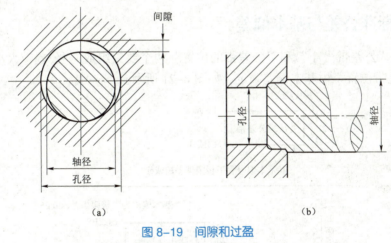

图8-19　间隙和过盈

（a）间隙；（b）过盈

3. 配合类别

根据孔、轴公差带相对位置不同，或按配合零件的接合面形成间隙或过盈的不同，配合分为三类：

（1）间隙配合：具有间隙（包括最小间隙等于零）的配合，此时孔的公差带在轴的公差带之上，如图8-20（a）所示。

① 最大间隙：孔的上极限尺寸减轴的下极限尺寸所得的代数差。

② 最小间隙：孔的下极限尺寸减轴的上极限尺寸所得的代数差。

（2）过盈配合：具有过盈（包括最小过盈为零）的配合，此时孔的公差带在轴的公差带之下，如图8-20（c）所示。

① 最大过盈：孔的下极限尺寸减轴的上极限尺寸所得的代数差。

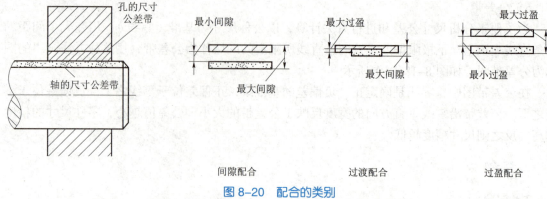

图 8-20 配合的类别

② 最小过盈：孔的上极限尺寸减轴的下极限尺寸所得的代数差。

（3）过渡配合：可能具有间隙或过盈的配合。此时孔的公差带与轴的公差带相互交叠，如图 8-20（b）所示。对过渡配合，一般只计算最大间隙和最大过盈。

在规定具有过渡配合性质的一批零件的公差时，虽然允许得到间隙或过盈的配合，但对已装配好的一对具体零件，则只能得到一种结果，即为间隙或过盈。

8.3.3 标准公差与基本偏差

公差带由"公差带大小"和"公差带的位置"两个要素组成。"公差带大小"由标准公差确定，"公差带位置"由基本偏差确定，如图 8-21 所示。

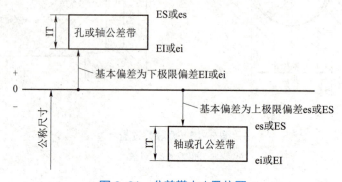

图 8-21 公差带大小及位置

1. 标准公差的等级、代号及数值

根据尺寸制造的精确程度，将标准公差的等级分为 20 级，分别用 IT01、IT0、IT1、…、IT18 表示。IT 表示标准公差，数字表示公差等级。由 IT01 至 IT18，公差等级依次降低，亦即尺寸的精确程度依次降低，而公差数值则依次增大。标准公差数值可以查阅相关手册，它的大小与公称尺寸分段和公差等级有关。

2. 基本偏差代号及系列

基本偏差是指尺寸的两个极限（上极限偏差或下极限偏差）中靠近零线的一个，它用来确定公差带相对于零线的位置，如图 8-21 所示。当公差带在零线的上方时，基本偏差为下极限偏差；反之，基本偏差为上极限偏差。如图 8-22 所示，基本偏差共有 28 个，它的代号用拉丁字母表示，大写为孔，小写为轴。

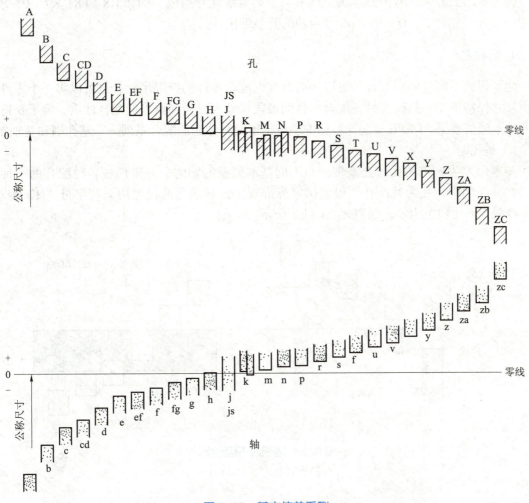

图 8-22　基本偏差系列

从图 8-22 中可以看出，轴的基本偏差中：从 a 到 h 为上极限偏差 es，而且是负值（h 为零），其绝对值依次减小；js 的公差带对称于零线，故基本偏差可为上极限偏差（es=+IT/2）或下极限偏差（ei=-IT/2）；从 j 到 zc，基本偏差为下极限偏差 ei，其中 j 是负值，而 k 至 zc 为正值，其绝对值依次加大。

基本偏差系列图只表示公差带的位置，不表示公差带的大小，因此公差带的一端是开口的，开口的另一端由标准公差限定。

根据孔、轴的基本偏差和标准公差，即可计算出孔和轴的另一个偏差。

对于孔的另一个偏差为：
$$ES=EI+IT \text{ 或 } EI=ES-IT$$

对于轴的另一个偏差为：

$$es=ei+IT \text{ 或 } ei=es-IT$$

3. 公差带代号

孔、轴的公差带代号由基本偏差代号与公差等级代号组成。例如 H8、F8、K7、P7 等为孔的公差带代号，h7、f7、k7、p6 等为轴的公差带代号。

4. 配合制

为了得到不同性质的配合，可以同时改变两配合零件的极限尺寸，也可以将一个零件的极限尺寸保持不变，只改变另一配合零件的极限尺寸，以达到要求的配合性质。为了获得最大的技术经济效果，《极限与配合》标准中规定了两种体制的配合系列——基孔制和基轴制。

1）基孔制

基本偏差为一定的孔的公差带，与不同基本偏差的轴的公差带形成各种配合的一种制度。在基孔制中，孔为基准孔，根据国家标准规定，基准孔的代号用大写字母"H"表示，其下极限偏差（EI）为零，如图 8-23（a）所示。

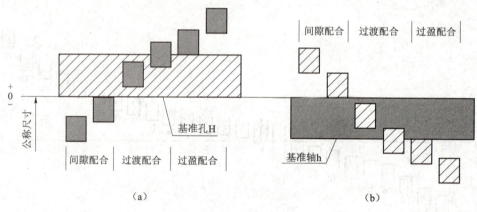

图 8-23　基孔制和基轴制

（a）基孔制；（b）基轴制

2）基轴制

基本偏差为一定的轴的公差带，与不同基本偏差的孔的公差带形成各种配合的一种制度。在基轴制中，轴为基准轴，根据国家标准规定，基准轴的代号用小写字母"h"表示，其上极限偏差（es）为零，如图 8-23（b）所示。

3）基准制的选择

在实际生产中，选用基孔制还是基轴制，主要从机器结构、工艺要求和经济性等方面来考虑。

一般情况下，常采用基孔制，因为加工相同等级的孔和轴时，孔的加工比轴要困难些。特别是加工小尺寸的精确孔时，需采用价值昂贵的定值刀量具（如绞刀、拉刀等），这种刀具每种规格一般只用于加工一种尺寸的孔，故需要量大。如采用基孔制，即可减少刀具和量具的数量。而轴的加工则不然，用同一把刀具可以加工出不同尺寸的轴，因而采用基孔制的经济效果较好。

8.3.4 极限与配合的标注与查表

1. 在装配图上的标注

在装配图上标注公差与配合，采用组合式注法，如图 8-24（a）所示，它是在公称尺寸 $\phi 18$ 和 $\phi 14$ 后面，分别用一分式表示：分子为孔的公差带代号、分母为轴的公差带代号。对于基孔制的基准孔，基本偏差用 H 表示；对于基轴制的基准轴，基本偏差用 h 表示。

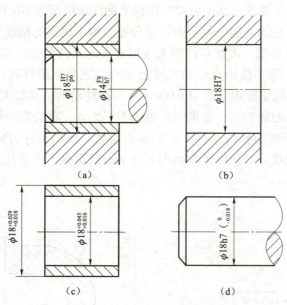

图 8-24　图样上极限与配合的标注方法

2. 在零件图上的标注

在零件图上标注公差的方法有三种形式：只注公差带代号，如图 8-24（b）所示；只注极限偏差数值，如图 8-24（c）所示；注出公差带代号及极限偏差数值，如图 8-24（d）所示。

3. 查表方法

互相配合的轴和孔，按公称尺寸和公差带代号可通过查表获得极限偏差数值。查表的步骤一般是：先查出轴和孔的标准公差，然后查出轴和孔的基本偏差（配合件只列出一个偏差），最后由配合件的标准公差和基本偏差的关系算出另一个偏差。优先及常用配合的极限偏差可直接由表查得，也可按上述步骤进行。

例 7-1　查表写出 $\phi 18H8/f7$ 的极限偏差数值。

[解]　对照本书相应附表可知，H8/f7 是基孔制的优先配合，其中 H8 是基准孔的公差带代号；f7 是配合轴的公差带代号。

（1）$\phi 18H8$ 基准孔的极限偏差可由附表查得。在表中由公称尺寸从大于 14 至 18 的行和公差带 H8 的列相交处查得 $^{+27}_{\ 0}$（即 $^{+0.027}_{\ 0}$ mm），这就是基准孔的上、下极限偏差，所以 $\phi 18H8$ 可写成 $\phi 18^{+0.027}_{\ 0}$。

（2）$\phi 18f7$ 配合轴的极限偏差可由附表查得。在表中由公称尺寸从大于 14 至 18 的行和代号 f7 的列相交处查得 $_{-34}^{-16}$，就是配合轴的上极限偏差（es）和下极限偏差（ei），所以 $\phi 18f7$ 可写成 $\phi 18_{-0.034}^{-0.016}$。

8.3.5 几何公差

几何公差是指零件的实际形状和实际位置对理想形状和理想位置的允许变动量。在机器中某些精确程度较高的零件，不仅需要保证其尺寸公差，而且还要保证其几何公差（形状、方向、位置和跳动公差）要求。几何公差在图样上的注法应按照 GB/T 1182—2008 的规定。

对一般零件来说，它的几何公差可由尺寸公差、加工机床的精度等加以保证。对要求较高的零件，则根据设计要求，需在零件图上注出有关的几何公差。如图 8-25（a）所示，为了保证滚柱工作质量，除了注出直径的尺寸公差外，还要注滚柱轴线的形状公差——直线度，它表示滚柱实际轴线必须限定在 $\phi 0.006$ mm 的圆柱面内。又如图 8-25（b）所示，箱体上两个孔是安装锥齿轮的轴的孔，如果两孔轴线歪斜太大，就会影响锥齿轮的啮合传动。为了保证正常的啮合，应使两轴线保持一定的垂直位置，所以要注方向公差——垂直度，图中代号表示水平孔的轴线，必须位于距离为 0.05 mm 且垂直于铅垂孔的轴线的两平行平面之间。

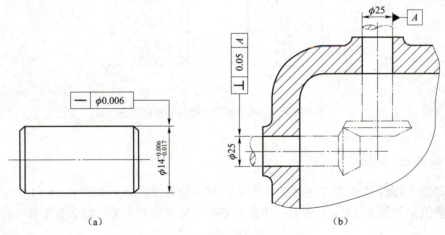

图 8-25　形状和位置公差示例

1. 几何公差的代号

国家标准规定用代号来标注几何公差。在实际生产中，当无法用代号标注几何公差时，允许在技术要求中用文字说明。

几何公差代号包括几何公差特征符号（见表 8-4）、公差框格及指引线、几何公差数值和其他有关符号，以及基准代号等。

1）被测要素的标注

按下列方式之一用指引线连接被测要素和公差框格。指引线引自框格的任意一侧，终端带一箭头。

被测要素在图样上的标注见表 8-5。

表 8-4 几何公差的几何特征和符号

公差类型	几何特征	符号	有无基准	公差类型	几何特征	符号	有无基准
形状公差	直线度	—	无	位置公差	位置度	⊕	有或无
	平面度	▱	无		同心度（用于中心点）	◎	有
	圆度	○	无		同轴度（用于轴线）	◎	有
	圆柱度	⌭	无		对称度	=	有
	线轮廓度	⌒	无		线轮廓度	⌒	有
	面轮廓度	⌓	无		面轮廓度	⌓	有
方向公差	平行度	∥	有	跳动公差	圆跳动	↗	有
	垂直度	⊥	有		全跳动	⌰	有
	倾斜度	∠	有				
	线轮廓度	⌒	有				
	面轮廓度	⌓	有				

表 8-5 被测要素在图样上的标注

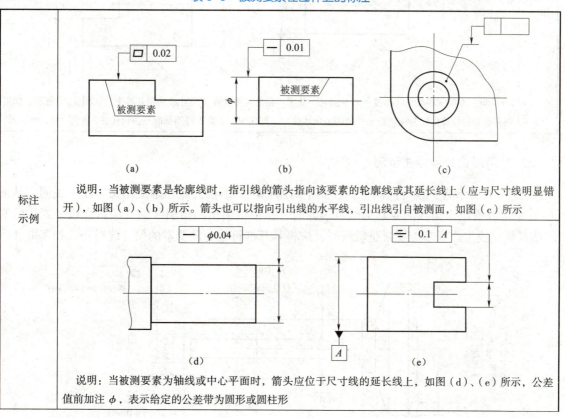

标注示例

说明：当被测要素是轮廓线时，指引线的箭头指向该要素的轮廓线或其延长线上（应与尺寸线明显错开），如图（a）、（b）所示。箭头也可以指向引出线的水平线，引出线引自被测面，如图（c）所示

说明：当被测要素为轴线或中心平面时，箭头应位于尺寸线的延长线上，如图（d）、（e）所示，公差值前加注 ϕ，表示给定的公差带为圆形或圆柱形

2）基准要素的标注

基准要素是零件上用于确定被测要素的方向和位置的点、线或面，用基准符号（字母写在基准方格内，与一个涂黑的三角形相连）表示，表示基准的字母也应注写在公差框格内，

如表 8-5 中图（e）所示。

带基准字母的基准三角形应按表 8-6 的规定放置。

表 8-6　基准要素在图样上的标注

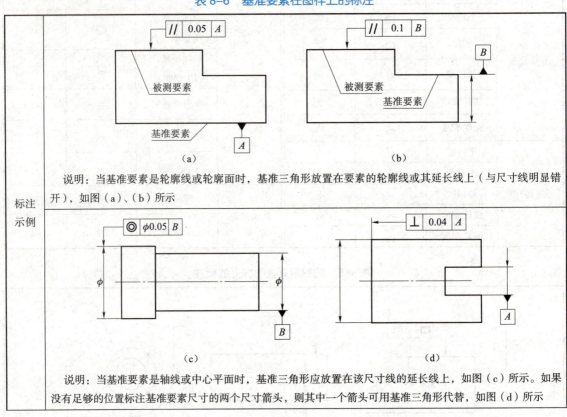

说明：当基准要素是轮廓线或轮廓面时，基准三角形放置在要素的轮廓线或其延长线上（与尺寸线明显错开），如图（a）、（b）所示

说明：当基准要素是轴线或中心平面时，基准三角形应放置在该尺寸线的延长线上，如图（c）所示。如果没有足够的位置标注基准要素尺寸的两个尺寸箭头，则其中一个箭头可用基准三角形代替，如图（d）所示

2. 几何形位公差标注示例

图 8-26 所示为一根气门阀杆，在图中对所标注的形位公差在附近用文字作了说明。从图 8-26 中可以看出，当被测要素为线或表面时，从框格引出的指引线箭头应指在该要素的轮廓线或其延长线上。当基准要素是轴线时，应将其基准符号与该要素的尺寸线对齐，如基准 A。

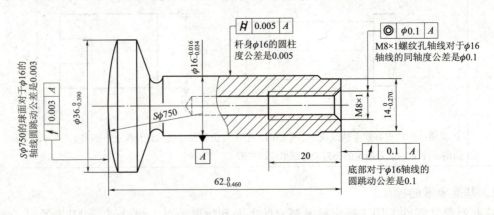

图 8-26　形位公差代号、基准代号及其含义

8.3.6 材料和热处理

零件的用途不同，使用的材料也不同。在零件图中将零件材料的牌号填入标题的"材料"栏中，常用的金属材料如表 8–7 所示。

表 8–7 零件常用的金属材料牌号及用途

名称	牌号	应 用 举 例	说 明
碳素结构钢	Q235-A	吊钩、拉杆、车钩、套圈、气缸、齿轮、螺钉、螺母、螺栓、连杆、轮轴、楔、盖及焊接件	其牌号由代表屈服强度的字母（Q）、屈服强度值、质量等级符号（A、B、C、D）表示
优质碳素结构钢	15	常用低碳渗碳钢，用作小轴、小模数齿轮、仿形样板、滚子、销子、摩擦片、套筒、螺钉、螺柱、拉杆、垫圈、起重钩、焊接容器等	优质碳素结构钢牌号数字表示平均含碳量（以万分之几计），含锰量较高的钢需在数字后标"Mn"。含碳量 ≤ 0.25% 的碳钢是低碳钢（渗碳钢），含碳量在 0.25% ~ 0.06% 的碳钢是中碳钢（调质钢），含碳量大于 0.60% 的碳钢是高碳钢
	45	用于制造齿轮、齿条、连接杆、蜗杆、销子、透平机叶轮、压缩机和泵的活塞等，可代替渗碳钢作齿轮曲轴、活塞销等，但须进行表面淬火处理	
	65Mn	适于制造弹簧、弹簧垫圈、弹簧环，也可用作机床主轴、弹簧卡头、机床丝杠、铁道钢轨等	
灰铸铁	HT150	用于制造端盖、齿轮泵体、轴承座、阀壳、管子及管路附件、手轮、一般机床底座、床身、滑座、工作台等	"HT"为"灰铁"二字汉语拼音的第一个字母，数字表示抗拉强度。如 HT150 表示灰铸铁的抗拉强度 $\sigma_b \geq 175 \sim 120$ MPa（2.5 mm< 铸件壁厚 ≤ 50 mm）
	HT200	用于制造气缸、齿轮、底架、机体、飞轮、齿条、衬筒、一般机床铸有导轨的床身及中等压力（8MPa 以下）的油缸、液压泵和阀的壳体等	
一般工程用铸钢	ZG270-500	用途广泛，可用作轧钢机机架、轴承座、连杆、箱体、曲拐、缸体等	"ZG"是"铸钢"二字汉语拼音的第一个字母，后面的第一组数字代表屈服强度值，第二组数字代表抗拉强度值
5-5-5 锡青铜	ZCuSn5Pb5-Zn5	在较高负荷、中等滑动速度下工作的耐磨、耐腐蚀零件，如轴瓦、衬套、缸套、活塞、离合器、泵体压盖以及蜗轮等	铸造非铁合金牌号的第一个字母"Z"为"铸"字汉语拼音第一个字母。基本金属元素符号及合金化元素符号按其元素含量的递减次序排列在"Z"的后面，含量相等时，按元素符号在周期表中的顺序排列

在机器制造和修理过程中，为改善材料的机械加工工艺性能（好加工），并使零件能获得良好的力学性能和使用性能，在生产过程中常采用热处理的方法。热处理可分为退火、正火、淬火、回火及表面热处理等。

当零件表面有各种热处理要求时，一般可按下述原则标注：

（1）零件表面需全部进行某种热处理时，可在技术要求中用文字统一加以说明。

（2）零件表面需局部热处理时，可在技术要求中用文字说明，也可在零件图上标注。当需要对零件局部进行热处理或局部镀（涂）覆时，应用粗点画线画出其范围并标注相应的尺寸，也可将其要求注写在表面结构符号长边的横线上，如图 8-27 所示。

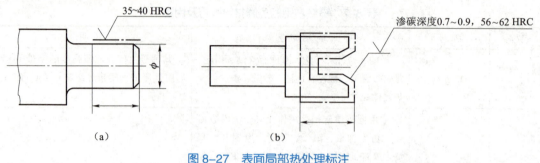

图 8-27　表面局部热处理标注

8.4　零件的工艺结构

8.4.1　铸造零件的工艺结构

在铸造零件时，一般先用木材或其他容易加工制作的材料制成模样，将模样放置于型砂中，当型砂压紧后，取出模样，再在型腔内浇入铁水或钢水，待冷却后取出铸件毛坯。对零件上有配合关系以及要求较高的表面，还要进行切削加工才能使零件达到最后的技术要求。

1. 拔模斜度

铸件在造型时，为便于取出木模，常沿脱模方向做出 1∶20 的拔模斜度（约3°），如图 8-28（a）所示。浇铸后这一斜度留在铸件表面。铸造斜度在画图时一般不画出，必要时可在技术要求中注明。

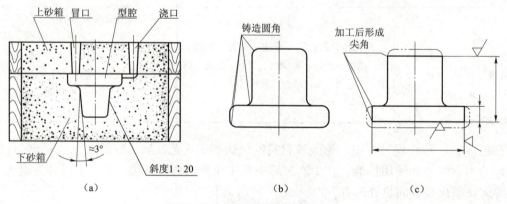

图 8-28　铸造斜度和铸造圆角

2. 铸造圆角

为了便于取模和防止浇铸时金属溶液冲坏砂型以及冷却时转角处产生裂纹，铸件表面的相交处应制成过渡的圆弧面，画图时这些相交处应画成圆角——铸造圆角，如图 8-28（b）所示。

两相交的铸造表面，如果有一个表面经切削加工，则应画成尖角，如图 8-28（c）所示。

铸造圆角的半径为 2～5 mm，视图中一般不标注，而是集中注写在图样右下角技术要求里，如"未注明铸造圆角 $R2～3$"。

由于有铸造圆角，铸件各表面的交线理论上不存在，但在画图时这些交线常用细实线按无圆角时的情况画出，只是交线的起讫处与圆角的轮廓线断开（画至理论尖点处），这样的线称为过渡线，如图 8-29 所示。

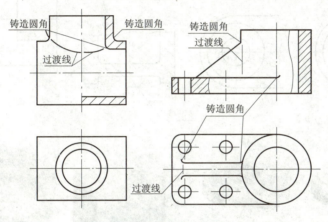

图 8-29 过渡线的画法

3. 铸件的壁厚

铸件的壁厚应尽量保持一致，如不能一致，应使其逐渐均匀地变化。铸件的壁厚如不能一致，容易在冷却时因冷却速度不同而在壁厚处形成缩孔，如图 8-30 所示。

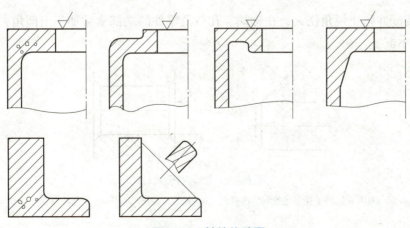

图 8-30 铸件的壁厚

8.4.2 机加工常见工艺结构

1. 凸台与凹坑

零件上与其他零件接触或配合的表面一般应切削加工。为了减少加工面、保持良好的接触和配合，常在接触面处设计出凸台或凹坑，如图 8-31 所示。

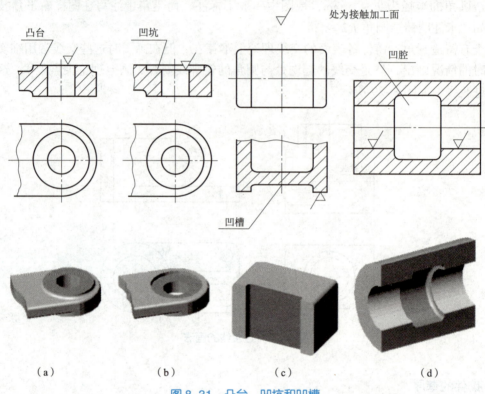

图 8-31 凸台、凹坑和凹槽

2. 倒角和倒圆

为便于装配并防止锐角伤人，在轴端、孔口及零件的端部常常加工出倒角，倒角的形式如图 8-32 所示。

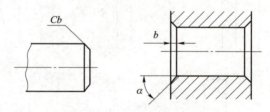

图 8-32 倒角的形式

注：倒角宽度 b 按轴（孔）径数值标准确定（Cb 表示 $b \times 45°$；$\alpha = 45°$，也可为 $30°$、$60°$）

3. 退刀槽和砂轮越程槽

在车削螺纹时为便于退刀，或使相配的零件在装配时表面能良好地接触，需要在待加工面末端先切出退刀槽或砂轮越程槽，退刀槽的结构和尺寸如图 8-33 所示。

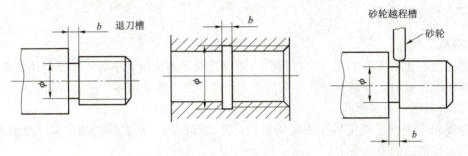

图 8-33 退刀槽和砂轮越程槽

注：ϕ 为槽的直径；b 为槽宽

8.5 读零件图

8.5.1 读轴套类零件图

由于零件的用途不同，其结构形状也是多种多样的，为了便于了解、研究零件，根据零件的结构形状不同，大致可分为四类，即轴套类零件、盘盖类零件、叉架类零件、箱体类零件，如图 8-34 所示。

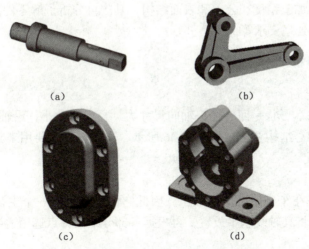

图 8-34 零件的类型

（a）轴套类零件；（b）叉架类零件；（c）盘盖类零件；（d）箱体类零件

1. 读零件图的目的

读零件图就是根据零件图想象出零件的结构形状，同时弄清零件在机器中的作用、零件的自然概况、尺寸类别、尺寸基准和技术要求，以便在制造零件时采用合理的加工方法。

2. 读零件图的步骤

1）概括了解

根据标题栏了解零件的名称、材料、编号以及图形的比例大小等，必要时还需要结合装配图或其他设计资料，弄清它是在什么机器上使用，并大致了解零件的功用和形状。

2）分析视图，想象形状

首先找出主视图，确定各视图间的关系，并找到剖视、断面的剖切位置、投射方向等，然后再研究各视图的表达重点。

3）形体分析

根据零件的功用和视图特征，从图上对零件进行形体分析，把它分解成几个部分。从主视图入手，将所分的几个部分逐个分析，利用投影规律并结合其他有关视图、剖视图、断面图，找出有关该部分的图形，特别是要找出反映它们形状特征和位置特征的图形，再把这些图形联系起来，运用结构分析和投影分析方法想象它的空间形状，然后综合各部分形状弄清它们之间的相对位置，最后确定零件的整体结构。

看图的一般顺序应是：首先分析并看懂零件"外部"由哪些几何形体组成，其次分析并看懂零件"内部"形状。对于零件上内、外部的交线，应分析清楚它们的成因和性质。零件上的倒角、圆角、小孔和键槽等可视为细节，不必单独作为几何形体进行分析。

4）尺寸分析

根据零件图上标注尺寸的原则来分析尺寸，首先找出各个方向的主要基准，再按形体分析在图样上标注的各个尺寸，分清哪些是零件的主要尺寸。

5）了解技术要求

首先了解零件的加工精度、公差和表面结构，其次再分析了解零件图中所注写的其他技术要求和说明（如热处理要求等）。

3. 轴套类零件分析

1）结构与用途分析

轴套类零件的基本形状是回转体，轴向尺寸大、径向尺寸小，沿轴线方向通常有轴肩、倒角、退刀槽、键槽等结构要素，如图8-36所示。这类零件主要用来支承传动零件和传递动力。

2）视图选择分析

轴套类零件一般在车床或磨床上加工，因此它们一般只有一个主视图，按加工位置和反映轴向特征原则，将其轴线水平放置，再根据各部分结构特点选用适当的断面图或局部放大图。

3）尺寸标注分析

如图8-35所示的轴，其径向尺寸基准是轴线，沿轴线方向分别注出各段轴的直径尺寸。

轴的左端面为长度方向尺寸基准，从基准出发向右注出7、88，并注出轴的总长尺寸128。两个键槽长度方向的定位尺寸分别为44、97.5，其键槽宽度和深度尺寸在两个移出剖面图中标注。

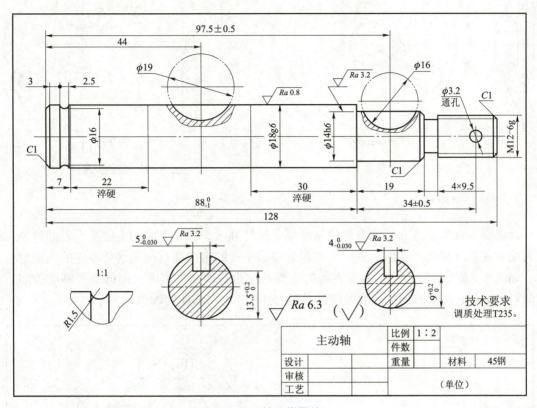

图 8-35　轴套类零件图

8.5.2　读盘盖类零件图

1. 结构与用途分析

这类零件主要包括轮、盘、盖等。轮一般用来传递动力和扭矩，盘主要起支承、轴向定位等作用，盖主要用来密封。轮盘类零件的结构形状特点是轴向尺寸小而径向尺寸较大，零件的主体多数是由同轴回转体构成的，也有的主体形状是矩形的，并在径向分布有螺孔或光孔、销孔、轮辐等结构，如各种端盖、齿轮、带轮、手轮、链轮、箱盖等。

2. 视图选择分析

盘盖类零件的主要加工面通常是在车床或磨床上加工的。因此，其主视图一般应按加工位置选择，即将轴线放成水平，并取适当剖视，以表达某些结构。

盘盖类零件的其他视图的选择，主要考虑其零件上常有沿圆周分布的孔、槽和轮辐等，故还需选取左视图或右视图，以表达这些结构的形状和分布情况，如图 8-36 和图 8-37 所示。

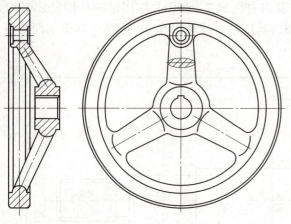

图 8-36 盘盖类零件（1）

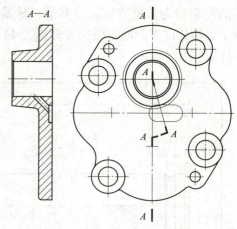

图 8-37 盘盖类零件（2）

3. 尺寸标注分析

盘盖类零件的宽度和高度方向的基准都是回转轴线，长度方向的主要基准是经过加工的较大端面或要求较高的端面。圆周上均匀分布的小孔的定位圆直径是这类零件的典型定位尺寸。如图 8-38 所示的泵盖，长度方向的主要基准为右端面，宽度方向的主要基准为前后的近似对称平面，高度方向的主要基准为下部 $\phi 13H8$ 主动轴孔的轴线。

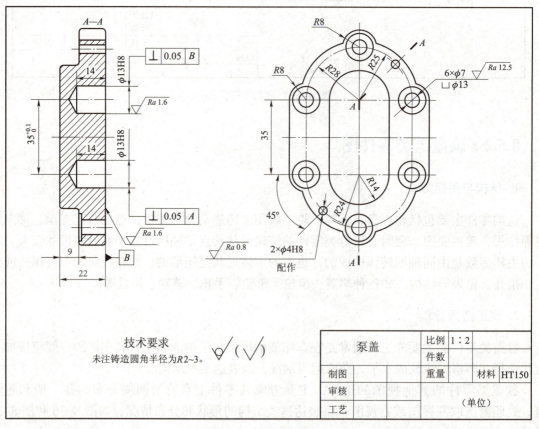

图 8-38 盘盖类零件（三）

对于沿圆周分布的孔、键、肋及轮辐等结构，其定形和定位尺寸应尽量注在反映分布情况的视图中，以便读图，如图 8-39 轴承盖零件图左视图中孔的尺寸。

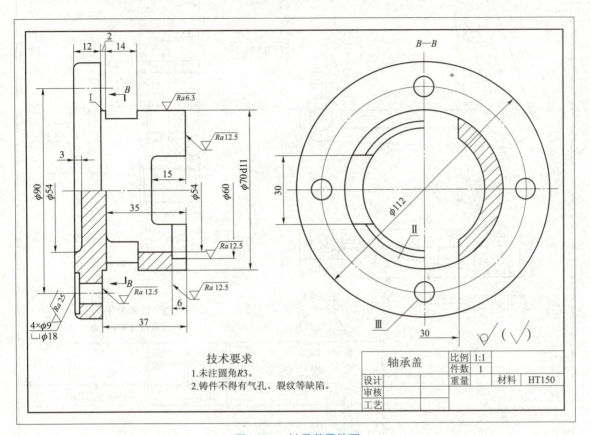

图 8-39 轴承盖零件图

8.5.3 读叉架类零件图

1. 结构与用途分析

这类零件包括各种用途的拨叉和支架。拨叉主要用在机床、内燃机等各种机器的操纵机构上，其作用是操纵机器和调节速度。

2. 视图选择分析

因叉架类零件一般都是锻件或铸件，往往要在多种机床上加工，各工序的加工位置不尽相同，而且叉架类零件的结构形状有的比较复杂，还常有倾斜或弯曲的结构，有时工作位置亦不固定，因此除考虑按工作位置摆放外，还考虑画图简便，一般选择最能反映其形状特征工作位置的视图作为主视图。这类零件的结构形状较为复杂且不太规则，一般都需要两个以上视图。某些不平行于投影面的结构形状常采用斜视图、斜剖视图和断面图表达；对一些内部结构形状可采用局部剖视；也可采用局部放大图表达其较小结构，如图 8-40 所示。

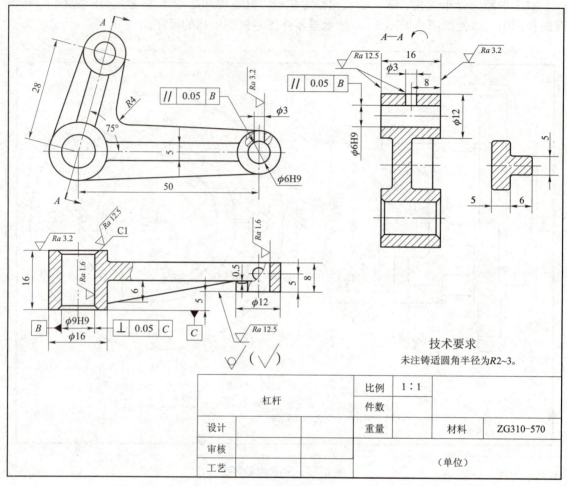

图 8-40 叉架类零件

3. 尺寸标注分析

叉架类零件在长、宽、高三个方向的主要基准一般为孔的中心线（或轴线）、对称平面和较大的加工面。如图 8-40 所示杠杆的左端孔 φ9H9 的轴线为长度和高度方向的主要基准、圆筒 φ16 的前端面为宽度方向的主要基准。叉杆类零件的定位尺寸较多，孔的中心线（或轴线）之间、孔的中心线（或轴线）到平面或平面到平面间的距离一般都要注出，如图 8-41 中的 28、50、75 等尺寸。

8.5.4 读箱体类零件图

1. 结构与用途分析

箱体类零件包括机座、箱体或机壳等。这类零件一般是机器或部件的主体部分，起着支承、包容其他零件的作用，因此多为中空的壳体，其周围一般分布有连接螺孔等，结构形状复杂，加工工序亦较多，一般多为铸件。

2. 视图选择分析

箱体类零件的加工工序较多，装夹位置又不固定，因此一般均按工作位置和形状特征原则选择主视图，其他视图至少在两个或两个以上。如果外部结构形状简单，内部形状复杂，且具有对称平面，则可采用半剖视表达。如果外部形状复杂，内部形状简单，且具有对称平面，则可采用局部剖视或虚线表示。如果内外部结构形状都较复杂，投影不重叠，则可采用局部剖视图；重叠时，内、外部结构形状应分别表达。对局部内、外结构形状可采用局部视图、局部剖视和断面来表达。箱体零件上常常会出现一些截交线和相贯线，再加之该类零件多为铸件，还经常会出现一些过渡线。

3. 尺寸标注分析

箱体类零件的长、宽、高三个方向的主要基准采用中心线、轴线、对称平面和较大的加工平面。因结构形状复杂，定位尺寸多，各孔中心线（或轴线）间的距离一定要直接注出。在此类零件中，凡与其他零件有配合或装配关系和影响机器性能的尺寸，均属于主要尺寸，必须注意与其他零件的一致性，并直接从基准注出，如图 8-41 中的 85±0.1、ϕ98H7、120、52、30 等尺寸，而轴孔 ϕ14H7 的深度尺寸 24 则从辅助基准注出。

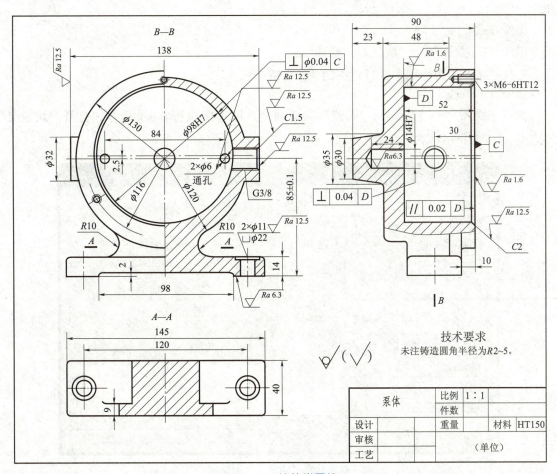

图 8-41 箱体类零件

8.6 用 AutoCAD 画零件图

8.6.1 表面结构的标注

在机械工程中有大量反复的图形，如表面粗糙度、轴承、螺栓、螺钉等，在作图时，可事先将它们生成图块。图块是用一个图块名命名的一组图形实体的总称，AutoCAD 把图块当作一个单一的实体来处理。用户可以根据需要将制作的图块插入到图中的任意指定位置，插入时可以指定不同的比例因子和旋转角度。

1. 创建块

可以在当前的图形中将一部分图形作为块保存在当前图形中，而不能在其他图形中调用，当然也可以在其他图形中调用已经定义的块，那么此时调用的块必须是"写块"。"写块"是以文件的形式写入磁盘，然后在其他图形中可以进行调用，下面对其进行介绍。

操作方式：

单命令："绘图"—"块"—"新建"；

工具栏：单击【绘图】工具栏中的 按钮；

命令行：Block（b）。

执行"绘图"—"块"—"新建"菜单命令，即直接执行 Block 命令，打开"块定义"对话框，如图 8-42 所示。

图 8-42 "块定义"对话框

部分选项说明：

"名称"下拉列表框：用于输入或者选择图块名称。

"基点"选项组：用于设置插入块的基点位置，可以在"X""Y""Z"文本框中直接输入坐标，也可以单击拾取点处的 按钮切换回绘图窗口，直接通过鼠标选择基点。

"对象"选项组：用于在绘图窗口中选择组成图块的图形对象。

通过以上方法创建的块将保存在块所在的文件当中，并且只有在块所在的文件中才能使用，如果在命令行中输入"Wblock"命令，则创建的块可以直接保存在计算机的硬盘中，并能够在其他图形中进行调用。

执行"Wblock"命令，打开"写块"对话框，如图8-43所示，单击该对话框中"目标"选项组中的路径另存为 按钮，就可以将"写块"存储到合适的位置，在使用时可直接调用。

图8-43 "写块"对话框

2. 插入块

在绘图的过程中需要插入块时，用户可以选择需要的块并指定块的插入点、缩放比例、旋转角度等属性。

操作方式：

菜单命令："插入"—"块"；

工具栏：单击"绘图"工具栏中的 按钮；

命令行：Insert（i）。

执行"插入"—"块"菜单命令，即执行Insert命令，打开"块定义"对话框，如图8-44所示。

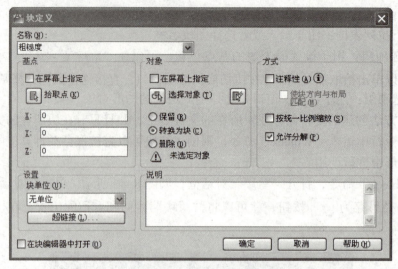

图 8-44 "块定义"对话框

3. 编辑块

在 AutoCAD 中如果发现已经插入的块有一些参数不符合设计的要求，用户可以根据自己的需要进行修改。

操作方式：

菜单命令："修改"—"特性"，然后选择要修改的块；

工具栏：单击"标准"工具栏中的 ![] 按钮；

命令行：Properties（pr）；

快捷键：[Ctrl] + [1]。

执行菜单"修改"/"特性"，即执行 Properties 命令，打开"特性"对话框，选择需要修改的块，即可修改块的插入点、比例因子、旋转角度等特性。

4. 定义块属性

块属性就是附加到图块上的一些文字信息，它是块中一个不可缺少的部分，并进一步增强了块的功能。属性从属于块，当删除块的时候，属性也同时被删除了。

要创建带有属性的块，首先必须创建描述属性特征的属性定义，然后再创建带有属性的块，具体操作步骤详见操作实例。

操作方式：

菜单命令："绘图"—"块"—"定义属性"；

命令行：ATTDEF。

5. 修改块属性

（1）当用户发现在块属性定义过程中出现错误时，可以进行修改。

操作方式：

菜单命令："修改"—"对象"—"属性"—"块属性管理器"；

命令行：Battman。

执行"修改"—"对象"—"属性"—"块属性管理器"菜单命令，即执行Battman命令，打开"块属性管理器"对话框，如图8-45所示，单击 编辑(E)... 按钮，打开"编辑属性"对话框，如图8-46所示，这时可以对属性的标记、提示和默认进行修改。

图8-45 "块属性管理器"对话框

图8-46 "编辑属性"对话框

（2）当用户发现在块属性定义中出现了错误并且块已经插入到了图形中时，也可以根据用户的需要进行修改。

操作方式：

菜单命令："修改"—"对象"—"属性"—"单个"；

命令行：Eattedit。

执行"修改"—"对象"—"属性"—"单个"菜单命令，即执行Eattedit命令，打开"增强属性编辑器"对话框，如图8-47所示，利用该对话框可以修改图块的属性值、文本样式及图层特性等参数。

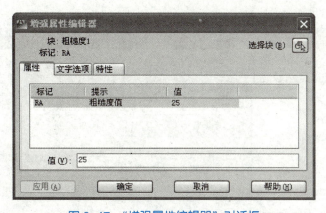

图8-47 "增强属性编辑器"对话框

6. 实例—创建表面结构块

表面结构是机械制图中经常使用的图元，在AutoCAD中，工程设计人员经常将表面结构制作成块，以提高绘图的效率。创建如图8-48所示的表面结构符号（不用标注尺寸）。

操作过程：

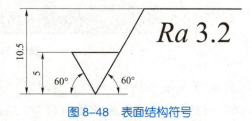

图8-48 表面结构符号

（1）绘制图 8-48 中的图形。首先创建新 .dwg 图形，并进行图层设置，画出粗糙度符号中的图形。

（2）设置文字样式。执行"格式"/"文字样式"菜单命令，弹出"文字样式"对话框，如图 8-49 所示。单击 新建(N)... 按钮弹出"新建文字样式"对话框，新建文字样式输入样式名"机械"，单击"确定"按钮，返回"文字样式"对话框，设置字体"gbeitc.shx"，使用大字体，结果如图 8-50 所示，单击应用按钮。

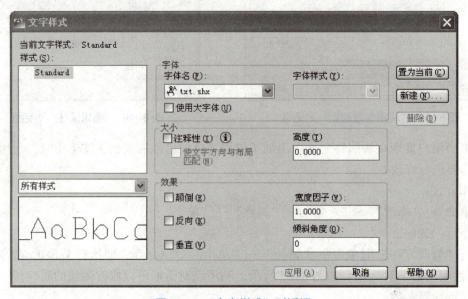

图 8-49 "文字样式"对话框

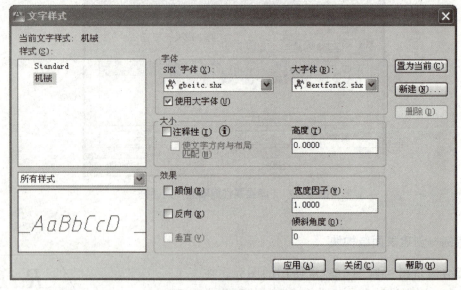

图 8-50 设置"文字样式"

（3）定义块属性。执行"绘图"—"块"—"定义属性"菜单命令，弹出"属性定义"对话框，在对话框中进行设置，将属性中的"标记"文本框中输入"Ra"值，在"提示"文本框中输入"请输入粗糙度值",在"默认"文本框中输入 3.2,在"文字设置"选项组中将"文字样式"选择为"机械",在"对正"选项中选择"左对齐",如图 8-51 所示。

单击按钮,在命令行中出现"指定起点",在表面结构符号的适当位置拾取点,即可完成对标记"Ra"的属性定义,如图 8-52 所示。

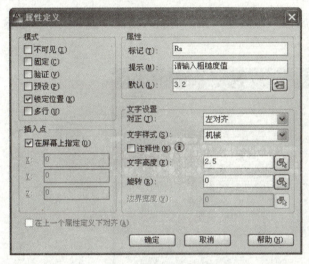

图 8-51 "定义属性"对话框

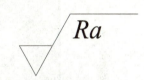

图 8-52 粗糙度块的属性定义

(4)定义块。执行"绘图"—"块"—"创建"菜单命令,弹出"块定义"对话框,如图 8-53 所示。

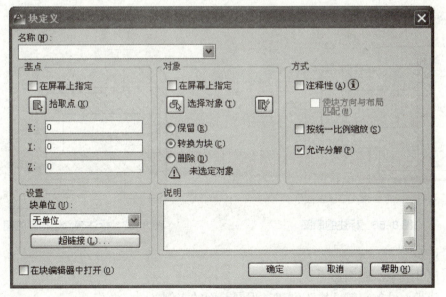

图 8-53 "块定义"对话框

在"名称"文本框中填入"粗糙度",单击 按钮,返回绘图窗口,如图 8-54(a)所示选择基点;单击 按钮,返回绘图窗口,如图 8-55(b)所示选择相应的块。

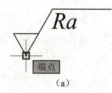
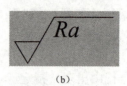

图 8-54 选择基点与选择块

单击 确定 按钮,弹出"编辑属性"对话框,在"请输入粗糙度值"文本框中输入合适的值,如图 8-55 所示,完成块的定义。

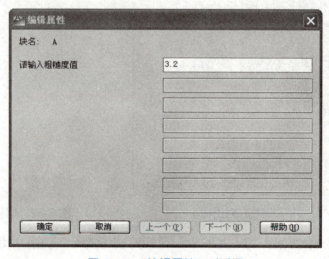

图 8-55 "编辑属性"对话框

在图 8-56 中标注表面结构,结果如图 8-57 所示。

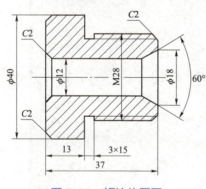

图 8-56 标注的原图

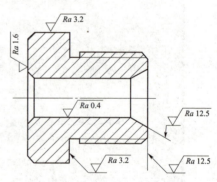

图 8-57 标注表面结构后的图

操作过程:
① 按尺寸要求绘制图形。
② 创建带属性的粗糙度块(创建过程同前面的实例)。
③ 标注 $\phi 40$ 圆柱面各孔 $\phi 12$ 的表面结构。

执行 Insert 命令,打开"插入"对话框,在"名称"栏中选择块名,"比例""旋转"选择默认的设置,单击 确定 按钮,在图形中选择图形表面适当的位置,命令行中出现以下提示：

  指定插入点或［基点（B）/比例（S）/X/Y/Z/旋转（R）］： //选择适当的点
输入属性值
  请输入粗糙度的值<3.2>：✓   //粗糙度为默认值，直接按回车键
  完成表面结构的标注。
  用同样的方法标注孔 $\phi12$ 的粗糙度。
  ④ 标注左端面和右侧锥孔的表面结构。
  执行 Insert 命令，打开"插入"对话框，在"名称"栏中选择块名，单击 按钮，在图形中选择图形表面适当的位置，命令行中出现以下提示：
  指定插入点或［基点（B）/比例（S）/X/Y/Z/旋转（R）］：r //输入旋转选项
  指定旋转角度<0>：90   //指定旋转角度
  指定插入点或［基点（B）/比例（S）/X/Y/Z/旋转（R）］： //选择适当的点
输入属性值
  粗糙度值<3.2>：1.6   //指定粗糙度值
  完成表面结构的标注。
  用同样的方法标注右侧锥孔的表面结构。
  ⑤ 标注右侧面和 $\phi40$ 圆柱右端面的粗糙度。
  这两处的粗糙度标注可以再做一个倒置的粗糙度块，然后用同样方法插入块。
  结果如图 8-57 所示。

8.6.2 尺寸公差的标注

  尺寸公差是指在切削加工中零件尺寸允许的变动量。在公称尺寸相同的情况下，尺寸公差越小，则尺寸精度越高。
  设计人员在用 AutoCAD 绘制图纸时，可以通过以下两种方法来创建尺寸公差。
  在"替代当前样式"对话框的"公差"选项卡中设置尺寸的上、下极限偏差。
  标注时利用"多行文字（M）"选项打开多行文字编辑器，然后采用堆叠文字方式标注公差。

1. 利用当前样式覆盖方式标注尺寸公差

  （1）按尺寸绘制图形，如图 8-58 所示。
  （2）执行"格式"—"标注样式"菜单命令，或者输入 Dimstyle 命令，弹出"标注样式管理器"对话框，单击里面的 按钮，打开"替代当前样式"对话框，再单击"公差"选项卡，如图 8-59 所示。
  （3）在"方式""精度"和"垂直位置"下拉列表中分别选择"极限偏差""0.000""中"，在"上极限偏差""下极限偏差""高度比例"框中分别输入"0.01""0.025""0.75"，如图 8-59 所示。
  （4）单击"主单位"选项卡，在"前缀"后面文本框中输入"%%c"，如图 8-60 所示。

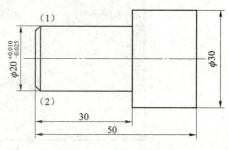

图 8-58 标注尺寸公差

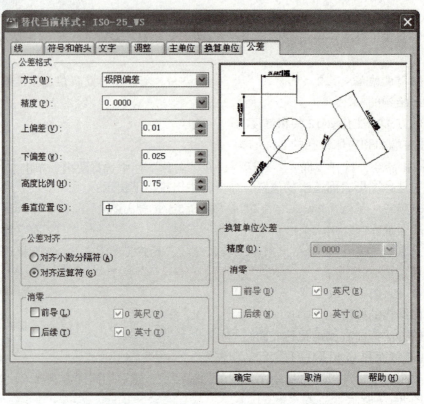

图 8-59 "替代当前样式"对话框"公差"选项卡

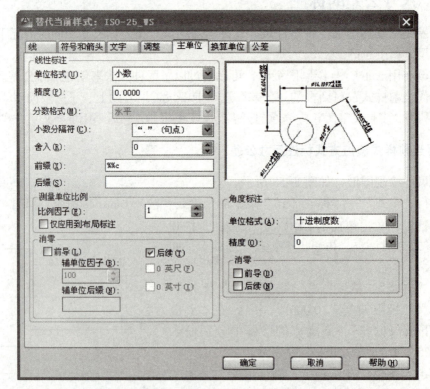

图 8-60 "替代当前样式"对话框"主单位"选项卡

（5）单击 确定 按钮，返回"标注样式管理器"，单击 关闭 按钮，返回 AutoCAD 图形窗口，并执行 Dimlinear 命令。利用当前样式覆盖方式标注尺寸公差，见表 8-8。

表 8-8　利用当前样式覆盖方式标注尺寸公差

命令操作步骤	说明
命令：_Dimlinear 指定第一个尺寸界线原点或＜选择对象＞： 指定第二条尺寸界线原点： 指定尺寸线位置或[多行文字（M）/文字（T）/角度（A）/水平（H）/垂直（V）/旋转（R）]： 标注文字 =20 结果如图 8-58 所示	捕捉（1）点 捕捉（2）点 移动光标指定尺寸线位置

2. 通过堆叠文字方式标注尺寸公差

执行 Dimlinear 命令，通过堆叠文字方式标注尺寸公差，见表 8-9。

表 8-9　通过堆叠方式标注尺寸公差

命令操作步骤	说明
命令：_Dimlinear 指定第一个尺寸界线原点或＜选择对象＞： 指定第二条尺寸界线原点： 指定尺寸线位置或 [多行文字（M）/文字（T）/角度（A）/水平（H）/垂直（V）/旋转（R）]：m	捕捉（1）点 捕捉（2）点 打开"文字样式"对话框，在数字 20 之前输入"%%c"，在数字 20 之后输入"+0.010^-0.025"，然后选取"+0.010^-0.025"部分，最后单击 ┡ 按钮，结果如图 8-61 所示，单击"确定"按钮返回绘图窗口。
指定尺寸线位置或 [多行文字（M）/文字（T）/角度（A）/水平（H）/垂直（V）/旋转（R）]： 标注文字 =20 结果如图 8-59 所示	移动光标指定尺寸线位置

图 8-61　"文字样式"对话框

8.6.3　形位公差的标注

1. 操作方式

菜单命令："标注"—"公差"；

工具栏：单击"标注"工具栏中的 按钮；
命令行：Tolerance（tol）。

以上 3 种方法都可以进行形位公差的标注，执行"标注"—"公差"菜单命令，弹出"形位公差"对话框，如图 8-62 所示。

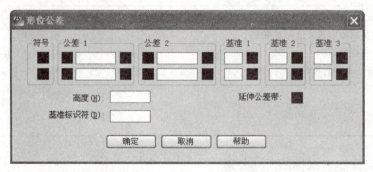

图 8-62 "形位公差"对话框

选项说明：

符号：单击"形位公差"对话框"符号"选项对应的黑色方框，弹出"特征符号"选项板，可以在这里选择相应的形位公差符号，如图 8-63 所示。

公差 1/ 公差 2：该选项可以设置公差样式，每个选项下面对应有三个方框，第一个黑色方框是设定是否选用直径符号"φ"，中间空白方框输入公差值，第三个方框选择"附加符号"，单击该选项对应的黑色方框，如图 8-64 所示。

图 8-63 "特征符号"选项板

图 8-64 "附加符号"选项板

基准 1/ 基准 2：在该选项中的空白处输入形位公差的基准要素代号，黑色方框添加的是"附加符号"。

高度：该选项创建特征控制框中的投影公差零值。

延伸公差带：该选项在延伸公差带值的后面插入延伸公差带符号。

基准标识符：该选项创建由参照字母组成的基准标识符。

依照上述方法创建的形位公差没有引线，只是带形位公差的特征控制框，如图 8-65 所示。然而在多数情况下，创建的形位公差都需要带有引线，如图 8-66 所示，因此在设计人员标注形位公差时经常采用"引线设置"对话框中的"公差"选项。

2. 用"引线标注"命令 Qleader 标注形位公差（见图 8-67）

（1）按尺寸绘制图形。

图 8-65　不带引线的形位公差

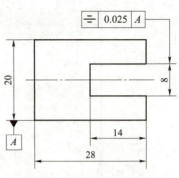

图 8-67　标注形位公差

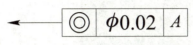

图 8-66　带引线的形位公差

（2）输入 Qleader 命令，见表 8-10。

表 8-10　用 Qleader 命令标注形位公差

命令操作步骤	说明
命令：_Qleader 指定第一个引线点或[设置（S）]<设置>：s 指定第一个引线点或[设置（S）]<设置>：　<对象捕捉 开> 指定下一点： 指定下一点：	输入选项"s"，打开"引线设置"对话框，如图 8-68 所示，在"注释"选项卡中选择注释类型"公差"，然后在"引线和箭头"选项卡（见图 8-70）进行相关设置，设置完成后单击"确定"按钮，完成设置。 选择"8"尺寸线上的端点。 向上拖动鼠标，在适当的位置单击鼠标左键。 向左拖动鼠标，在适当的位置单击鼠标左键，弹出如图 8-71 所示的"形位公差"对话框，设置完成后单击"确定"按钮，完成设置

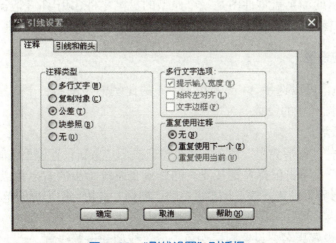

图 8-68　"引线设置"对话框

图 8-69 "引线和箭头"选项卡

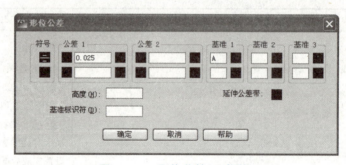

图 8-70 "形位公差"对话框

8.6.4 油泵盖零件图的绘制

在使用 AutoCAD 2010 绘制工程图时,仅仅掌握绘图命令是远远不够的,要做到能够高效、精确地绘图,还必须掌握计算机绘图的基本步骤,即设置绘图环境、绘制图形、尺寸标注、粗糙度标注、文字注释和填写标题栏。下面将通过绘制油泵盖零件图来阐述 AutoCAD 2010 绘图的一般操作流程。

如图 8-71 所示的油泵盖零件图是一个典型的盘类零件,用了一个全剖视的主视图和一个左视图来完整的表达。下面以该油泵盖零件图为例,讲解零件图的绘制方法。

1. 绘图环境的设置

根据图形大小,可以选用 A4 图幅按 1∶1 的比例输出图纸。下面采用默认设置启动、手动操作来完成绘图环境的设置。

1)图形界限设置

选择"格式"—"图形界限"命令,命令窗口提示"重新设置模型空间界限",并给出左下角点坐标"0,0",单击鼠标左键接受。同样接受系统给出的右上角点坐标"210,297",完成 A4 图幅的图形界限设置。按下状态栏中的"栅格"按钮,图形界限范围以网格点显示。

2)图层设置

设置图层包括设置层名、设置图层颜色、设置线型和设置线宽。

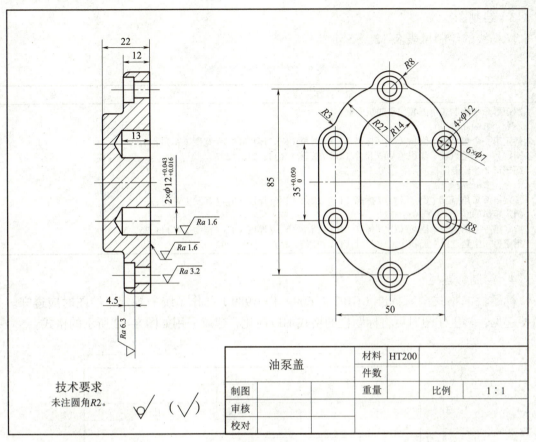

图 8-71 油泵盖零件图

机械零件图一般需要用到轮廓粗实线、剖视分界线、剖面线和中心线 4 种图元，故首先创建 4 个用于放置这些不同图元的图层。

选择"格式"—"图层..."命令，在"图层特性管理器"对话框中按前面介绍的方法完成如表 8-11 所示的图层设置。

表 8-11 图层的设置

图层名	颜色	线型	线宽	对应图中的图线
0	黑色	Continuous	默认	图框、标题栏（超宽线 0.7）
点划线	红色	Center	默认	中心线
尺寸标注	绿色	Continuous	默认	尺寸标注、粗糙度
剖面线	蓝色	Continuous	默认	剖面线
轮廓线	黑色	Continuous	0.3	粗实线
虚线	青色	Dashed	默认	虚线
注释文字	紫色	Continuous	默认	文本、注释
细实线	黄色	Continuous	默认	细实线

3）绘制图框线

图框线的绘制见表 8-12。

表 8-12　图框线的绘制

命令操作步骤	说明
用矩形命令绘制表示图幅大小的矩形框 命令：_Rectang 指定第一个角点或［倒角（C）/标高（E）/圆角（F）/厚度（T）/宽度（W）］：0, 0 指定另一个角点或［面积（A）/尺寸（D）/旋转（R）］：210, 297 用矩形命令绘制图框。 命令：_Rectang 指定第一个角点或［倒角（C）/标高（E）/圆角（F）/厚度（T）/宽度（W）］：w 指定矩形的线宽 <0.0000>：0.7 指定第一个角点或［倒角（C）/标高（E）/圆角（F）/厚度（T）/宽度（W）］：25, 5 指定另一个角点或［面积（A）/尺寸（D）/旋转（R）］：205, 292	

4）绘制标题栏

标题栏的格式国家标准（GB/T 10609·1—1989）已作了统一规定，绘图时应遵守。为简便起见，学生作图时可将标题栏的格式加以简化，建议采用如图 8-72 所示的格式。

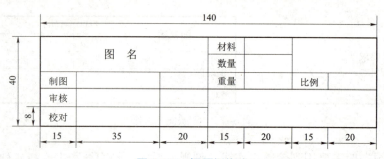

图 8-72　标题栏格式

5）保存成样板文件

将图框和标题栏保存成样板文件，样板图如图 8-73 所示。

操作过程：选择"文件"—"另存为"，弹出"图形另存为"对话框，输入文件名"A4（210×297）"，文件类型选择"AutoCAD 图形样板（*.dwt）"，单击 保存(S) 按钮，如图 8-74 所示。

2. 绘制图形

（1）用样板"A4（210×297）"新建文件，文件名为"油泵盖"。

（2）绘制中心线。

中心线是作图的基准线，作图的基准线确定后，视图的位置也就确定了。因此，在定位中心线时，应考虑到最终完成的图形在图框内布置要匀称。中心线

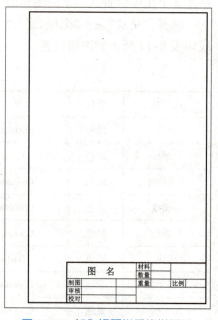

图 8-73　加入标题栏后的样板图

图 8-74 "图形另存为"对话框

的线型为 Center，通过对象特性工具栏将它设为当前层，然后用 Line 命令绘制出主视图和左视图的中心线和轴线，如图 8-75 所示，即确定了两个视图的位置。

（3）绘制主视图上半部分的轮廓线。

在绘制主视图时，可以通过 Offset（偏移）和 Trim（修剪）两个编辑命令完成大部分图形的操作，偏移后如图 8-76 所示。步骤如下：

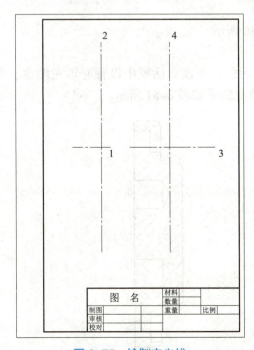

图 8-75 绘制中心线

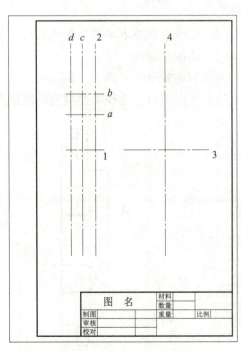

图 8-76 偏移

以中心线 1 为参照，偏移出直线 a；
以中心线 1 为参照，偏移出直线 b；
以中心线 2 为参照，偏移出直线 c；
以中心线 2 为参照，偏移出直线 d。
完成偏移后对其进行修剪。
进行第一处圆角编辑，如图 8-77 所示。
进行第二处圆角编辑，如图 8-77 所示。
进行第三处圆角编辑，如图 8-77 所示。
绘制出相对于中心线 1 的距离为 42.5 的螺孔轴线 e，绘制螺孔轮廓线，如图 8-78 所示。
绘制出相对于中心线 1 的距离为 17.5 的螺孔轴线 g，如图 8-78 所示。
绘制螺孔轮廓线，再修剪掉多余的线，如图 8-79 所示。

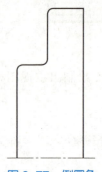 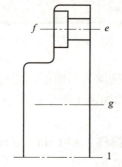 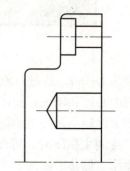

图 8-77　倒圆角　　　图 8-78　绘制螺孔轴线　　　图 8-79　修剪编辑后的图形

（4）镜像主视图下半部分的轮廓线，如图 8-80 所示。
（5）绘制剖面线。

激活 Hatch 命令，弹出"Boundary Hatch"对话框，在该对话框中设置好填充图案、角度、比例等选项后，选择需要填充的范围即可，填充结果如图 8-81 所示。

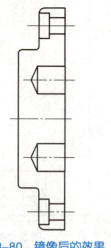 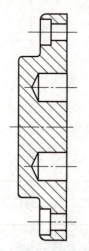

图 8-80　镜像后的效果　　　图 8-81　填充效果

6）绘制左视图

定位水平点画线上方三个阶梯孔的中心，绘制基准线，通过对左视图中心线的偏移来实现，如图 8-82 所示。

绘制三个孔，如图 8-83 所示。

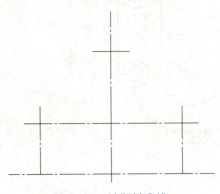

图 8-82　绘制基准线

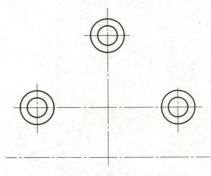

图 8-83　绘制三孔效果

绘制外轮廓线，如图 8-84 ~ 图 8-86 所示。

通过圆和直线命令绘制出内轮廓线，如图 8-87 所示。

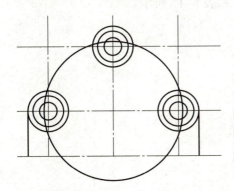

图 8-84　绘制外轮廓线（一）

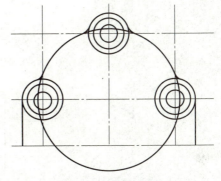

图 8-85　绘制外轮廓线（二）

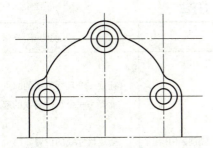

图 8-86　绘制外轮廓线（三）

图 8-87　绘制内轮廓线

通过镜像命令将左视图的所有轮廓线绘制出来。

修饰图形，显示线宽后如图 8-88 所示。

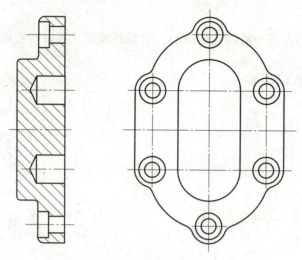

图 8-88 完成所有轮廓线

3. 尺寸标注

1) 线性尺寸标注

标注主视图上长度为 12 的尺寸线，如图 8-89 和表 8-13 所示。

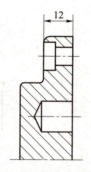

图 8-89 线性尺寸标注

表 8-13 线性尺寸标注

命令操作步骤	说明
命令：_Dimlinear	
指定第一个尺寸界线原点或 <选择对象>：	捕捉一个尺寸界线的起点
指定第二条尺寸界线原点：	捕捉另一个尺寸界线的起点
指定尺寸线位置或 [多行文字（M）/文字（T）/角度（A）/水平（H）/垂直（V）/旋转（R）]：	指定尺寸线的位置
标注文字 = 12 结果如图 8-89 所示，其余线性尺寸注法相同	

2) 半径标注

标注左视图上一个半径为 3 的尺寸，如图 8-90 和表 8-14 所示。

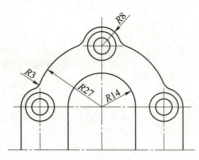

图 8-90　半径尺寸的标注

表 8-14　半径标注

命令操作步骤	说明
命令：_Dimradius	
选择圆弧或圆：	选择左视图上的一个圆弧
标注文字 = 3	
指定尺寸线位置或[多行文字（M）/文字（T）/角度（A）]：	指定尺寸线的位置
其余半径尺寸注法相同，结果如图 8-90 所示	

3）直径标注

标注直径为 12 和直径为 7 的两个圆的尺寸，如图 8-91 和表 8-15 所示。

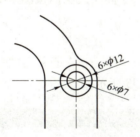

图 8-91　直径标注

表 8-15　直径标注

命令操作步骤	说明
命令：_Dimdiameter	
选择圆弧或圆：	在左视图上选择直径为 12 的圆
标注文字 = 12	
指定尺寸线位置或[多行文字（M）/文字（T）/角度（A）]：m	输入"多行文字"选项，打开"文字格式"对话框，在尺寸数字前输入"6×"
指定尺寸线位置或[多行文字（M）/文字（T）/角度（A）]： 用同样的方法标注直径 7	指定尺寸线的位置

4）公差标注

标注主视图上直径为 12 的育孔的公差尺寸，如图 8-92 所示。
标注左视图上两个孔间距的公差尺寸，如图 8-93 所示。

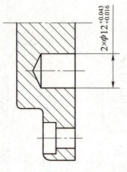
图 8-92　盲孔直径及公差标注

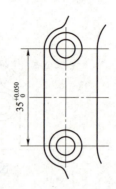
图 8-93　孔间距及公差标注

4. 粗糙度标注

机械制图中的表面结构是专用的符号并且有参数代号、参数值及文字说明，需要制定带有属性的块，通过块来实现表面结构的自动标注。用 AutoCAD 绘图的最大优点就是 AutoCAD 具有库的功能，且能重复使用图形的部件。利用 AutoCAD 提供的块、写入块和插入块等就可以把 AutoCAD 绘制的图形作为一种资源保存起来，在一个图形文件或者不同的图形文件中重复使用。

1）绘制粗糙度的图块

设置极轴增量角为 30°，在"尺寸标注"层内按图 8-94 绘制图形。

2）定义粗糙度块属性

从下拉菜单中选择"绘图"—"块"—"定义属性"，打开"属性定义"对话框，如图 8-95 所示。

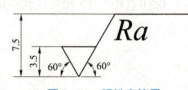
图 8-94　粗糙度符号

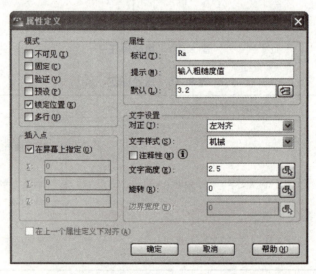
图 8-95　"属性定义"对话框

参照图 8-95 设置标记名"Ra"、提示语"输入粗糙度值"、默认值"3.2"、文字对正方式"左对齐"等，然后单击"确定"按钮，返回图形窗口，指定插入点。

3）创建表面结构块

从下拉菜单中选择"绘图"—"块"—"创建"，弹出"块定义"对话框，如图 8-96 所示。

图 8-96 "定义块"对话框

在"块定义"对话框的"名称"栏中输入块名"粗糙度"。

选择基点时要选符号的尖端。

在"对象"选项中选择"转换为块"。选择"选择对象"，使用鼠标选择要包括在块定义中的对象，按"确定"按钮完成块定义。

4）插入表面结构

从下拉菜单中选择"插入"—"块"，打开"插入"对话框，在"名称"栏中输入块名，在屏幕上选取插入点、比例、旋转角度，单击"确定"按钮完成，如图 8-97 所示。

提示：使用插入命令在零件图上标注粗糙度，在插入时系统提示修改属性值。

注意：块定义命令 Block 建立的是内部块，即只能在当前图中插入。

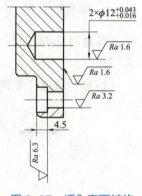

图 8-97 插入表面结构

5）写块

该命令可以创建外部块，用户可以建立自己的零件库，系统将外部块存放于指定的目录中。

在命令行输入写块命令，打开"写块"对话框创建外部块。

注意：写块命令"W"建立的外部块可以插入到任何图形中。

油泵盖零件图的绘制和标注效果如图 8-98 所示。

5. 文字注释

在工程绘图中，技术要求和其他的一些文字注释是必不可少的。在图形中插入文字注释的方法有单行文字法和多行文字法两种。

在进行文字注释时将文字注释层设为当前层。

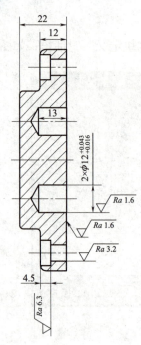
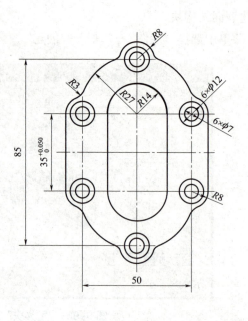

图 8-98 油泵盖绘制效果图

6. 填写标题栏

在填写标题栏时，也可以采用单行文字和多行文字两种方法输入文字，并将标题栏层设为当前层。

这样，通过一系列操作，即完成了整个图形的绘制。

第 9 章 装配图

学习目标

1. 知道装配图的作用与内容，能根据需要选择装配图的视图表达方案，并能正确识读装配图的尺寸标注、明细栏和技术要求。
2. 能正确识读装配图的视图并拆画零件图。
3. 能在 AutoCAD 2010 中运用外部参照功能绘制装配图。

9.1 识读装配图

9.1.1 装配图及其作用

（1）概念：表示该产品及其组成部分的连接、装配关系的图样称为装配图。

（2）装配图是设计、制造、使用、维修以及技术交流的重要技术文件。在设计过程中，设计者为了表达产品的性能、工作原理及其组成部分的连接、装配关系，一般先要画出装配图，然后再根据装配图画出零件图。在生产过程中，生产者根据装配图制定装配工艺规程，进行装配和检验；在使用过程中，使用者又通过装配图来了解机器或部件的构造，以便正确使用和维修。

9.1.2 装配图的内容

装配图不仅要表示机器或部件的结构，同时也要表达机器或部件的工作原理和装配关系。由图 9-1 所示滑动轴承的装配图可以看出，一张完整的装配图应具备以下内容。

1. 一组图形

选择必要的一组图形和各种表达方法，正确、清晰地表达机器或部件的工作原理，零件的装配关系，零件的连接和传动情况，以及各零件的主要结构形状。如图 9-1 所示的滑动轴承装配图选用了两个基本视图，主视图采用了半剖视，俯视图右半边拆去轴承盖、上轴衬，将装配体表达得完整、清晰。

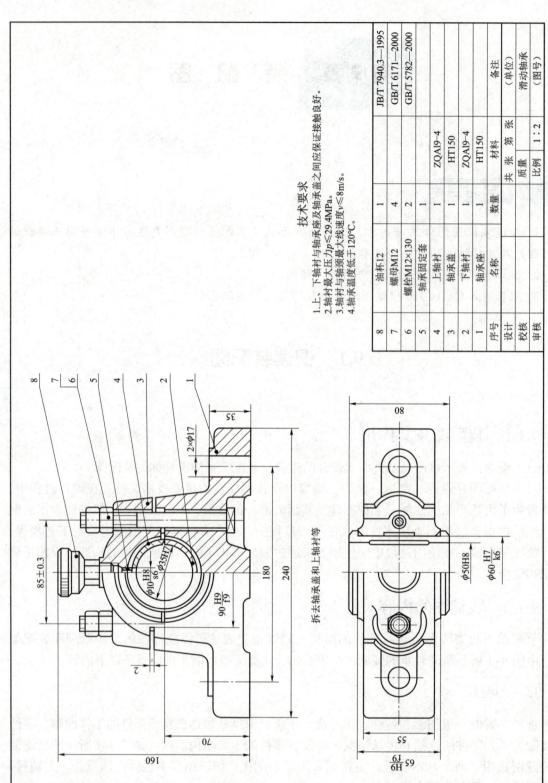

图 9-1 滑动轴承装配图

2. 必要的尺寸

装配图上只需注出表明机器或部件性能（规格）的总体大小、各零件间配合关系及安装、检验等尺寸。如图 9-1 所示滑动轴承的装配图，240、160、80 为总体尺寸；180 和 $2\times\phi17$ 为安装尺寸；$\phi50H8$ 为性能（规格）尺寸；$\phi60H7/k6$ 为装配尺寸；85 ± 0.3 为其他重要尺寸。

3. 技术要求

用文字说明或标注标记、代号提出机器或部件在性能、装配、检验、调整、试验、验收等方面所需达到的技术要求。如图 9-1 中"上、下轴衬与轴承座及轴承盖之间应保证接触良好""轴承温度低于 120℃"等。

4. 标题栏、零件序号、明细栏

在装配图的右下角处必须画出标题栏，用来表明机器或部件的名称、图号、使用比例和责任者签字等。

为了保证生产准备、编制其他技术文件和管理上的需要，在装配图上必须对各个零件标注序号并编入明细栏，明细栏接标题栏画出，并填写组成零件的序号、名称、数量、标准件规格和代号等。零件序号的另一个作用是将明细栏与图样联系起来，以便于看图。

9.1.3 装配图表达方案的确定

装配图要正确、清楚地表达装配体的结构、工作原理及零件间的装配关系，而不是把每个零件的各部分结构完整地表达出来。在以前各章中介绍的各种表达方法及其选用原则都可以用来表达机器或部件，但由于表达的侧重点不同，国家标准在装配图中还有一些规定画法和特殊的表达方法。在按规定画法绘制装配图前，必须先恰当地确定表达方案。

装配图同零件图一样，要以主视图的选择为中心来确定整个一组视图的表达方案。表达方案的确定依据是装配体的工作原理和零件之间的装配关系。现以图 9-2 所示的铣床尾座为例，介绍装配图表达方案的选择原则。

1. 主视图的选择原则

（1）应选择能反映装配体工作位置和总体结构特征的投射方向的视图作为主视图，即使装配体的主要轴线、主要安装面等呈水平或铅垂位置。

（2）应选择能反映该装配体工作原理和主要装配线投射方向的视图作为主视图，当不能在同一视图上反映以上内容时，则应经过比较，取一个能较多反映上述内容的视图作为主视图。

（3）应选择能尽量多地反映该装配体内部零件间的相对位置关系的投射方向视图作为主视图，通常取反映零件间主要或较多装配关系的视图作为主视图为好。

如图 9-2 所示，铣床尾座根据上述原则主视图投射方向为"A"，尾座的四条装配干线都不在同一平面内。通过图 9-2（b）可知，尾座主要用于顶紧工件，主要装配干线为顶紧机构，因此，主视图投射方向应选择"A"向。从图 9-2（a）中可知，主视图可表达夹紧、放松工件的顶紧机构。同时，通过其他视图又将夹紧机构的螺杆 13、调高机构中的定位螺杆 8 以及倾角机构中的锁紧螺栓 M10×35 三者在装配体上的相对位置表示清楚。

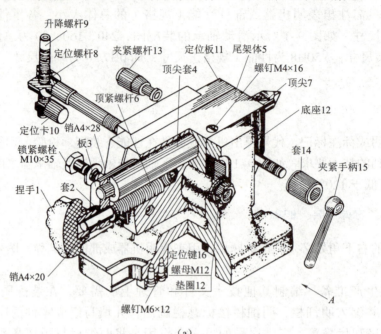

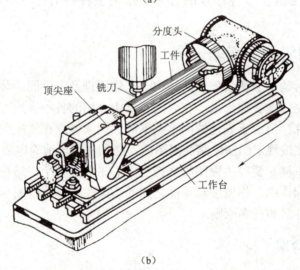

图 9-2　铣床尾座及附件

（a）铣床尾座轴测图；（b）铣床附件

2. 其他视图的选择原则

为了补充表达主视图上没有而又必须表达的内容，对其他未表达清楚的部位必须再选择相应的视图进一步说明。所选择的视图要重点突出，相互配合，避免重复。

如图 9-3 所示铣床尾座装配图，左视图是通过定位螺杆 8 的轴心线作全剖视，配合主视图突出表达升降结构的工作原理和各零件的装配关系。

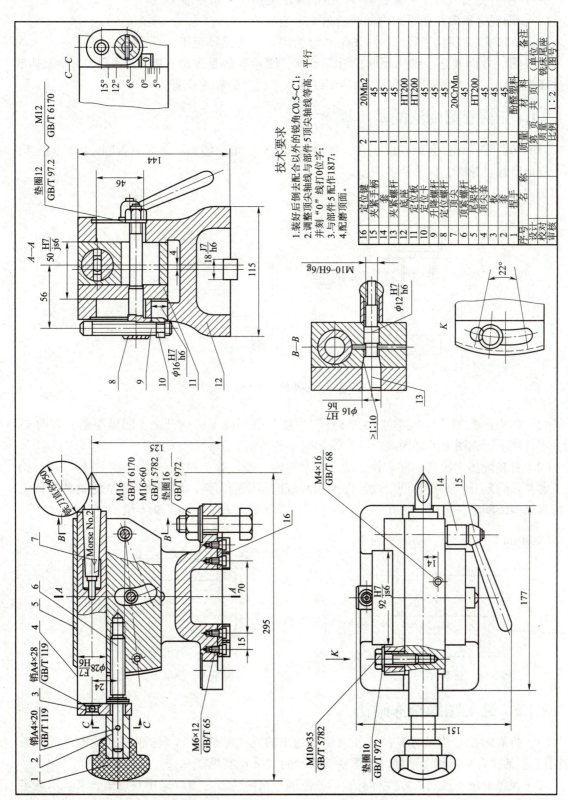

图 9-3 铣床尾座装配图

B—B 断面突出表达了夹紧机构零件组的装配关系和夹紧原理。

C—C 剖视将顶尖在正平面内的转动角度表达清楚。

K 向局部视图表明了锁紧螺栓 GB/T 5782 M10×35 的活动范围。

俯视图一方面表达了铣床尾座的外部形状，更重要的是突出表明定位板 11 与尾架体 5 通过螺栓 M10×35 的连接情况及其各装配线在水平面上的相对位置。

9.1.4 装配图画法的基本规定

（1）如两零件相接触或构成配合，则接触面与配合面只能画一条线，否则（即使间隙很小）应画出各自轮廓，如图 9-4 所示。

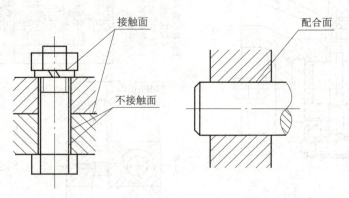

图 9-4 基本画法（一）

（2）如果画相邻两金属零件的剖视图，应能从剖面线上区别开来（间隔距离、方向）；同一零件在不同视图上的剖面线应一致，如图 9-5 所示。

（3）对装配体中出现的标准件（键、销及螺栓、螺母等）和实心件（轴、连杆、球、钩等）若是纵向剖开，则按不剖处理，即剖切区域内不画剖面线；如需要特别表达这些零件上的特殊结构（凹槽、键槽、销孔等），则可用局部剖视图表示，如图 9-6 所示。

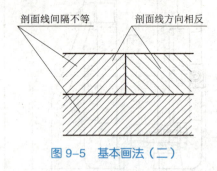

图 9-5 基本画法（二）

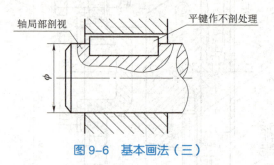

图 9-6 基本画法（三）

9.1.5 装配图的特殊画法

（1）拆卸画法：当某些零件挡住需要表达出的其他零件时，可假想将这些零件拆卸后（或沿它们的接合面剖切）绘制，如图 9-7 所示的 A—A 剖视图。

（2）假想画法：运动的零件都有运动的范围与极限位置，可以采用双点画线来表示该零件在极限位置的轮廓，或者表达与装配体相关的其他零部件的轮廓，如图 9-7 所示。

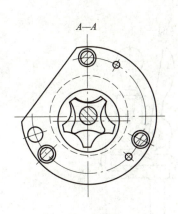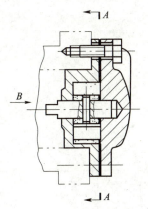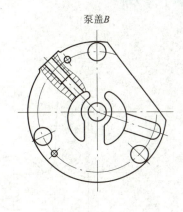

图9-7　特殊画法（一）

（3）单个零件画法：对某个特别需要表达出结构形状的零件而绘制的该零件的单一视图作出标记，如图9-7所示。

（4）夸大画法：对薄片零件、细丝弹簧、微小间隙（不超过2 mm）夸大画出，如果剖切，则涂黑表示，如图9-8所示。

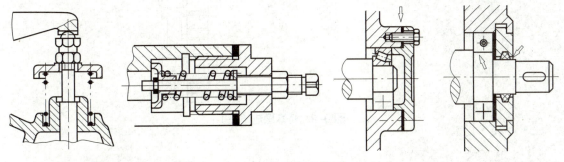

图9-8　特殊画法（二）

（5）展开画法：为表示传动机构的传动路线和装配关系，可假想将在图纸上互相重叠的空间轴系按其传动顺序展开在一个平面上，然后沿轴线剖开得到剖视图，如图9-9所示。

（6）简化画法

① 装配图中若干相同的零部件组，可详细地画出一组，其余只需用细点画线表示其位置，如图9-10所示。

② 在装配图中，滚动轴承允许采用简化画法，如图9-11所示。

③ 在装配图中，可用粗实线表示带传动中的带，用细点画线表示链传动中的链，如图9-12所示。

④ 当剖切面通过某些部件为标准产品或该部件已由其他图形表示清楚时，可按不剖绘制。

⑤ 零件的倒角、圆角、凹坑、凸台、沟槽、滚花、刻线及其他细节等可不画出。

⑥ 在装配图中，可省略螺栓、螺母、销等紧固件的投影，而用细点画线和指引线指明它们的位置，如图9-13所示。

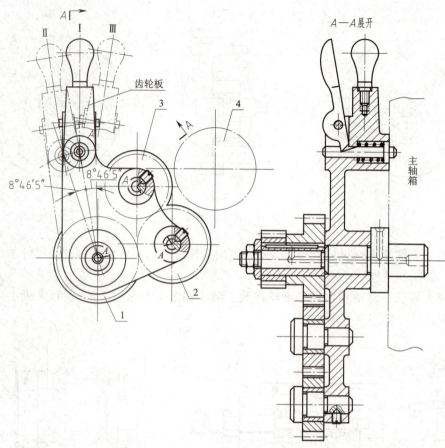

图 9-9 特殊画法（三）

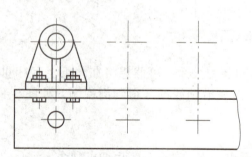

图 9-10 简化画法（一）

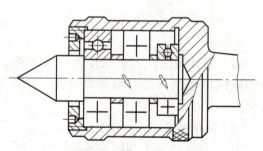

图 9-11 简化画法（二）

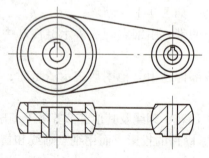

图 9-12 简化画法（三）

（7）在能够清楚表达产品特征和装配关系的条件下，装配图中可以仅画出其简化后的轮廓，如图9-14所示。

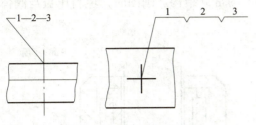

图9-13 简化画法（四）

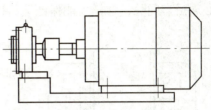

图9-14 简化画法（五）

9.1.6 装配结构的合理性

装配体内的零件结构除了要达到设计要求外，还必须考虑它的装配工艺，否则会使装卸困难，甚至达不到设计要求。常见的装配工艺结构如下：

1. 接触面形式

为保证两零件间接触良好，应做到：

（1）两个相互接触的零件同一方向上只能有一对接触面，如图9-15所示。

（2）在孔口倒角或轴根切槽，如图9-16所示。

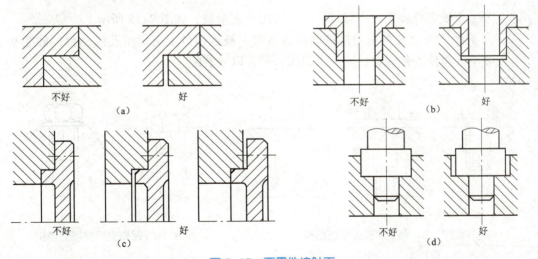

图9-15 两零件接触面

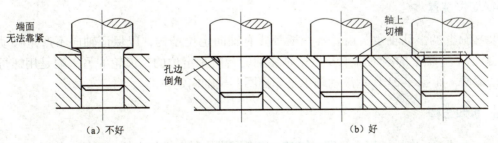

图9-16 两零件接触面拐角处结构

2. 密封装置

如图 9-17 所示的密封装置是用在泵和阀上的常见结构。画图时，填料压盖与阀体端面之间必须留有间隙，这样才能保证填料被压紧。

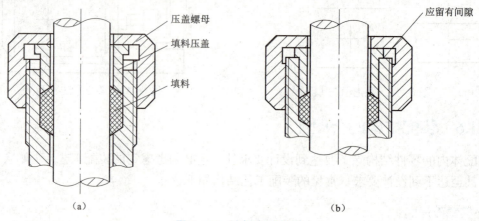

图 9-17 填料密封装置

（a）正确；（b）错误

3. 连接形式

（1）为了保证螺纹旋紧，内螺纹长度应留出一定余量，如图 9-18 所示。

（2）为了保证连接件与被连接件间接触良好，被连接件上应设沉孔或凸台，如图 9-19 所示。同时被连接件通孔的直径应大于螺纹大径，以便装配。

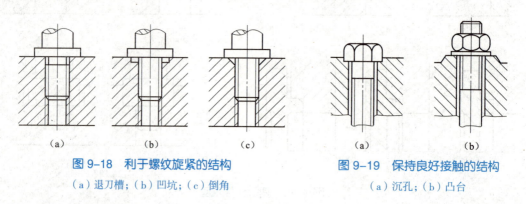

图 9-18 利于螺纹旋紧的结构

（a）退刀槽；（b）凹坑；（c）倒角

图 9-19 保持良好接触的结构

（a）沉孔；（b）凸台

4. 定位装置

装在轴上的滚动轴承及齿轮等一般都要有轴向定位结构，以保证轴向不产生移动。如图 9-20 所示，轴上的滚动轴承及齿轮是靠轴的台阶来定位的，齿轮的另一端是用螺母、垫圈来压紧的，而图 9-21 所示滚动轴承是靠挡圈实现轴向定位的。

5. 拆卸结构

（1）滚动轴承在用轴肩或孔肩定位时，应考虑维修时拆卸的方便与可能，如图 9-22 所示。

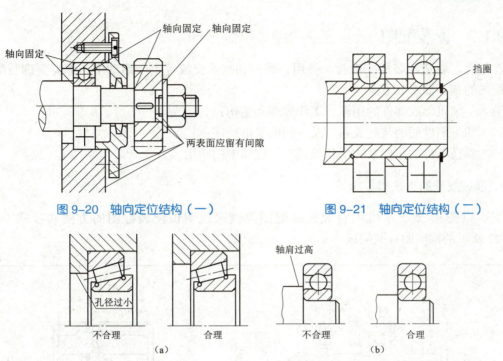

图 9-20 轴向定位结构（一）　　　　图 9-21 轴向定位结构（二）

图 9-22 滚动轴承的合理安装

（2）当用螺纹紧固件连接零件时，考虑拆装时扳手的活动范围，应留有足够的操作空间，如图 9-23 和图 9-24 所示。

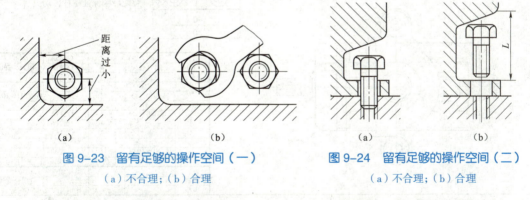

图 9-23 留有足够的操作空间（一）　　　图 9-24 留有足够的操作空间（二）
（a）不合理；（b）合理　　　　　　　　（a）不合理；（b）合理

（3）当用销定位时，可能条件下销孔要做成通孔，以便拆卸，如图 9-25 所示。

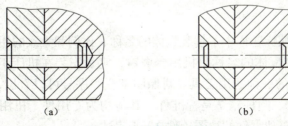

图 9-25 销定位的结构
（a）不好；（b）好

9.1.7 读装配图

在设计、制造、装配、检验、使用、维修和技术交流等生产活动中，都需要读装配图，读装配图的基本要求如下：

（1）了解机器或部件的用途、工作原理和结构；
（2）明确零件间的装配关系以及它们的装拆顺序；
（3）看懂零件的主要结构形状及其在装配体中的功用。

1. 读装配图的方法和步骤

下面以图 9-26 所示机用台虎钳装配图为例来说明识读装配图的方法和步骤（参照图 9-27 所示的轴测图对照阅读）。

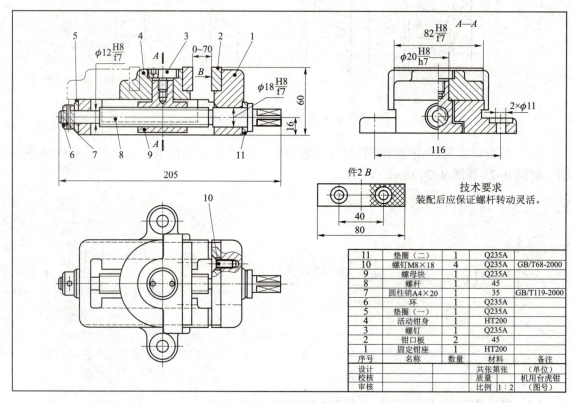

图 9-26 机用台虎钳装配

1）概括了解

（1）了解标题栏：从标题栏中了解装配体的名称、比例和大致的用途。

如图 9-26 所示，装配体的名称是机用台虎钳，它是安装在机床工作台上，用于夹紧工件，以便进行切削加工的一种通用工具。对照明细栏和序号可以看出，机用台虎钳由 11 种零件组成，其中螺钉 10、圆柱销 7 是标准件，其他均为专用件。机用台虎钳装配图采用三个基本视图和一个表示单独零件的视图（件 2）来表达。

（2）了解明细栏：由明细栏与序号可知标准件和专用件的名称、数量以及专用件的材料、热处理等要求。

（3）初步看视图：从视图的配置、标注的尺寸和技术要求可知该部件的结构特点和大小，并可弄清各视图的表达重点。

主视图：采用全剖视图，反映台虎钳的工作原理和零件间的装配关系。

左视图：采用A—A半剖视图，剖切位置从主视图中查找。

俯视图：反映了固定钳座的结构形状，并且通过局部剖视表达了钳口板与钳座连接的局部结构。

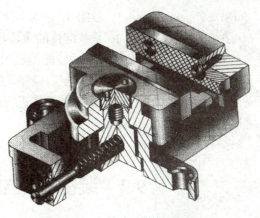

图 9-27　机用台虎钳轴测装配图

2）了解工作原理和装配关系

在一般了解的基础上，结合有关说明仔细分析机器或部件的工作原理和装配关系，这是看装配图的一个重要环节；分析各装配干线，弄清零件的配合、定位和连接方式。此外，对运动零件的润滑、密封形式等也要有所了解。

如图 9-26 所示，主视图基本上反映了台虎钳的工作原理：旋转螺杆 8 使螺母块 9 带动活动钳身 4 做水平方向左右移动，夹紧工件进行切削加工。最大夹持厚度为 70 mm，图中的双点画线表示活动钳身的极限位置。

主视图还反映了主要零件的装配关系：螺母块 9 从固定钳座 1 的下方空腔装入工字形槽内，再装入螺杆 8，并用垫圈 11、垫圈 5 及环 6 和圆柱销 7 将螺杆 11 轴向固定；通过螺钉 3 将活动钳身 4 与螺母块 9 连接，最后用螺钉 3 将两块钳口板 2 分别与固定钳座 1 和活动钳身 4 连接。

3）分析视图，看懂零件的结构形状

分析视图，了解各视图、剖视图、断面图等的投影关系及表达意图。了解各零件的主要作用，帮助看懂零件结构。分析零件时，应从主要视图中的主要零件开始分析，可按"先简单，后复杂"的顺序进行。有些零件在装配图上不一定完全表达清楚，可配合零件图来读装配图，这是读装配图极其重要的方法。常用的分析方法如下：

（1）利用剖面线的方向和间距来分析。同一零件的剖面线，在各视图上方向一致、间距相等。

（2）利用画法规定来分析。如实心件在装配中规定沿轴线方向剖切可不画剖面线，根据这些能很快将丝杆、手柄、螺钉、键、销等零件区分出来。

（3）利用零件序号，对照明细栏来分析。

如图 9-26 所示，装配图采用了主视图、左视图和俯视图三个基本视图。为了表达内部的装配关系和结构，多处采用了局部剖视。主视图和左视图表达了台虎钳的主要装配关系，俯视图主要表达装配体的外部形状，B 向局部视图表达了钳口板的情况。

固定钳座 1 下部空腔的工字形槽是为了装入螺母块，并使螺母块带动活动钳身随着螺杆顺（逆）时针旋转时做水平方向左右移动。

4）分析尺寸和技术要求

（1）分析尺寸：找出装配图中的性能（规格）尺寸、装配尺寸、安装尺寸、总体尺寸和其他重要尺寸。如图 9-26 所示，尺寸 0～70 是性能（规格）尺寸，尺寸 $\phi 12H8/f7$、

ϕ18H8/f7、ϕ20H8/h7、82H8/f7 是装配尺寸，尺寸 116、2×ϕ11 是安装尺寸，尺寸 205、60 是总体尺寸，尺寸 16 是装配体的重要尺寸。

（2）技术要求：一般是对装配体提出的装配要求、检验要求和使用要求等。图 9-26 中对装配体提出的技术要求是装配后应保证螺杆转动灵活。

综上所述，只有按步骤对装配体进行全面了解、分析和总结全部资料，认真归纳，才能准确无误地看懂装配体。

9.2 装配图尺寸标注及明细栏的标注

9.2.1 装配图的尺寸标注

装配图与零件图的作用不同，对尺寸标注要求也不同。装配图是设计和装配机器或部件时用的图样，因此，不必把零件制造时所需要的全部尺寸都标注出来，一般只标注以下几种尺寸。

1. 性能（规格）尺寸

表示机器或部件的工作性能或产品规格的尺寸。这类尺寸是设计产品的依据，如图 9-3 所示铣床尾座上顶针轴线到底面的高度 125，它表明该尾座只限于工件最大回传半径为 125 mm，即限定了固定在尾座上的被加工工件的直径尺寸。

2. 装配尺寸

用以保证机器或部件装配性能的尺寸。装配尺寸有以下两种。
1）配合尺寸
零件间有配合要求的尺寸，如图 9-3 所示配合尺寸 ϕ16H7/h6。
2）相对位置尺寸
表示装配体在装配时需要保证的零件间较重要的距离尺寸和间隙尺寸，如图 9-3 所示的调高机构与顶紧机构中心距尺寸 56，顶紧机构与底座定位键中心偏移距离尺寸 4 等。

3. 安装尺寸

表示零、部件安装在机器上或机器安装在固定基础上所需要的对外安装时连接用的尺寸，如图 9-3 所示的键宽尺寸 18J7/h6。

4. 总体尺寸

表示装配体所占有空间大小的尺寸，即长度、宽度和高度尺寸，如图 9-3 所示 295、115、144。总体尺寸可供包装、运输和安装使用时提供所需要占有空间的大小。

5. 其他重要尺寸

根据装配体的结构特点和需要，必须标注的重要尺寸，如运动件的极限位置尺寸、零件间的主要定位尺寸、设计计算尺寸等。如图 9-3 所示的 K 向视图尺寸 22° 表示了螺钉的活动范围。

上述五类尺寸，在每张装配图上并不一定都有，有时同一尺寸可能具有几种含义，分属于几类尺寸。在装配图中究竟要标注哪些尺寸，要根据具体情况分析确定。

9.2.2　装配图中零件明细栏的编制

明细栏应按国家标准（GB/T 10609.2—1989）中规定的格式绘制。明细栏一般放在标题栏上方，并与标题栏对齐。填写序号时应由下向上排列，这样便于补充编排序号时被遗漏的零件。当标题栏上方位置不够时，可在标题栏左方继续列表由下向上接排。明细栏的内容如图 9-1 所示。

9.2.3　装配图的技术要求

用文字或符号在装配图中说明对机器或部件的性能、装配、检验、使用等方面的要求和条件，这些统称为装配图中的技术要求，如图 9-3 所示中的技术要求。各类不同的机器或部件，其性能不同，技术要求也各不相同。因此，在拟定机器或部件装配图的技术要求时，应作具体分析。在零件图中已经注明的技术要求，装配图中不重复标注。技术要求一般填写在图纸下方的空白处。装配图上注写的技术要求通常可以从以下几方面考虑：

（1）装配后的密封、润滑等要求。
（2）有关性能、安装、调试、使用和维护等方面的要求。
（3）有关试验或检验方法的要求。

装配图技术要求中的文字注写应准确、简练，一般注写在明细栏上方或图纸下方空白处，也可以另编技术文件，附于图纸。

9.2.4　装配图中零部件序号的编排

为了便于看图、组织生产、管理图样的需要，在装配图的视图上应该对其组成的每个不同的零、部件进行编号，这种编号称为序号，同时在标题栏上方的明细栏中与图中序号一一对应地予以列出。

1. 序号的编排形式

序号的编排有以下两种形式：

（1）将装配图上所有的零件，包括标准件和专用件一起，依次统一编排序号，如图 9-1 所示，零件按逆时针方向编排序号。
（2）将装配图上所有的标准件的标记直接注写在图形中的指引线上，而将非标准件按顺序进行编号，如图 9-3 所示，非标准件按顺时针方向排列，标准件的标记直接注出，不编入序号。

2. 序号的编排方法

（1）每一种零件（无论件数多少）一般只编一个序号，必要时，多处出现的相同零件允许重复采用相同的序号标注。

（2）序号应编注在视图周围，按顺时针或逆时针方向排列，在水平和铅垂方向应排列整齐。

（3）零件序号和所指零件之间用指引线连接，注写序号的指引线应自零件的可见轮廓线内引出，末端画一圆点；若所指的零件很薄或涂黑的剖面不宜画圆点，则可在指引线末端画出箭头，并指向该零件的轮廓，如图9-28（a）所示。

（4）指引线相互不能相交，不能与零件的剖面线平行。一般指引线应画成直线，必要时允许曲折一次，如图9-28（b）所示。

（5）对于一组紧固件以及装配关系清楚的零件组，允许采用公共指引线，如图9-28（c）所示。

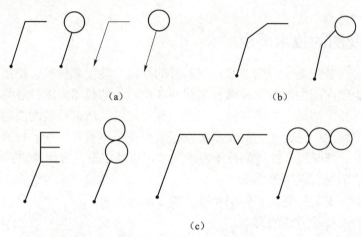

图9-28 序号标注方法

9.3 装配图拆画零件图

对装配体进行测量、绘制草图，然后绘制装配图和零件图的过程称为装配体的测绘。这种测绘工作是工程技术人员和技术工人必须掌握的基本技能。

9.3.1 了解测绘对象

测绘前首先要对测绘的装配体认真地分析研究，了解其用途、性能、工作原理、结构特点及各零件的装配关系、相对位置关系和加工方法等。具体方法如下：

（1）参考有关资料、说明书并与同类产品比较分析；

（2）通过拆卸，对零、部件进行全面分析；

（3）到生产现场参观学习，了解情况。

如要对图9-29（a）所示的开关杠杆的机构进行测绘，需先了解其作用与工作原理等。

9.3.2 拆卸零件和画装配示意图

拆卸零件时应注意：

（1）在拆卸零件前应先测量一些重要的装配尺寸，如相对位置尺寸、极限位置尺寸、装配间隙等，以便进一步校核图样和装配部件。

（2）拆卸时要用相应的拆卸工具，以便保证拆卸顺利且不损坏零件。

（3）按一定顺序拆卸。对过盈配合的零件，原则上不拆卸，以免损坏配合表面；过渡配合的零件，若不影响零件的测量工作，一般也不拆卸。

（4）将拆卸的零件进行编号和登记，加上号签，妥善保管。要防止零件被碰伤或生锈、丢失。

（5）对零件较多的装配体，为便于拆卸后重新装配，往往要绘制装配示意图，如图 9–29（b）所示。

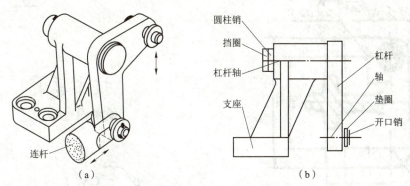

图 9–29　开关杠杆装配示意图
（a）立体图；（b）装配示意图

装配示意图就是用简明的符号和线条将零件的相互位置、连接方式和装配关系等表达出来。画装配示意图时，有些零件应按有关国家标准绘制。

9.3.3 画零件草图

对拆卸下来的零件逐一画出零件草图（标准件不必画零件草图，但应注写出标准件代号、标记和数量）。画零件草图时应先画出视图，引出尺寸线，然后逐一测量并填写尺寸数字，如图 9–30 所示。

尺寸线要完整无缺；测量和填写尺寸数字时，各零件间有联系的尺寸数值要协调一致，配合尺寸在两个零件草图上应成对标注。例如，实际测量的支座内孔是 $\phi 8.02$，杠杆轴上相应一段圆柱尺寸为 $\phi 7.98$，那么，在画零件草图或零件图时它们应标注相同的公称尺寸 $\phi 8$，但在公称尺寸后面要各自注出相应的极限偏差值。

9.3.4 画装配图

画装配图的步骤与画零件图的步骤相似，主要的不同就是画装配图时要从整个装配体的结构特点、工作原理出发，确定合理的表达方案。一般的画图步骤是：先将测绘好的零件草图经过整理后，参考装配示意图确定表达方案及画图比例，再画出装配图。

画装配图的一般步骤如下：

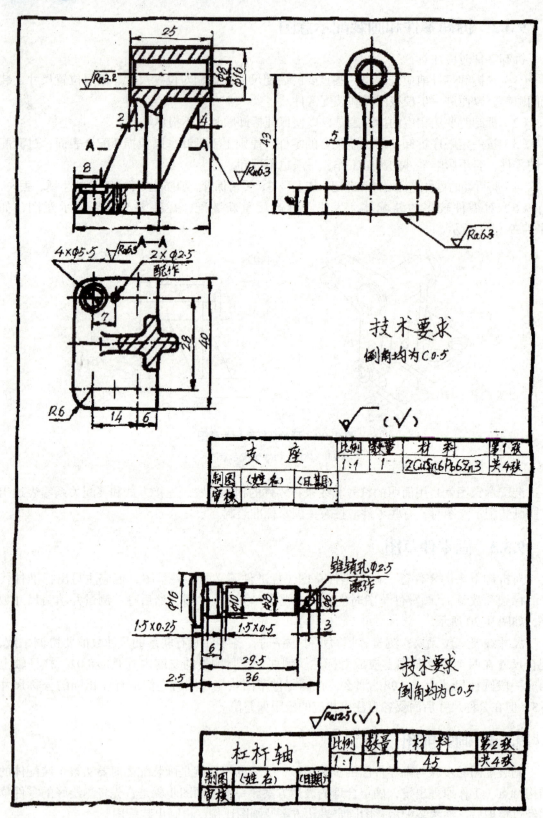

图 9-30 开关杠杆部分零件草图

1. 绘图准备

（1）对装配体和装配体内的全部零件要认真地测绘，充分掌握画装配图的第一手资料。
（2）系统地掌握有关装配图的一些基本知识，并在绘图过程中很好地去体会、运用。
（3）必备的技术资料和绘图工具。
（4）画出全部专用件的草图（在测绘过程中进行）。标准件要根据其结构形状和测量尺寸确定标准件规格、代号或标记。

2. 分析装配体结构及工作原理

此项内容前面已分析过，这里不再重复。

3. 确定表达方案，选定一组视图

前面讲过，装配图表达的主要内容是部件的工作原理及零件之间的装配关系，这也是确定装配图表达方案的主要依据。装配图同零件图一样，也要以主视图的选择为中心来确定整个表达方案。根据上述方法确定的开关杠杆装配图方案如图 9-31 所示。

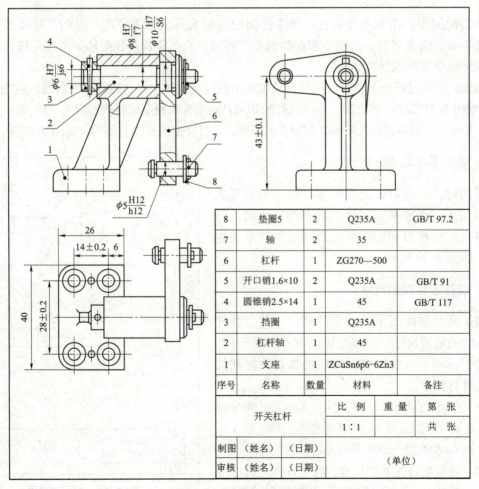

图 9-31　开关杠杆装配图

4. 绘制装配图

（1）根据装配体大小、视图数量决定图幅比例以及幅面大小。画出图框，定出标题栏和明细栏的位置。

（2）画出各视图的主要基准线，如中心线、对称线和主要端面轮廓线等。

（3）从主要装配干线入手，由里向外逐一画出该干线上的每个零件，逐步延伸，完成该视图。几个基本视图要相互配合起来进行画图，开始是打底稿，底稿用细实线画出。

（4）检查校核、描深底稿、标注尺寸并编排零件序号等，如图 9-31 所示。

9.3.5　由装配图拆画零件图

由装配图拆画零件图，简称拆图，它是在看懂装配图的基础上进行的。拆图工作分两种：一种是部件测绘中的拆图，另一种是新设计中的拆图。进行部件测绘中的拆图时，可根据画好后的装配图和零件草图进行；新设计中的拆图则只能依据装配图进行。下面介绍拆画零件图的一般程序和注意事项。

1. 确定零件形状

在装配图中，由于主要表达的是零件间的装配关系及工作原理，因此对零件形状表达的往往不够全面和清楚，这就要求在拆画零件图时，根据零件在装配体中的作用进行补充设计，确定每个零件的所有结构。

例如，开关杠杆中的杠杆，虽然在装配图中可以量得长、宽、高的尺寸数值，但它的完整形状和细小结构都还不够清楚。结合杠杆的功用及制造方法确定杠杆的形状为"L"形，为安装方便，并使装配时不碰伤杠杆轴 2 和轴 7 的圆柱面，杠杆上的孔要有倒角，如图 9-32 所示。

2. 确定零件表达方案

拆图时，不应对装配图中零件的图形方位表达照抄照搬，而要根据零件主视图选择原则，即根据符合工作位置和形状特征原则重新确定表达方案，如图 9-32 所示。

3. 标注零件图的尺寸

（1）凡是装配图上已确定的尺寸，都是设计零件图时的重要尺寸，必须直接注到零件图上。

（2）标准结构和工艺结构应查找有关标准校核后再进行标注。

（3）在装配图中未注出的尺寸，在图样比例准确时可直接量取。如量得的尺寸不是整数，则应按《标准尺寸》（GB/T 2822—2005）加以圆整后标注。

（4）对有配合关系的尺寸，在零件图上标注时要注意互相对应，不可出现矛盾，以防装配困难。

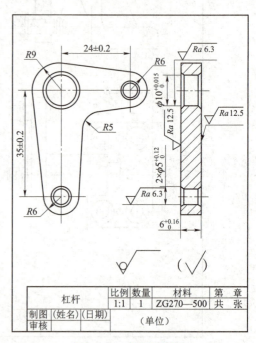

图 9-32　杠杆零件图

4. 表面粗糙度和其他技术要求

表面粗糙度可以根据零件加工表面的作用，参阅有关资料或用类比法确定。在一般情况下，有相对运动和配合要求的表面，表面粗糙度 Ra 的上限值一般应小于 3.2 μm；有密封要求和耐腐蚀的表面，表面粗糙度 Ra 的上限值一般应小于 6.3 μm；非配合表面 Ra 的上限值一般应大于 25 μm；不重要的接合面 Ra 的上限值一般为 12.5 μm。

其他技术要求，如形位公差、热处理要求等，应根据零件在装配体中的作用，参考有关资料或类比法确定。

5. 审核图样

对所拆画的零件图进行一次全面的校核，认真审查，确实无遗漏、无差错后方可最终结束拆图工作。

总之，拆画的零件图要符合对零件图的各项要求。

9.4 AutoCAD 2010 绘制装配图

用 AutoCAD 2010 绘制装配图有两种方法，一种是和零件图一样，采用一定的比例，根据装配图直接进行绘制；另一种是根据已有零件图进行插入绘制装配图。本节主要介绍根据已有零件图采用外部参照来绘制装配图。

9.4.1 直接绘制装配图

画装配图时应选好比例，布置好图面，如图 9-33 所示。草图的比例应与正式图的比例尺相同，并优先用 1∶1 比例，以便于绘图并有真实感。

装配图图面布置好以后，即可根据所给的装配图按绘制零件图的方法进行绘制，最后将图形保存。

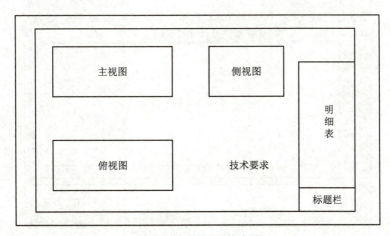

图 9-33 装配图的布置

9.4.2 根据已有零件图形绘制装配图

在绘图过程中，可以将一幅图形作为外部参照附加到当前图形，这是一种重要的共享数据的方法。当一个图形文件被作为外部参照插入到当前图形中时，外部参照中每个图形的数据仍然分别保存在各自的源图形文件中，当前图形中所保存的只是外部参照的名称和路径。可对外部参照进行比例缩放、移动、复制、镜像或旋转等操作，还可以控制外部参照的显示状态，但这些操作都不会影响到原图文件。AutoCAD 允许在绘制当前图形的同时显示多达 32 000 个图形参照，并且可以对外部参照进行嵌套，嵌套的层次可以为任意多层。当打开或打印附着有外部参照的图形文件时，AutoCAD 自动对每一个外部参照图形文件进行重载，从而确保每个外部参照图形文件反映的都是它们的最新状态。

外部参照与块有相似的地方，但它们的主要区别是：一旦插入了块，该块就永久性地插入到当前图形中，成为当前图形的一部分。而以外部参照方式将图形插入到某一图形（称之为主图形）后，被插入图形文件的信息并不直接被加入主图形中，主图形只是记录参照的关系，例如，参照图形文件的路径等信息。另外，对主图形的操作不会改变外部参照图形文件的内容。当打开具有外部参照的图形时，系统会自动把各外部参照图形文件重新调入内存并在当前图形中显示出来。

对于使用外部参照绘制装配图的方法可以参考下面的例子：

根据位于目录 D:\我的文档\千斤顶中的图形文件 1. dwg（顶块零件图形）、2. dwg（螺钉 M8×16 零件图形）、3. dwg（螺杆零件图形）、4. dwg（螺母零件图形）、5. dwg（底座零件图形）、6. dwg（挡圈零件图形）、7. dwg（螺钉 M8×12 零件图形）、8. dwg（螺钉 M10×15 零件图形）绘制千斤顶装配图。

1. 建立新图形

绘图前必须进行有关设置：单位、图层、线型、线宽、颜色、文本样式；系统显示颜色、自动存盘时间；尺寸标注样式、自动捕捉方式等。在绘图过程中因图形较复杂，为避免停电等造成的损失，在绘图过程中应随时保存文件。如图 9-34 所示。

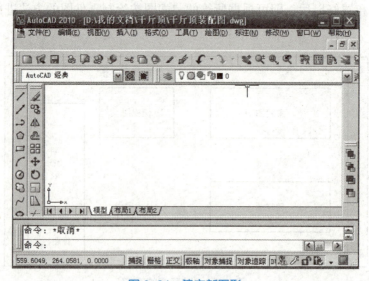

图 9-34 建立新图形

2. 将已有图形添加到新绘制的图形

其命令调用方式为：

工具栏："外部参照" — ；

菜单："Insert（插入）" — "外部参照"；

命令行：Xattach（或别名 xa）。

（1）单击"参照"工具栏中的"附着外部参照"按钮，系统会弹出"选择参照文件"对话框，提示用户指定外部参照文件，如图 9–35 所示。

图 9–35 "选择参照文件"对话框

（2）选择所要附着为外部参照的图形文件 1.dwg（顶块零件图形），单击"确定"按钮，系统会弹出"外部参照"对话框，如图 9–36 所示。

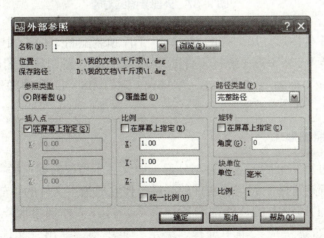

图 9–36 "外部参照"对话框

该对话框中的"插入点""比例"和"旋转"等项与"插入"对话框相同，其他项的作用为：

①"保存路径"：设置是否保存外部参照的完整路径。如果选择了这个选项，外部参照

的路径将保存到图形数据库中，否则将只保存外部参照的名称而不保存其路径。

②"参照类型"：指定外部参照是"附着型"还是"覆盖型"。

a."附着型"：在图形中附着附加型的外部参照时，如果其中嵌套有其他外部参照，则将嵌套的外部参照包含在内。

b."覆盖型"：在图形中附着覆盖型的外部参照时，任何嵌套在其中的覆盖型外部参照都将被忽略，而且其本身也不能显示。

（3）在"参照类型"选项组中选中"附着型"单选按钮，其他的选项可以参考插入图块的设置进行。

（4）单击"确定"按钮，在绘图区域中指定外部参照的插入点，即完成了外部参照的附着，如图9-37所示。

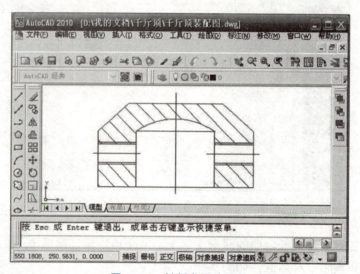

图9-37　外部参照的附着

（5）装入其他零件图形，用同样的方法在"千斤顶装配图.dwg"中装配图形2.dwg（螺钉M8×16零件图形）、3.dwg（螺杆零件图形）、4.dwg（螺母零件图形）、5.dwg（底座零件图形）、6.dwg（挡圈零件图形）、7.dwg（螺钉M8×12零件图形）、8.dwg（螺钉M10×15零件图形），如图9-38所示。

3. 绑定外部参照图形

当协调设计的过程结束后，主文件与外部参照文件不再仅需要这样一种链接关系，这时要将外部参照直接绑定进来割裂与源文件的联系，使它成为主文件的一部分。

执行"插入"工具栏中的"外部参照"命令，打开"外部参照"选项板，选中参照列表中的文件，从右键快捷菜单中选择"绑定"菜单项，弹出"文件参照"对话框，如图9-39所示。

选择其中的"绑定"单选按钮，单击"确定"按钮，插进来的外部参照依然显示在图形中，如图9-40所示。

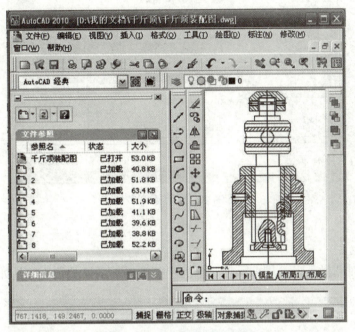

图 9-38 装入其他零件图形

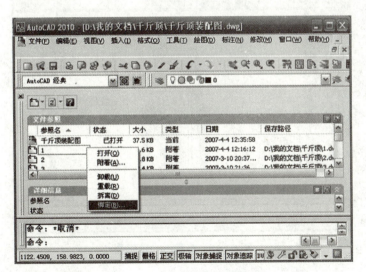

图 9-39 绑定外部参照图形

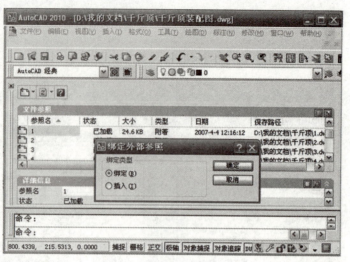

图 9-40　确定绑定类型

4. 整理

根据要求，对图做整理，例如移动、修剪、整理局部剖处的结构等，如图 9-41 所示。

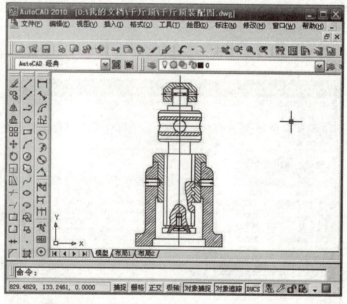

图 9-41　整理后的装配图

5. 插入图幅和填写标题栏

打开已完成的 A4 图纸图幅和标题栏样板文件，将装配图复制到图形中，如图 9-42 所示。

单击"文字"工具栏中的"编辑文字"命令按钮，更改和添加相关栏目，如图 9-43 所示。

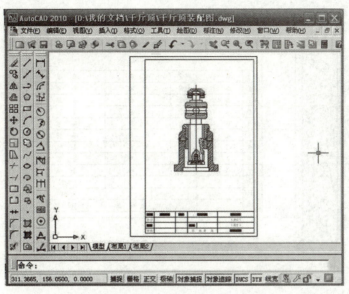

图 9-42 将装配图复制到样板文件

图 9-43 填写标题栏

6. 创建、填写明细栏

单击"修改"工具栏中的"阵列"命令按钮和"修改"工具栏中的"延伸"命令按钮，创建明细栏，如图 9-44 所示。

单击"文字"工具栏中的"编辑文字"命令按钮，撰写组成零件的目录，如图 9-45 所示。

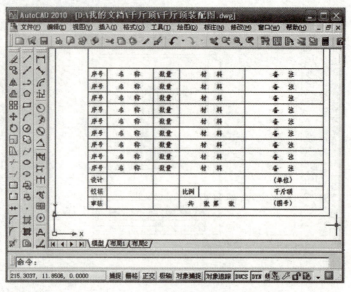

图 9-44 创建明细栏

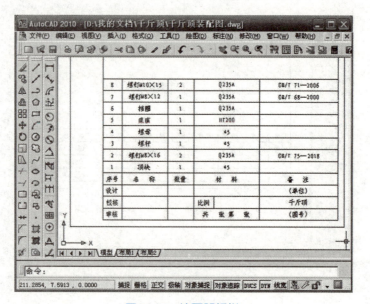

图 9-45 填写明细栏

7. 标注尺寸和技术要求

单击"标注"工具栏中的"线性标注"命令按钮,标注装配尺寸,如图 9-46 所示。

单击"绘图"工具栏中的"直线"命令按钮和"文字"工具栏中的"多行文字"命令按钮,使用引线标识组成零件,如图 9-47 所示。

至此,已完成根据已有零件绘制装配图的操作,将图形保存即可。

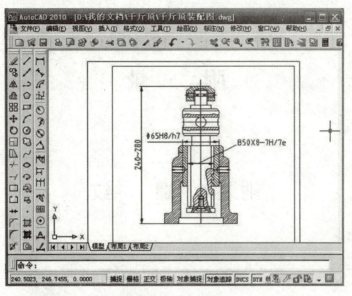

图 9-46 标注装配尺寸

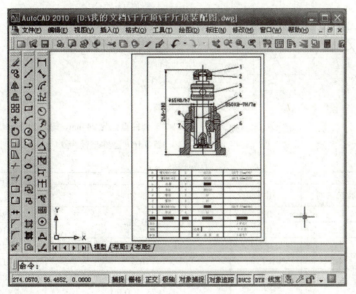

图 9-47 标注零件序号

附　　录

附录A　螺　　纹

表A-1　普通螺纹直径与螺距（摘自 GB/T 196—2003、GB/T 197—2003）　　单位：mm

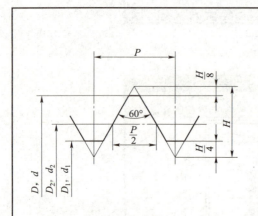

D——内螺纹的基本大径（公称直径）
d——外螺纹的基本大径（公称直径）
D_2——内螺纹的基本中径
d_2——外螺纹的基本中径
D_1——内螺纹的基本小径
d_1——外螺纹的基本小径
P——螺距
$H=\dfrac{\sqrt{3}}{2}P$

标注示例

M24×3（公称直径为24 mm、螺距为3 mm的粗牙右旋普通螺纹）
M24×1.5–LH（公称直径为24 mm、螺距为1.5 mm的细牙左旋普通螺纹）

公称直径 D、d		螺距 P		粗牙中径	粗牙小径
第一系列	第二系列	粗牙	细牙	D_2、d_2	D_1、d_1
3		0.5	0.35	2.675	2.459
	3.5	（0.6）		3.110	2.850
4		0.7		3.545	3.242
	4.5	（0.75）	0.5	4.013	3.688
5		0.8		4.480	4.134
6		1	0.75,（0.5）	5.350	4.917
8		1.25	1, 0.75,（0.5）	7.188	6.647
10		1.5	1.25, 1, 0.75,（0.5）	9.026	8.376
12		1.75	1.5, 1.25, 1, 0.75,（0.5）	10.863	10.106
	14	2	1.5,（1.25）, 1,（0.75）, 0.5	12.701	11.835
16		2	1.5, 1,（0.75）,（0.5）	14.701	13.835
	18	2.5	1.5, 1,（0.75）,（0.5）	16.376	15.294
20		2.5		18.376	17.294
	22	2.5	2, 1.5, 1,（0.75）,（0.5）	20.376	19.294
24		3	2, 1.5, 1,（0.75）	22.051	20.752
	27	3	2, 1.5, 1,（0.75）	25.051	23.752
30		3.5	（3）, 2, 1.5, 1,（0.75）	27.727	26.211

注：1. 优先选用第一系列，括号内尺寸尽可能不用，第三系列未列入。
　　2. M14×1.25 仅用于火花塞。

表 A-2 梯形螺纹（摘自 GB/T 5796.1～5796.4—2005） 单位：mm

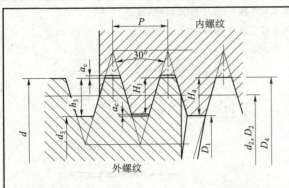

d——外螺纹大径（公称直径）
d_3——外螺纹小径
D_4——内螺纹大径
D_1——内螺纹小径
d_2——外螺纹中径
D_2——内螺纹中径
P——螺距
a_c——牙顶间隙

$h_3 = H_1 + a_c$

标记示例：
Tr40×7-7H（单线梯形内螺纹、公称直径 d=40 mm、螺距 P=7 mm、右旋、中径公差带为 7H、中等旋合长度）
Tr60×18（P9）LH-8e-L（双线梯形外螺纹、公称直径 d=60 mm、导程 P_h=18 mm、螺距 P=9 mm、左旋、中径公差带为 8e、长旋合长度）

梯形螺纹的基本尺寸

d 公称系列 第一系列	d 公称系列 第二系列	螺距 P	中径 $d_2=D_2$	大径 D_4	小径 d_3	小径 D_1	d 公称系列 第一系列	d 公称系列 第二系列	螺距 P	中径 $d_2=D_2$	大径 D_4	小径 d_3	小径 D_1
8	—	1.5	7.25	8.3	6.2	6.5	32	—	6	29.0	33	25	26
—	9	2	8.0	9.5	6.5	7	—	34	6	31.0	35	27	28
10	—	2	9.0	10.5	7.5	8	36	—	6	33.0	37	29	30
—	11	2	10.0	11.5	8.5	9	—	38	7	34.5	39	30	31
12	—	3	10.5	12.5	8.5	9	40	—	7	36.5	41	32	33
—	14	3	12.5	14.5	10.5	11	—	42	7	38.5	43	34	35
16	—	4	14.0	16.5	11.5	12	44	—	7	40.5	45	36	37
—	18	4	16.0	18.5	13.5	14	—	46	8	42.0	47	37	38
20	—	4	18.0	20.5	15.5	16	48	—	8	44.0	49	39	40
—	22	5	19.5	22.5	16.5	17	—	50	8	46.0	51	41	42
24	—	5	21.5	24.5	18.5	19	52	—	8	48.0	53	43	44
—	26	5	23.5	26.5	20.5	21	—	55	9	50.5	56	45	46
28	—	5	25.5	28.5	22.5	23	60	—	9	55.5	61	50	51
—	30	6	27.0	31.0	23.0	24	—	65	10	60.0	66	54	55

注：1. 优先选用第一系列的直径。
2. 表中所列的螺距和直径是优先选择的螺距及与之对应的直径。

表 A–3　55° 密封管螺纹

第 1 部分　圆柱内螺纹与圆锥外螺纹（摘自 GB/T 7306.1—2000）
第 2 部分　圆锥内螺纹与圆锥外螺纹（摘自 GB/T 7306.2—2000）

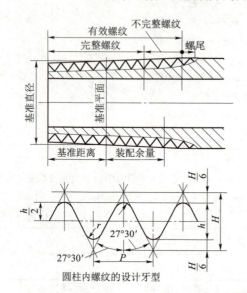

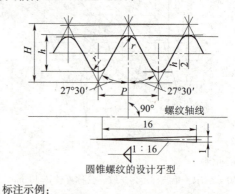

圆锥螺纹的设计牙型

圆柱内螺纹的设计牙型

标注示例：
GB/T 7306.1—2000
$R_P3/4$（尺寸代号 3/4，右旋，圆柱内螺纹）
$R_1 3$（尺寸代号 3，右旋，圆锥外螺纹）
$R_P3/4LH$（尺寸代号 3/4，右旋，圆柱内螺纹）
$R_P/R_1 3$（右旋圆锥螺纹、圆柱内螺纹螺纹副）

GB/T 7306.2—2000
$R_c 3/4$（尺寸代号 3/4，右旋，圆锥内螺纹）
$R_c 3/4LH$（尺寸代号 3/4，左旋，圆锥内螺纹）
$R_2 3$（尺寸代号 3，右旋，圆锥内螺纹）
$R_2/R_2 3$（右旋圆锥内螺纹、圆锥外螺纹螺纹副）

尺寸代号	每 25.4 mm 内所含的牙数 n	螺距 P/mm	牙高 h/mm	基准平面内的基本直径			基准距离（基本）/mm	外螺纹的有效螺纹（不小于）/mm
				大径（基准直径）$d=D$/mm	中径 $d_2=D_2$/mm	小径 $d_1=D_1$/mm		
1/6	28	0.907	0.581	7.723	7.142	6.561	4	6.5
1/8	28	0.907	0.581	9.728	9.147	8.566	4	6.5
1/4	19	1.337	0.856	13.157	12.301	11.445	6	9.7
3/8	19	1.337	0.856	16.662	15.806	14.950	6.4	10.1
1/2	14	1.814	1.162	20.955	19.793	18.631	8.2	13.2
3/4	14	1.814	1.162	26.441	25.279	24.117	9.5	14.5
1	11	2.309	1.479	33.249	31.770	30.291	10.4	16.8
1 1/14	11	2.309	1.479	41.910	40.431	38.952	12.7	19.1
1 1/12	11	2.309	1.479	47.803	46.324	44.845	12.7	19.1
2	11	2.309	1.479	59.614	58.135	56.656	15.9	23.4
2 1/2	11	2.309	1.479	75.184	73.705	72.226	17.5	26.7
3	11	2.309	1.479	87.884	86.405	84.926	20.6	29.8
4	11	2.309	1.479	113.030	111.551	110.072	25.4	35.8
5	11	2.309	1.479	138.430	136.951	135.472	28.6	40.1
6	11	2.309	1.479	163.830	162.351	160.872	28.6	40.1

表 A–4 55°非密封管螺纹（摘自 GB/T 7307—2001）

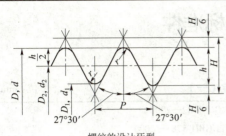

螺纹的设计牙型

标注示例：
G2（尺寸代号 2，右旋，圆柱内螺纹）
G3A（尺寸代号 3，右旋，A 级圆柱外螺纹）
G2-LH（尺寸代号 2，左旋，圆柱外螺纹）
G4B-LH（尺寸代号 4，左旋，B 级圆柱外螺纹）
注：$r=0.137\,329P$
$P=25.4/n$
$H=0.960\,401\,P$

尺寸代号	每 25.4 mm 内所含的牙数 n	螺距 P/mm	牙高 h/mm	基本直径		
				大径 $d=D$/mm	中径 $d_2=D_2$/mm	小径 $d_1=D_1$/mm
1/16	28	0.907	0.581	7.723	7.142	6.561
1/8	28	0.907	0.581	9.728	9.147	8.566
1/4	19	1.337	0.856	13.157	12.301	11.445
3/8	19	1.337	0.856	16.662	15.806	14.950
1/2	14	1.814	1.162	20.955	19.793	18.631
3/4	14	1.814	1.162	26.441	25.279	24.117
1	11	2.309	1.479	33.249	31.770	30.291
1 1/4	11	2.309	1.479	41.910	40.431	38.952
1 1/2	11	2.309	1.479	47.803	46.324	44.845
2	11	2.309	1.479	59.614	58.135	56.656
2 1/2	11	2.309	1.479	75.184	73.705	72.226
3	11	2.309	1.479	87.884	86.405	84.926
4	11	2.309	1.479	113.030	111.551	110.072
5	11	2.309	1.479	138.430	136.951	135.472
6	11	2.309	1.479	163.830	162.351	160.872

附录 B 常用标准件

表 B-1 六角头螺栓（一） 单位：mm

六角头螺栓—A 和 B 级（摘自 GB/T 5782—2000）
六角头螺栓—细牙—A 和 B 级（摘自 GB/T 5785—2000）

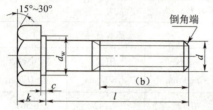

标记示例：
螺栓 GB/T 5782 M12×100
（螺纹规格 d=M12、公称长度 l=100 mm、性能等级为 8.8 级、表面氧化、杆身半螺纹、A 级的六角头螺栓）

六角头螺栓—全螺栓—A 和 B 级（摘自 GB/T 5783—2000）
六角头螺栓—细牙—全螺栓—A 和 B 级（摘自 GB/T 5786—2000）

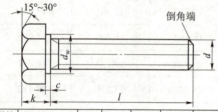

标记示例：
螺栓 GB/T 5786 M30×2×80
（螺纹规格 d=M30×2、公称长度 l=80 mm、性能等级为 8.8 级、表面氧化、全螺纹、B 级的细牙六角头螺栓）

螺纹规格	d	M4	M5	M6	M8	M10	M12	M16	M20	M24	M30	M36	M42	M48
	$D×P$	—	—	—	M8×1	M10×1	M12×15	M16×15	M20×2	M24×2	M30×2	M36×3	M42×3	M48×3
b 参考	$l≤125$	14	16	18	22	26	30	38	46	54	66	78	—	—
	$125<l≤200$	—	—	—	28	32	36	44	52	60	72	84	96	108
	$l>200$	—	—	—	—	—	—	57	65	73	85	97	109	121
c_{min}		0.4	0.5		0.6				0.8				1	
k 公称		2.8	3.5	4	5.3	6.4	7.5	10	12.5	15	18.7	22.5	26	30
s_{min}=公称		7	8	10	13	16	18	24	30	36	46	55	65	75
e_{min}	A	7.66	8.79	11.05	14.38	17.77	20.03	26.75	33.53	39.98	—	—	—	—
	B	—	8.63	10.89	14.2	17.59	19.85	26.17	32.95	39.55	50.85	60.79	72.02	82.6
d_{wmin}	A	5.9	6.9	8.9	11.6	14.6	16.6	22.5	28.2	33.6	—	—	—	—
	B	—	6.7	8.7	11.4	14.4	16.4	22	27.7	33.2	42.7	51.1	60.6	69.4
l 范围	GB/T 5782	25~40	25~50	30~60	35~80	40~100	45~120	55~160	65~200	80~240	90~300	110~360	130~400	140~400
	GB/T 5785											110~300		
	GB/T 5783	8~40	10~50	12~60	16~80	20~100	25~100	35~100	40~100				80~500	100~500
	GB/T 5786						25~120	35~160	40~200				90~400	100~500
l 系列	GB/T 5783 GB/T 5785	20~65（5 进位）、70~160（10 进位）、180~400（20 进位）												
	GB/T 5783 GB/T 5786	6、8、10、12、16、18、20~65（5 进位）、70~160（10 进位）、180~500（20 进位）												

注：1. P——螺距。末端按 GB/T 2—2000 规定。

2. 螺纹公差：6g；机械性能等级：8.8。

3. 产品等级：A 级用于 $d≤24$ mm 和 $l≤10d$ 或 $≤150$ mm（按较小值）；B 级用于 $d>24$ mm 和 $l>10d$ 或 >150 mm（按较小值）。

表 B-2 六角头螺栓（二）

单位：mm

六角头螺栓—C 级（摘自 GB/T 5780—2000）

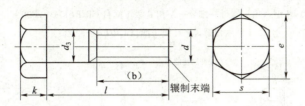

标记示例：

螺栓 GB/T 5780 M20×100

（螺纹规格 d=M20、公称长度 l=100 mm、性能等级为 4.8 级、不经表面处理、杆身半螺纹、C 级的六角头螺栓）

六角头螺栓—全螺纹—C 级（摘自 GB/T 5781—2000）

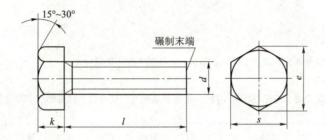

标记示例：

螺栓 GB/T 5781 M12×80

（螺纹规格 d=M12、公称长度 l=80 mm、性能等级为 4.8 级、不经表面处理、全螺纹、C 级的六角头螺栓）

螺纹规格 d		M5	M6	M8	M10	M12	M16	M20	M24	M30	M36	M42	M48
b 参考	$l \leq 125$	16	18	22	26	30	38	40	54	66	78	—	—
	$125<l \leq 120$	—	—	28	32	36	44	52	60	72	84	96	108
	$l>200$	—	—	—	—	—	57	65	73	85	97	109	121
k 公称		3.5	4.0	5.3	6.4	7.5	10	12.5	15	18.7	22.5	26	30
s_{max}		8	10	13	16	18	24	30	36	46	55	65	75
e_{max}		8.63	10.9	14.2	17.6	19.9	26.2	33.0	39.6	50.9	60.8	72.0	82.6
d_{max}		5.48	6.48	8.58	10.6	12.7	16.7	20.8	24.8	30.8	37.0	45.0	49.0
l 范围	GB/T 5780—2000	25~50	30~60	35~80	40~100	45~120	55~160	65~200	80~240	90~300	110~300	160~420	180~480
	GB/T 5781—2000	10~40	12~50	16~65	20~80	25~100	35~100	40~100	50~100	60~100	70~100	80~420	90~480
l 系列		10、12、16、20~50(5 进位)、(55)、60、(65)、70~160(10 进位)、180、220~500(20 进位)											

注：1. 括号内的规格尽可能不用。末端按 GB/T 2—2000 规定。

2. 螺纹公差：8 g（GB/T 5780—2000）；6 g（GB/T 5781—2000）；机械性能等级：4.6、4.8；产品等级：C。

表 B-3　I 型六角螺母　　　　　　　　　　　　单位：mm

I 型六角螺母—A 和 B 级（摘自 GB/T 6170—2000）
I 型六角头螺母—细牙—A 和 B 级（摘自 GB/T 6171—2000）
I 型六角螺母—C 级（摘自 GB/T 41—2000）

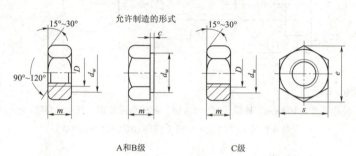

A 和 B 级　　　　　　　C 级

标记示例：

螺母 GB/T 41　M12

（螺纹规格 D=M12、性能等级为 5 级、不经表面处理、C 级的 I 型六角螺母）

螺母 GB/T 6171　M24×2

（螺纹规格 D=M12、螺距 P=2、性能等级为 10 级、不经表面处理、B 级的 I 型细牙六角螺母）

螺纹规格	D	M4	M5	M6	M8	M10	M12	M16	M20	M24	M30	M36	M42	M48
	$D×P$	—	—	—	M8×1	M10×1	M12×1.5	M16×1.5	M20×2	M24×2	M30×2	M36×3	M42×3	M48×3
c		0.4	0.5	0.5	0.6	0.6	0.6	0.6	0.8	0.8	0.8	0.8	1	1
s_{max}		7	8	10	13	16	18	24	30	36	46	55	65	75
e_{min}	A、B 级	7.66	8.79	11.05	14.38	17.77	20.03	26.75	32.95	39.95	50.85	60.79	72.02	82.6
	C 级	—	8.63	10.89	14.2	17.59	19.85	26.17						
m_{max}	A、B 级	3.2	4.7	5.2	6.8	8.4	10.8	14.8	18	21.5	25.6	31	34	38
	C 级	—	5.6	6.1	7.9	9.5	12.2	15.9	18.7	22.3	26.4	31.5	34.9	38.9
$d_{w\,min}$	A、B 级	5.9	6.9	8.9	11.6	14.6	16.6	22.5	27.7	33.2	42.7	51.1	60.6	69.4
	C 级	—	6.9	8.7	11.5	14.5	16.5	22						

注：1. P——螺距。

2. A 级用于 $D \leqslant 16$ mm 的螺母；B 级用于 $D>16$ mm 的螺母；C 级用于 $D \geqslant 5$ mm 的螺母。

3. 螺纹公差：A、B 级为 6H，C 级为 7H；机械性能等级；A、B 级为 6、8、10 级，C 级为 4、5 级。

表 B-4 双头螺柱（摘自 GB/T 897~900—1988） 单位：mm

$b_m=1d$（GB/T 897—1988）； $b_m=1.25d$（GB/T 898—1988）； $b_m=1.5d$（GB/T 899—1988）； $b_m=2d$（GB/T 900—1988）

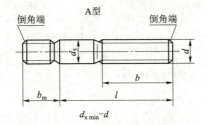
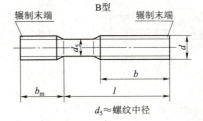

标记示例：

螺柱 GB/T 900—1988 M10×50

（两端均为粗牙普通螺纹、$d=10$ mm、$l=50$ mm、性能等级为 4.8 级、不经表面处理、B 型、$b_m=2d$ 的双头螺柱）

螺柱 GB/T 900—1988 AM10–10×1×50

（旋入机体一端为粗牙普通螺纹、旋螺母端为螺距 $P=1$ mm 的细牙普通螺纹、$d=10$ mm、$l=50$ mm、性能等级为 4.8 级、不经表面处理、A 型、$b_n=2d$ 的双头螺柱）

螺纹规格 d	b_m（旋入机体端长度）				l/b（螺柱长度/旋螺母端长度）				
	GB/T 897	GB/T 898	GB/T 899	GB/T 900					
M4	—	—	6	8	$\frac{16\sim12}{8}$	$\frac{25\sim40}{14}$			
M5	5	6	8	10	$\frac{16\sim22}{10}$	$\frac{25\sim50}{16}$			
M6	6	8	10	12	$\frac{20\sim22}{10}$	$\frac{25\sim30}{14}$	$\frac{32\sim75}{18}$		
M8	8	10	12	16	$\frac{20\sim22}{12}$	$\frac{25\sim30}{16}$	$\frac{32\sim90}{22}$		
M10	10	12	15	20	$\frac{20\sim28}{14}$	$\frac{30\sim38}{16}$	$\frac{40\sim120}{26}$	$\frac{130}{32}$	
M12	12	15	18	24	$\frac{20\sim30}{14}$	$\frac{32\sim40}{16}$	$\frac{45\sim120}{26}$	$\frac{130\sim180}{32}$	
M16	16	20	24	32	$\frac{30\sim38}{16}$	$\frac{40\sim55}{20}$	$\frac{60\sim120}{30}$	$\frac{130\sim200}{36}$	
M20	20	25	30	40	$\frac{30\sim40}{20}$	$\frac{45\sim64}{30}$	$\frac{70\sim120}{38}$	$\frac{130\sim200}{44}$	
（M24）	24	30	36	48	$\frac{45\sim50}{25}$	$\frac{55\sim75}{35}$	$\frac{80\sim120}{46}$	$\frac{130\sim200}{52}$	
（M30）	30	38	45	60	$\frac{60\sim65}{40}$	$\frac{70\sim90}{50}$	$\frac{95\sim120}{66}$	$\frac{130\sim200}{72}$	$\frac{210\sim250}{85}$
M36	36	45	54	72	$\frac{65\sim75}{45}$	$\frac{80\sim110}{60}$	$\frac{120}{78}$	$\frac{130\sim200}{84}$	$\frac{210\sim300}{97}$
M42	42	52	63	84	$\frac{70\sim80}{50}$	$\frac{85\sim110}{70}$	$\frac{120}{90}$	$\frac{130\sim200}{96}$	$\frac{210\sim300}{109}$
M48	48	60	72	96	$\frac{80\sim90}{60}$	$\frac{95\sim110}{80}$	$\frac{120}{102}$	$\frac{130\sim200}{108}$	$\frac{210\sim300}{121}$
l 系列	12、(14)、16、(18)、20、(22)、25、(28)、30、(32)、35、(38)、40、45、50、55、60、(65)、70、75、80、(85)、90、(95)、100~260（10 进位）、280、300								

注：1. 尽可能不采用括号内的规格。末端按 GB/T 2—2000 规定。

2. $b_m=d$，一般用于钢对钢；$b_m=(1.25\sim1.5)d$，一般用于钢对铸铁；$b_m=2d$，一般用于钢对铝合金。

表 B-5 螺钉(一)
单位: mm

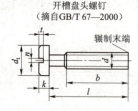 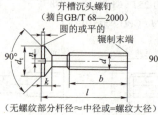 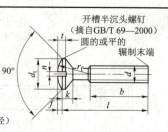

开槽盘头螺钉（摘自 GB/T 67—2000）　　开槽沉头螺钉（摘自 GB/T 68—2000）　　开槽半沉头螺钉（摘自 GB/T 69—2000）

（无螺纹部分杆径≈中径或=螺纹大径）

标记示例：

螺钉 GB/T 67　M5×60

（螺纹规格 d=M5、l=60 mm、性能等级为 4.8 级、不经表面处理的开槽盘头螺钉）

螺纹规格 d	P	b_{min}	n公称	f GB/T 69	r_f GB/T 69	k_{max} GB/T 68 GB/T 67	k_{max} GB/T 68 GB/T 69	d_{kmax} GB/T 68 GB/T 67	d_{kmax} GB/T 68 GB/T 69	t_{min} GB/T 67	t_{min} GB/T 68	t_{min} GB/T 69	l范围 GB/T 67	l范围 GB/T 68 GB/T 69	全螺纹时最大长度 GB/T 67	全螺纹时最大长度 GB/T 68 GB/T 69
M2	0.4	25	0.5	4	0.5	1.3	1.2	4	3.8	0.5	0.4	0.8	2.5~20	3~20	30	30
M3	0.5	25	0.8	6	0.7	1.8	1.65	5.6	5.5	0.7	0.6	1.2	4~30	5~30	30	30
M4	0.7	38	1.2	9.5	1	2.4	2.7	8	8.4	1	1	1.6	5~40	6~40	40	45
M5	0.8	38	1.2	9.5	1.2	3	2.7	9.5	9.3	1.2	1.1	2	6~50	8~50	40	45
M6	1	38	1.6	12	1.4	3.6	3.3	12	12	1.4	1.2	2.4	8~60	8~60	40	45
M8	1.25	38	2	16.5	2	4.8	4.65	16	16	1.9	1.8	3.2	10~80	10~80	40	45
M10	1.5	38	2.5	19.5	2.3	6	5	20	20	2.4	2	3.8	10~80	10~80	40	45
l系列	2、2.5、3、4、5、6、8、10、12、(14)、16、20~50（5 进位）、(55)、60、(65)、70、(75)、80																

注：螺纹公差：6g；机械性能等级：4.8、5.8；产品等级：A。

表 B-6 螺钉(二)
单位: mm

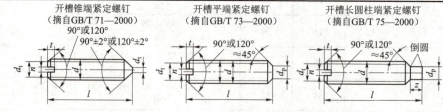

开槽锥端紧定螺钉（摘自 GB/T 71—2000）　　开槽平端紧定螺钉（摘自 GB/T 73—2000）　　开槽长圆柱端紧定螺钉（摘自 GB/T 75—2000）

标记示例：

螺钉 GB/T 71　M5×20

（螺纹规格 d=M5、公称长度 l=20 mm、性能等级为 14H 级、表面氧化的开槽锥端紧定螺钉）

螺纹规格 d	P	d_t	d_{max}	d_{pmax}	n公称	t_{max}	z_{max}	l范围 GB/T 71	l范围 GB/T 73	l范围 GB/T 75
M2	0.4	螺纹小径	0.2	1	0.25	0.84	1.25	3~10	2~10	3~10
M3	0.5		0.3	2	0.4	1.05	1.75	4~16	3~16	5~16
M4	0.7		0.4	2.5	0.6	1.42	2.25	6~20	4~20	6~20
M5	0.8		0.5	3.5	0.8	1.63	2.75	8~25	5~25	8~25
M6	1		1.5	4	1	2	3.25	8~30	6~30	8~30
M8	1.25		2	5.5	1.2	2.5	4.3	10~40	8~40	10~40
M10	1.5		2.5	7	1.6	3	5.3	12~50	10~50	12~50
M12	1.75		3	8.5	2	3.6	6.3	14~60	12~60	14~60
l系列	2、2.5、3、4、5、6、8、10、12、(14)、16、20、25、30、35、40、45、50、(55)、60										

注：螺纹公差：6g；机械性能等级：14H、22H；产品等级：A。

表 B-7 内六角圆柱头螺钉（摘自 GB/T 70.1—2000）

单位：mm

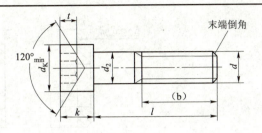

标记示例：

螺钉 GB/T 70.1　M5 × 20

（螺纹规格 d=M5、公称长度 l=20 mm、性能等级为 8.8 级、表面氧化的内六角圆柱头螺钉）

螺纹规格 d		M4	M5	M6	M8	M10	M12	（M14）	M16	M20	M24	M30	M36
螺距 P		0.7	0.8	1	1.25	1.5	1.75	2	2	2.5	3	3.5	4
b 参考		20	22	24	28	32	36	40	44	52	60	72	84
$d_{h\,max}$	光滑头部	7	8.5	10	13	16	18	21	24	30	36	45	54
	滚花头部	7.22	8.72	10.22	13.27	16.27	18.27	21.33	24.33	30.33	36.39	45.39	54.46
k_{max}		4	5	6	8	10	12	14	16	20	24	30	36
t_{min}		2	2.5	3	4	5	6	7	8	10	12	15.5	19
S 公称		3	4	5	6	8	10	12	14	17	19	22	27
e_{min}		3.44	4.58	5.72	6.86	9.15	11.43	13.72	16	19.44	21.73	25.15	30.35
$d_{s\,max}$		4	5	6	8	10	12	14	16	20	24	30	36
l 范围		6~40	8~50	10~60	12~80	16~100	20~120	25~140	25~160	30~200	40~200	45~200	55~200
全螺纹时最大长度		25	25	30	35	40	45	55	55	65	80	90	100
l 系列		6、8、10、12、(14)、(16)、20~50（5 进位）、(55)、60、(65)、70~160（10 进位）、180、200											

注：1. 括号内的规格尽可能不用。末端按 GB/T 2—2000 规定。

2. 机械性能等级：8.8、12.9。

3. 螺纹公差：机械性能等级 8.8 级时为 6 g，12.9 级时为 5 g、6 g。

4. 产品等级：A。

表 B-8 垫圈　　　　　　　　　　　　　　　　　　　　　　　　　　　　单位：mm

小垫圈—A 级（GB/T 848—2002）
平垫圈—A 级（GB/T 97.1—2000）
平垫圈—倒角型—A 级（GB/T 97.2—2000）
标记示例：
垫圈 GB/T 97.1
（标准系列、规格 8、性能等级为 140 HV 级、不经表面处理的平垫圈）

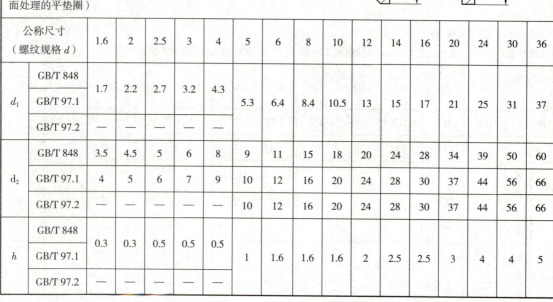

公称尺寸（螺纹规格 d）		1.6	2	2.5	3	4	5	6	8	10	12	14	16	20	24	30	36
d_1	GB/T 848	1.7	2.2	2.7	3.2	4.3	5.3	6.4	8.4	10.5	13	15	17	21	25	31	37
	GB/T 97.1																
	GB/T 97.2	—	—	—	—	—											
d_2	GB/T 848	3.5	4.5	5	6	8	9	11	15	18	20	24	28	34	39	50	60
	GB/T 97.1	4	5	6	7	9	10	12	16	20	24	28	30	37	44	56	66
	GB/T 97.2	—	—	—	—	—	10	12	16	20	24	28	30	37	44	56	66
h	GB/T 848	0.3	0.3	0.5	0.5	0.5	1	1.6	1.6	1.6	2	2.5	2.5	3	4	4	5
	GB/T 97.1																
	GB/T 97.2	—	—	—	—	—											

表 B-9　标准型弹簧垫圈（摘自 GB/T 93—1987）　　　　　　　　　　　　　　　单位：mm

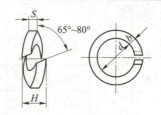 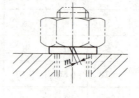

标记示例：
垫圈 GB/T 93　10
（规格 10、材料为 65 Mn、表面氧化的标准型弹簧垫圈）

规格（螺纹大径）	4	5	6	8	10	12	16	20	24	30	36	42	48
$d_{1\min}$	4.1	5.1	6.1	8.1	10.2	12.2	16.2	20.2	24.5	30.5	36.5	42.5	48.5
$S=b_{公称}$	1.1	1.3	1.6	2.1	2.6	3.1	4.1	5	6	7.5	9	10.5	12
$m\ (\leqslant)$	0.55	0.65	0.8	1.05	1.3	1.55	2.05	2.5	3	3.75	4.5	5.25	6
$H_{\min}$	2.75	3.25	4	5.25	6.5	7.75	10.25	12.5	15	18.75	22.5	26.25	30

注：m 应大于零。

表 B–10　圆柱销（摘自 GB/T 119.1—2000）　　　　　　　　　　　　　单位：mm

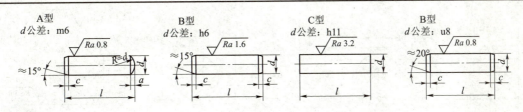

标记示例：

销 GB/T 119.16 m　6×30

（公称直径 d=6 mm、公差为 m6、公称长度 l=30 mm、材料为钢、不经表面处理的圆柱销）

销 GB/T 119.16 m　6×30—A1

（公称直径 d=6 mm、公差为 m6、公称长度 l=30 mm、材料为 A1 组奥氏体不锈钢、表面简单处理的圆柱销）

$d_{公称}$ m6/h8	2	3	4	5	6	8	10	12	16	20	25
a_{min}	0.25	0.40	0.50	0.63	0.80	1.0	1.2	1.6	2.0	2.5	3.0
c_{min}	0.35	0.5	0.63	0.8	1.2	1.6	2.	2.5	3	3.5	4
l 范围	6~20	8~30	8~40	10~50	12~60	14~80	18~95	22~140	26~180	35~200	50~200
l 系列（公称）	2、3、4、5、6~32（2 进位）、35~100（5 进位）、120~（≥）200（按 20 递增）										

表 B–11　圆柱销（摘自 GB/T 117—2000）　　　　　　　　　　　　　单位：mm

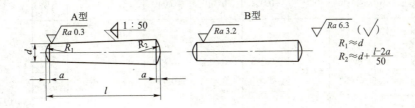

标记示例：

销 GB/T 117 10×60

（公称直径 d=10 mm、长度 l=60 mm、材料为 35 钢、热处理硬度 28~38HRC、表面氧化处理的 A 型圆锥销）

$d_{公称}$	2	2.5	3	4	5	6	8	10	12	16	20	25
a_{min}	0.25	0.3	0.4	0.5	0.63	0.8	1.0	1.2	1.6	2.0	2.5	3.0
l 范围	10~35	10~35	12~45	14~55	18~60	22~90	22~120	26~160	32~180	40~200	45~200	50~200
l 系列	2、3、4、5、6~32（2 进位）、35~100（5 进位）、120~200（20 进位）											

表 B-12　普通平键键槽的尺寸及公差（摘自 GB/T 1095—2003）　　单位：mm

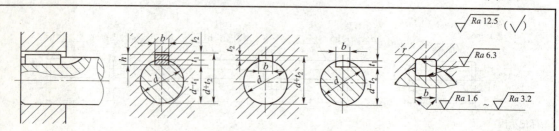

注：在工作图中，轴槽深用 t_1 或 $(d-t_1)$ 标注，轮毂槽深用 $(d+t_2)$ 标注。

轴的直径 d	键尺寸 $b×h$	键槽 宽度 b						深度				半径 r	
		基本尺寸	极限偏差					轴 t_1		毂 t_2			
			正常连接		紧密连接	松连接		基本尺寸	极限偏差	基本尺寸	极限偏差		
			轴 N9	毂 JS9	轴和毂 P9	轴 H9	毂 D10					min	max
自 6~8	2×2	2	−0.004 −0.029	±0.015	−0.006 −0.031	+0.025 0	+0.060 +0.020	1.2	+0.1 0	1	+0.1 0	0.08	0.16
>8~10	3×3	3						1.8		1.4			
>10~12	4×4	4	0 −0.030	±0.015	−0.012 −0.042	+0.030 0	+0.078 +0.030	2.5		1.8			
>12~17	5×5	5						3.0		2.3			
>17~22	6×6	6						3.5		2.8		0.16	0.25
>22~30	8×7	8	0 −0.036	±0.018	−0.015 −0.051	+0.036 0	+0.098 +0.040	4.0		3.3			
>30~38	10×8	10						5.0		3.3			
>38~44	12×8	12	0 −0.043	±0.026	−0.018 −0.061	+0.043 0	+0.120 +0.050	5.0		3.3			
>44~50	14×9	14						5.5		3.8		0.25	0.40
>50~58	16×10	16						6.0		4.3			
>58~65	18×11	18						7.0	+0.2 0	4.4	+0.2 0		
>65~75	20×12	20						7.5		4.9			
>75~85	22×14	22	0 −0.052	±0.031	−0.022 −0.074	+0.052 0	+0.149 +0.065	9.0		5.4			
>85~95	25×14	25						9.0		5.4		0.40	0.60
>95~110	28×16	28						10.0		6.4			
>110~130	32×18	32						11.0		7.4			
>130~150	36×20	36	0 −0.062	±0.037	−0.026 −0.088	+0.062 0	+0.180 +0.080	12.0	+0.3 0	8.4	+0.3 0		
>150~170	40×22	40						13.0		9.4		0.70	1.0
>170~200	45×25	45						15.0		10.4			

注：$d-t_1$ 和 $d+t_2$ 两组组合尺寸的极限偏差按相应的 t_1 和 t_2 的极限偏差选取，但 $d-t_1$ 极限偏差应取负号（−）。

表 B-13 普通平键的尺寸与公差（摘自 GB/T 1096—2003）　　单位：mm

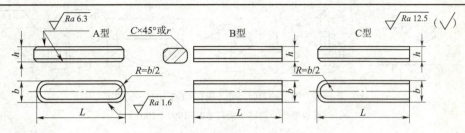

标记示例：

圆头普通平键（A 型）、$b=18$ mm、$h=11$ mm、$L=100$ mm：GB/T 1096—2003 键 $18 \times 11 \times 100$

平头普通平键（B 型）、$b=18$ mm、$h=11$ mm、$L=100$ mm：GB/T 1096—2003 键 B$18 \times 11 \times 100$

单圆头普通平键（C 型）、$b=18$ mm、$h=11$ mm、$L=100$ mm：GB/T 1096—2003 键 C$18 \times 11 \times 100$

宽度 b	基本尺寸		2	3	4	5	6	8	10	12	14	16	18	20	22
	极限偏差（h8）		0 −0.014			0 −0.018			0 −0.022			0 −0.027			0 −0.033
高度 h	基本尺寸		2	3	4	5	6	7	8	8	9	10	11	12	14
	极限偏差	矩形（b11）	—	—	—	—	—		0 −0.090				0 −0.010		
		方形（h8）	0 −0.014			0 −0.018			—				—		
	倒角或圆角 s		0.16~0.25			0.25~0.40			0.40~0.60				0.60~0.80		

长度 L														
基本尺寸	极限偏差（h14）													
6	0 −0.36			—	—	—	—	—	—	—	—	—	—	—
8					—	—	—	—	—	—	—	—	—	—
10						—	—	—	—	—	—	—	—	—
12	0 −0.48						—	—	—	—	—	—	—	—
14			—					—	—	—	—	—	—	—
16			—						—	—	—	—	—	—
18			—						—	—	—	—	—	—
20			—							—	—	—	—	—
22	0 −0.52		—	—		标准				—	—	—	—	—
25			—	—							—	—	—	—
28			—	—							—	—	—	—
32			—	—								—	—	—
36	0 −0.62		—	—	—								—	—
40			—	—	—									—
45			—	—	—	—	长度							
50			—	—	—	—								
56			—	—	—	—	—							
63	0 −0.74		—	—	—	—	—							
70			—	—	—	—	—							
80			—	—	—	—	—	—						
90			—	—	—	—	—	—			范围			
100	0 −0.87		—	—	—	—	—	—						
110			—	—	—	—	—	—	—					
125			—	—	—	—	—	—	—					
140	0 −1.00		—	—	—	—	—	—	—	—				
160			—	—	—	—	—	—	—	—				
180			—	—	—	—	—	—	—	—	—			
200			—	—	—	—	—	—	—	—	—	—		
220	0 −1.15		—	—	—	—	—	—	—	—	—	—		
250			—	—	—	—	—	—	—	—	—	—	—	

表 B-14 半圆键（摘自 GB/T 1098—2003、GB/T 1099—2003） 单位：mm

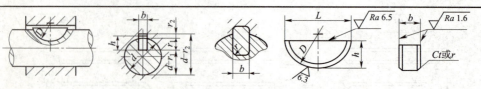

半圆键　键槽的剖面尺寸（摘自 GB/T 1098—2003）
普通型　半圆键（摘自 GB/T 1099—2003）

标注示例：

宽度 $b=6$ mm，高度 $h=10$ mm，直径 $D=25$ mm，普通型半圆键的标记为：

GB/T 1099.1 键 $6 \times 10 \times 25$

键尺寸				键槽				
				轴		轮毂 t_2		半径 r
b	h（h11）	D（h12）	e	t_1	极限偏差	t_2	极限偏差	
1.0	1.4	4	0.16~0.25	1.0	+0.1 0	0.6	+0.1 0	0.16~0.25
1.5	2.6	7		2.0		0.8		
2.0	2.6	7		1.8		1.0		
2.0	3.7	10		2.9		1.0		
2.5	3.7	10		2.7		1.2		
3.0	5.0	13		3.8		1.4		
3.0	6.5	16		5.3		1.4		
4.0	6.5	16		5.0	+0.2 0	1.8		
4.0	7.5	19		6.0		1.8		
5.0	6.5	16	0.25~0.40	4.5		2.3		0.25~0.40
5.0	7.5	19		5.5		2.3		
5.0	9.0	22		7.0		2.3		
6.0	9.0	22		6.5		2.8		
6.0	10.0	25		7.5	+0.3 0	2.8	+0.2 0	
8.0	11.0	28	0.40~0.60	8.0		3.3		0.40~0.60
10.0	13.0	32		10.0		3.3		

注：1. 在图样中，轴槽深用 t_1 或 $d-t_1$ 标注，轮毂槽深用 $d+t_2$ 标注。$d-t_1$ 和 $d+t_2$ 的两个组合尺寸的极限偏差按相应 t_1 和 t_2 的极限偏差选取，但 $d-t_1$ 极限偏差应为负偏差。

2. 键长 L 的两端允许倒成圆角，圆角半径 $r=0.5$~1.5 mm。

3. 键宽 b 的下偏差统一为"-0.025"。

表 B-15　滚动轴承　　　　　　　　　　　　　　　　　　单位：mm

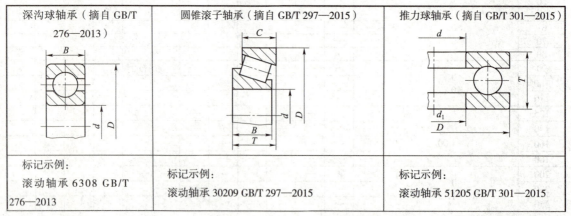

深沟球轴承（摘自 GB/T 276—2013）	圆锥滚子轴承（摘自 GB/T 297—2015）	推力球轴承（摘自 GB/T 301—2015）
标记示例： 滚动轴承 6308 GB/T 276—2013	标记示例： 滚动轴承 30209 GB/T 297—2015	标记示例： 滚动轴承 51205 GB/T 301—2015

续表

轴承型号	尺寸/mm			轴承型号	尺寸/mm					轴承型号	尺寸/mm			
	d	D	B		d	D	B	C	T		d	D	T	d_1
尺寸系列[(0)2]				尺寸系列[02]						尺寸系列[12]				
6202	15	35	11	30203	17	40	12	11	13.25	51202	15	32	12	17
6203	17	40	12	30204	20	47	14	12	15.25	51203	17	35	12	19
6204	20	47	14	30205	25	52	15	13	16.25	51204	20	40	14	22
6205	25	52	15	30206	30	62	16	14	17.25	51205	25	47	15	27
6206	30	62	16	30207	35	72	17	15	18.25	51206	30	52	16	32
6207	35	72	17	30208	40	80	18	16	19.75	51207	35	62	18	37
6208	40	80	18	30209	45	85	19	16	20.75	51208	40	68	19	42
6209	45	85	19	30210	50	90	20	17	21.75	51209	45	73	20	47
6210	50	90	20	30211	55	100	21	18	22.75	51210	50	78	22	52
6211	55	100	21	30212	60	110	22	19	23.75	51211	55	90	25	57
6212	60	110	22	30213	65	120	23	20	24.75	51212	60	95	26	62
尺寸系列[(0)3]				尺寸系列[03]						尺寸系列[13]				
6302	15	42	13	30302	15	42	13	11	14.25	51304	20	47	18	22
6303	17	47	14	30303	17	47	14	12	15.25	51305	25	52	18	27
6304	20	52	15	30304	20	52	15	13	16.25	51306	30	60	21	32
6305	25	62	17	30305	25	62	17	15	18.25	51307	35	68	24	37
6306	30	72	19	30306	30	72	19	16	20.75	51308	40	78	26	42
6307	35	80	21	30307	35	80	21	18	22.75	51309	45	85	28	47
6308	40	90	23	30308	40	90	23	20	25.25	51310	50	95	31	52
6309	45	100	25	30309	45	100	25	22	27.25	51311	55	105	35	57
6310	50	110	27	30310	50	110	27	23	29.25	51312	60	110	35	62
6311	55	120	29	30311	55	120	29	25	31.50	51313	65	115	36	67
6312	60	130	31	30312	60	130	31	26	33.50	51314	70	125	40	72

注：圆括号中的尺寸系列代号在轴承代号中省略。

附录 C 极限与配合

表 C-1 基本尺寸小于 500 mm 的标准公差   单位：μm

基本尺寸/mm	公差等级																	
	IT01	IT0	IT1	IT2	IT3	IT4	IT5	IT6	IT7	IT8	IT9	IT10	IT11	IT12	IT13	IT14	IT15	IT16	IT17	IT18
≤3	0.3	0.5	0.8	1.2	2	3	4	6	10	14	25	40	60	100	140	250	400	600	1 000	1 400
>3~6	0.4	0.6	1	1.5	2.5	4	5	8	12	18	30	48	75	120	180	300	480	750	1 200	1 800
>6~10	0.4	0.6	1	1.5	2.5	4	6	9	15	22	36	58	90	150	220	360	580	900	1 500	2 200
>10~18	0.5	0.8	1.2	2	3	5	8	11	18	27	43	70	110	180	270	430	700	1 100	1 800	2 700
>18~30	0.6	1	1.5	2.5	4	6	9	13	21	33	52	84	130	210	330	520	840	1 300	2 100	3 300
>30~50	07	1	1.5	2.5	4	7	11	16	25	39	62	100	160	250	390	620	1 000	1 600	2 500	3 900
>50~80	0.8	1.2	2	3	5	8	13	19	30	46	74	120	190	300	460	740	1 200	1 900	3 000	4 600
>80~120	1	1.5	2.5	4	6	10	15	22	35	54	87	140	220	350	540	870	1 400	2 200	3 500	5 400
>120~180	1.2	2	3.5	5	8	12	18	25	40	63	100	160	250	400	630	1 000	1 600	2 500	4 000	6 300
>180~250	2	3	4.5	7	10	14	20	29	46	72	115	185	290	460	720	1 150	1 850	2 900	4 600	7 200
>250~315	2.5	4	6	8	12	16	23	32	52	81	130	210	320	520	810	1 300	2 100	3 200	5 200	8 100
>315~400	3	5	7	9	13	18	25	36	57	89	140	230	360	570	890	1 400	2 300	3 600	5 700	8 900
>400~500	4	6	8	10	15	20	27	40	68	97	155	250	400	630	970	1 550	2 500	4 000	6 300	9 700

表 C-2　轴的极限偏差（摘自 GB/T 1008.4—1999）　　　单位：μm

基本尺寸 /mm	a	b		c			d				e		
	11	11	12	9	10	⑪	8	⑨	10	11	7	8	9
>0~3	−270 −330	−140 −200	−140 −240	−60 −85	−60 −100	−60 −120	−20 −34	−20 −45	−20 −60	−20 −80	−14 −24	−14 −28	−14 −39
>3~6	−270 −345	−140 −215	−140 −260	−70 −100	−70 −118	−70 −145	−30 −48	−30 −60	−30 −78	−30 −105	−20 −32	−20 −38	−20 −50
>6~10	−280 −370	−150 −240	−150 −300	−80 −116	−80 −138	−40 −170	−40 −62	−40 −79	−40 −98	−40 −130	−25 −40	−25 −47	−25 −61
>10~14 >14~18	−290 −400	−150 −260	−150 −330	−95 −138	−95 −165	−95 −205	−50 −77	−50 −93	−50 −120	−50 −160	−32 −50	−32 −59	−32 −75
>18~24 >24~30	−300 −430	−160 −290	−160 −370	−110 −162	−110 −194	−110 −240	−65 −98	−65 −117	−65 −149	−65 −195	−40 −61	−40 −73	−40 −92
>30~40	−310 −470	−170 −330	−170 −420	−120 −182	−120 −220	−120 −280	−80 −119	−80 −142	−80 −180	−80 −240	−50 −75	−50 −89	−50 −112
>40~50	−320 −480	−180 −340	−180 −430	−130 −192	−130 −230	−130 −290							
>50~65	−340 −530	−190 −380	−190 −490	−140 −214	−140 −260	−140 −330	−100 −146	−100 −174	−100 −220	−100 −290	−60 −90	−60 −10	−60 −134
>65~80	−360 −550	−200 −390	−200 −500	−150 −224	−150 −270	−150 −340							
>80~100	−380 −600	−200 −440	−220 −570	−170 −257	−170 −310	−170 −390	−120 −174	−120 −207	−120 −260	−120 −340	−72 −109	−72 −126	−72 −159
>100~120	−410 −630	−240 −460	−240 −590	−180 −267	−180 −320	−180 −400							
>120~140	−460 −710	−260 −510	−260 −660	−200 −300	−200 −360	−200 −450	−145 −208	−145 −245	−145 −305	−145 −395	−85 −125	−85 −148	−85 −185
>140~160	−520 −770	−280 −530	−280 −680	−210 −310	−210 −370	−210 −460							
>160~180	−580 −830	−310 −560	−310 −710	−230 −330	−230 −390	−230 −480							
>180~200	−600 −950	−340 −630	−340 −800	−240 −355	−240 −425	−240 −530	−170 −242	−170 −285	−170 −355	−170 −460	−100 −146	−100 −172	−100 −215
>200~225	−740 −1 030	−380 −670	−380 −840	−260 −375	−260 −445	−260 −550							
>225~250	−820 −1 110	−420 −710	−420 800	−280 −395	−280 −465	−280 −570							
>250~280	−920 −1 240	−480 −800	−480 −1 000	−300 −430	−300 −510	−300 −620	−190 −271	−190 −320	−190 −400	−190 −510	−110 −162	−110 −191	−110 −240
>280~315	−1 050 −1 370	−540 −860	−540 −1 060	−330 −460	−330 −540	−330 −650							
>315~355	−1 200 −1 560	−600 −960	−600 −1 170	−360 −500	−360 −590	−360 −720	−210 −299	−210 −350	−210 −440	−210 −570	−125 −182	−125 −214	−125 −265
>355~400	−1 350 −1 710	−680 −1 040	−680 −1 250	−400 −540	−400 −630	−400 −760							
>400~450	−1 500 −1 900	−760 −1 160	−760 −1 390	−440 −595	−440 −690	−440 −840	−230 −327	−230 −385	−230 −480	−230 −630	−135 −198	−135 −232	−135 −290
>450~500	−1 650 −2 050	−840 −1 240	−840 −1 470	−480 −635	−480 −730	−480 −880							

续表

基本尺寸 /mm	常用及优先公差带（带圈都为优先公差带）													
	f					g			h					
	5	6	⑦	8	9	5	⑥	7	5	⑥	⑦	8	⑨	10	⑪	12
>0~3	−6 −10	−6 −12	−6 −16	−6 −20	−6 −31	−2 −6	−2 −8	−2 −12	0 −4	0 −6	0 −10	0 −14	0 −25	0 −40	0 −60	0 −100
>3~6	−10 −15	−10 −18	−10 −22	−10 −28	−10 −40	−4 −9	−4 −12	−4 −16	0 −5	0 −8	0 −12	0 −18	0 −30	0 −48	0 −75	0 −120
>6~10	−13 −19	−13 −22	−13 −28	−13 −35	−13 −49	−5 −11	−5 −14	−5 −20	0 −6	0 −9	0 −15	0 −22	0 −36	0 −58	0 −90	0 −150
>10~14 >14~18	−16 −24	−16 −27	−16 −34	−16 −43	−16 −59	−6 −14	−6 −17	−6 −24	0 −8	0 −11	0 −18	0 −27	0 −43	0 −70	0 −110	0 −180
>18~24 >24~30	−20 −29	−20 −33	−20 −41	−20 −53	−20 −72	−7 −16	−7 −20	−7 −28	0 −9	0 −13	0 −21	0 −33	0 −52	0 −84	0 −130	0 −210
>30~40 >40~50	−25 −36	−25 −41	−25 −50	−25 −64	−25 −87	−9 −20	−9 −25	−9 −34	0 −11	0 −16	0 −25	0 −39	0 −62	0 −100	0 −160	0 −250
>50~65 >65~80	−30 −43	−30 −49	−30 −60	−30 −76	−30 −104	−10 −23	−10 −29	−10 −40	0 −13	0 −19	0 −30	0 −46	0 −74	0 −120	0 −190	0 −300
>80~100 >100~120	−36 −51	−36 −58	−36 −71	−36 −90	−36 −123	−12 −27	−12 −34	−12 −47	0 −15	0 −22	0 −35	0 −54	0 −87	0 −140	0 −220	0 −350
>120~140 >140~160 >160~180	−43 −61	−43 −68	−43 −83	−43 −106	−43 −143	−14 −32	−14 −39	−14 −54	0 −18	0 −25	0 −40	0 −63	0 −100	0 −160	0 −250	0 −400
>180~200 >200~225 >225~250	−50 −70	−50 −79	−50 −96	−50 −122	−50 −165	−15 −35	−15 −44	−15 −61	0 −20	0 −29	0 −46	0 −72	0 −115	0 −185	0 −290	0 −460
>250~280 >280~315	−56 −79	−56 −88	−56 −108	−56 −137	−56 −186	−17 −40	−17 −49	−17 −69	0 −23	0 −32	0 −52	0 −81	0 −130	0 −210	0 −320	0 −520
>315~355 >355~400	−62 −87	−62 −98	−62 −119	−62 −151	−62 −202	−18 −43	−18 −54	−18 −75	0 −25	0 −36	0 −57	0 −89	0 −140	0 −230	0 −360	0 −570
>400~450 >450~500	−68 −95	−68 −108	−68 −131	−68 −165	−68 −223	−20 −47	−20 −60	−20 −83	0 −27	0 −40	0 −63	0 −97	0 −155	0 −250	0 −400	0 −630

续表

基本尺寸 /mm	常用及优先公差带（带圈者为优先公差带）														
	ja			k			m			n			p		
	5	⑥	7	5	⑥	7	5	6	7	5	⑥	7	5	⑥	7
>0~3	±2	±3	±5	+4 0	+6 0	+10 0	+6 +2	+8 +2	+12 +2	+8 +4	+10 +4	+14 +4	+10 +6	+12 +6	+16 +6
>3~6	±2.5	±4	±6	+6 +1	+9 +1	+13 +1	+9 +4	+12 +4	+16 +4	+13 +8	+16 +8	+20 +8	+17 +12	+20 +12	+24 +12
>6~10	±3	±4.5	±7	+7 +1	+10 +1	+16 +1	+12 +6	+15 +6	+21 +6	+16 +10	+19 +10	+25 +10	+21 +15	+24 +15	+30 +15
>10~14	±4	±5.5	±9	+9 +1	+12 +1	+19 +1	+15 +7	+18 +7	+25 +7	+20 +12	+23 +12	+30 +12	+26 +18	+29 +18	+36 +18
>14~18															
>18~24	±4.5	±6.5	±10	+11 +2	+15 +2	+23 +2	+17 +8	+21 +8	+29 +8	+24 +15	+28 +15	+36 +15	+31 +22	+35 +22	+43 +22
>24~30															
>30~40	±5.5	±8	±12	+13 +2	+18 +2	+27 +2	+20 +9	+25 +9	+34 +9	+28 +17	+33 +17	+42 +17	+37 +26	+42 +26	+51 +26
>40~50															
>50~65	±6.5	±9.5	±15	+15 +2	+21 +2	+32 +2	+24 +11	+30 +11	+41 +11	+33 +20	+39 +20	+50 +20	+45 +32	+51 +32	+62 +32
>65~80															
>80~100	±7.5	±11	±17	+18 +3	+25 +3	+38 +3	+28 +13	+35 +13	+48 +13	+38 +23	+45 +23	+58 +23	+52 +37	+59 +37	+72 +37
>100~120															
>120~140	±9	±12.5	±20	+21 +3	+28 +3	+43 +3	+33 +15	+40 +15	+55 +15	+45 +27	+52 +27	+67 +27	+61 +43	+68 +43	+83 +43
>140~160															
>160~180															
>180~200	±10	±14.5	±23	+24 +4	+33 +4	+50 +4	+37 +17	+46 +17	+63 +17	+51 +31	+60 +31	+77 +31	+70 +50	+79 −50	+96 +50
>200~225															
>225~250															
>250~280	±11.5	±16	±26	+27 +4	+36 +4	+56 +4	+43 +20	+52 +20	+72 +20	+57 +34	+66 +34	+86 +34	+79 +56	+88 +56	+108 +56
>280~215															
>315~355	±12.5	±18	±28	+29 +4	+40 +4	+61 +4	+46 +21	+57 +21	+78 +21	+62 +37	+73 +37	+94 +37	+87 +62	+98 +62	+119 +62
>355~400															
>400~450	±13.5	±20	±31	+32 +5	+45 +5	+68 +5	+50 +23	+63 +23	+86 +23	+67 +40	+80 +40	+103 +40	+95 +68	+108 +68	+131 +68
>450~500															

续表

基本尺寸/mm	常用及优先公差带（带圈者为优先公差带）												
	r			s			t			u		v	x	y	z
	5	6	7	5	⑥	7	5	6	7	⑥	7	6	6	6	6
>0~3	+14 +10	+16 +10	+20 +10	+18 +14	+20 +14	+24 +14	—	—	—	+24 +18	+28 +18	—	+26 +20	—	+32 +26
>3~6	+20 +15	+23 +15	+27 +15	+24 +19	+27 +19	+31 +19	—	—	—	+31 +23	+35 +23	—	+36 +28	—	+43 +35
>6~10	+25 +19	+28 +19	+34 +19	+29 +23	+32 +23	+38 +23	—	—	—	+37 +28	+43 +28	—	+43 +34	—	+51 +42
>10~14	+31 +23	+34 +23	+41 +23	+36 +28	+39 +28	+46 +28	—	—	—	+44 +33	+51 +33	—	+51 +40	—	+61 +50
>14~18												+50 +39	+56 +45	—	+71 +60
>18~24	+37 +28	+41 +28	+49 +28	+44 +35	+48 +35	+56 +35	—	—	—	+54 +41	+62 +41	+60 +47	+67 +54	+76 +63	+86 +73
>24~30							+50 +41	+54 +41	+62 +41	+61 +48	+69 +48	+68 +55	+77 +64	+88 +75	+101 +88
>30~40	+45 +34	+50 +34	+59 +34	+54 +43	+59 +43	+68 43	+59 +48	+64 +48	+73 +48	+76 +60	+85 +60	+84 +68	+96 +80	+110 +94	+128 +112
>40~50							+65 +54	+70 +54	+79 +54	+86 +70	+95 +70	+97 +81	+113 +97	+130 +114	+152 +136
>50~65	+54 +41	+60 +41	+71 +41	+66 +53	+72 +53	+83 +53	+79 +66	+85 +66	+96 +66	+106 +87	+117 +87	+121 +102	+141 +122	+163 +144	+191 +172
>65~80	+56 +43	+62 +43	+73 +43	+72 +59	+78 +59	+89 +59	+88 +75	+94 +75	+105 +75	+121 +102	+132 +102	+139 +120	+165 +146	+193 174	+229 +210
>80~100	+66 +51	+73 +51	+86 +51	+86 +71	+93 +71	+106 +91	+106 +91	+113 +91	+126 +91	+146 +124	+159 +124	+168 +146	+200 +178	+236 +214	+280 +258
>100~120	+69 +54	+76 +54	+89 +54	+94 +79	+101 +79	+114 +79	+110 +104	+126 +104	+136 +104	+166 +144	+179 +144	+194 +172	+232 +210	+276 +254	+332 +310
>120~140	+81 +63	+88 +63	+103 +63	+110 +92	+117 +92	+132 +92	+140 +122	+147 +122	+162 +122	+195 +170	+210 +170	+227 +202	+273 +248	+325 +300	+390 +365
>140~160	+83 +65	+90 +65	+105 +65	+118 +100	+125 +100	+140 +100	+152 +134	+159 +134	+174 +134	+215 +190	+230 +190	+253 +228	+305 +280	+365 +340	+440 +415
>160~180	+86 +68	+93 +68	+108 +68	+126 +108	+133 +108	+148 +108	+164 +146	+171 +146	+186 +146	+235 +210	+250 +210	+277 +252	+335 +310	+405 +380	+490 +465
>180~200	+97 +77	+106 +77	+123 +77	+142 +122	+151 +122	+168 +122	+186 +166	+195 +166	+212 +166	+265 +236	+282 +236	+313 +284	+379 +350	+454 +425	+549 +520
>200~225	+100 +80	+109 +80	+126 +80	+150 +130	+159 +130	+176 +130	+200 +180	+209 +180	+226 +180	+287 +258	+304 +258	+339 +310	+414 +385	+499 +470	+604 +575
>225~250	+104 +84	+113 +84	+130 +84	+160 +140	+169 +140	+186 +140	+216 +196	+225 +196	+242 +196	+313 +284	+330 +284	+369 +340	+454 +425	+549 +520	+669 +640
>250~280	+117 +94	+126 +94	+146 +94	+181 +158	+290 +158	+210 +158	+241 +218	+250 +218	+270 +128	+347 +315	+367 +315	+417 +385	+507 +475	+612 +580	+742 +710
>280~315	+121 +98	+130 +98	+150 +98	+193 +170	+202 +170	+222 +170	+263 +240	+272 +240	+292 +240	+382 +350	+402 +350	+457 +425	+557 +525	+682 +650	+822 +790
>315~355	+133 +108	+144 +108	+165 +108	+215 +190	+226 +190	+247 +190	+293 +268	+304 +268	+325 +268	+426 +390	+447 +390	+511 +475	+626 +590	+766 +730	+936 +900
>355~400	+139 +114	+150 +114	+171 +114	+233 +208	+244 +208	+265 +208	+319 +294	+330 +294	+351 +294	+471 +435	+492 +435	+566 +530	+696 +660	+856 +820	+1 036 +1 000
>400~450	+153 +126	+166 +126	+189 +126	+259 +232	+272 +232	+295 +232	+357 +330	+370 +330	+393 +330	+530 +490	+553 +490	+635 +595	+780 +740	+960 +920	+1 140 +1 100
>450~500	+159 +132	+172 +132	+195 +132	+279 +252	+292 +252	+315 +252	+387 +360	+400 +360	+423 +360	+580 +540	+603 +540	+700 +660	+860 +820	+1 040 +1 000	+1 290 +1 250

注：基本尺寸小于 1 mm 时，各级的 a 和 b 均不采用。

表 C-3 孔的极限偏差（摘自 GB/T 1800.4—1999）　　　　单位：μm

基本尺寸 /mm	A	B	C	常用及优先公差带（带圈者为优先公差带）				E		F		
				D								
	11	11	2	⑪	8	⑨	10	11	8	9	6	7	⑧	9
>0~3	+330 +270	+200 +140	+240 +140	+120 +60	+34 +20	+45 +20	+60 +20	+80 +20	+28 +14	+39 +14	+12 +6	+16 +6	+20 +6	+31 +6
>3~6	+345 +270	+215 +140	+260 +140	+145 +70	+48 +30	+60 +30	+78 +30	+105 +30	+38 +20	+50 +20	+18 +10	+22 +10	+28 +10	+40 +10
>6~10	+370 +280	+240 +150	+300 +150	+170 +80	+62 +40	+76 +40	+98 +40	+130 +40	+47 +25	+61 +25	+22 +13	+28 +13	+35 +13	+49 +13
>10~14	+400 +290	+260 +150	+330 +150	+205 +95	+77 +50	+93 +50	+120 +50	+160 +50	+59 +32	+75 +32	+27 +16	+34 +16	+43 +16	+59 +16
>14~18														
>18~24	+430 +300	+290 +160	+370 +160	+240 +110	+98 +65	+117 +65	+149 +65	+195 +65	+73 +40	+92 +40	+33 +20	+41 +20	+53 +20	+72 +20
>24~30														
>30~40	+470 +310	+330 +170	+420 +170	+280 +170	+119 +80	+142 +80	+180 +80	+240 +80	+89 +50	+112 +50	+41 +25	+50 +25	+64 +25	+87 +25
>40~50	+480 +320	+340 +180	+430 +180	+290 +180										
>50~65	+530 +340	+380 +190	+490 +190	+330 +140	+146 +100	+170 +100	+220 +100	+290 +100	+106 +6	+134 +80	+49 +30	+60 +30	+76 +30	+104 +30
>65~80	+550 +360	+390 +200	+500 +200	+340 +150										
>80~100	+600 +380	+440 +220	+570 +220	+390 +170	174 +120	+207 +120	+260 +120	+340 +120	+126 +72	+159 +72	+58 +36	+71 +36	+90 +36	+123 +36
>100~120	+630 +410	+460 +240	+590 +240	+400 +180										
>120~140	+710 +460	+510 +260	+660 +260	+450 +200	+208 +145	+245 +145	+305 +145	+395 +145	+148 +85	+185 +85	+68 +43	+83 +43	+106 +43	+143 +43
>140~160	+770 +520	+530 +280	+680 +280	+460 +210										
>160~180	+830 +580	+560 +310	+710 +310	+480 +230										
>180~200	+950 +660	+630 +340	+800 +380	+530 +240	+242 +170	+285 +170	+355 +170	+460 +170	+172 +100	+215 +100	+79 +50	+96 +50	+122 +50	+165 +50
>200~225	+1 030 +740	+670 +380	+840 +380	+550 +260										
>225~250	+1 110 +820	+710 +420	+880 +420	+570 +280										
>250~280	+1 240 +920	+800 +480	+1 000 +480	+620 +300	+271 +190	+320 +190	+400 +190	+510 +190	+191 +110	+240 +110	+88 +56	+108 +56	+137 +56	+186 +56
>280~315	+1 370 +1 050	+860 +540	+1 060 +540	+650 +330										
>315~355	+1 560 +1 200	+960 +600	+1 170 +600	+720 +360	+299 +210	+350 +210	+440 +210	+570 +210	+214 +125	+265 +125	+98 +62	+119 +62	+151 +62	+202 +62
>355~400	+1 710 +1 350	+1 040 +680	+1 250 +680	+760 +400										
>400~450	+1 900 +1 500	+1 160 +760	+1 390 +760	+840 +440	+327 +230	+385 +230	+480 +230	+630 +230	+232 +135	+290 +135	+108 +68	+131 +68	+165 +68	+223 +68
>450~500	+2 050 +1 650	+1 240 +840	+1 470 +840	+880 +480										

附 录

续表

基本尺寸 /mm	G		H						J			K			M		
	6	⑦	6	⑦	⑧	⑨	10	⑪	12	6	7	8	6	⑦	8	6	7	8
>0~3	+8 +2	+12 +2	+6 0	+10 0	+14 0	+25 0	+40 0	+60 0	+100 0	±3	±5	±7	0 -6	0 -10	0 -14	-2 -8	-2 -12	-2 -16
>3~6	+12 +4	+16 +4	+8 0	+12 0	+18 0	+30 0	+48 0	+75 0	+120 0	±4	±6	±9	+2 -6	+3 -9	+5 -13	-1 -9	0 -12	+2 -16
>6~10	+14 +5	+20 +5	+9 0	+15 0	+22 0	+36 0	+58 0	+90 0	+150 0	±4.5	±7	±11	+2 -7	+5 -10	+6 -16	-3 -12	0 -15	+1 -21
>10~14 >14~18	+17 +6	+24 +6	+11 0	+18 0	+27 0	+43 0	+70 0	+110 0	+180 0	±5.5	±9	±13	+2 -9	+6 -12	+8 -19	-4 -15	0 -18	+2 -25
>18~24 >24~30	+20 +7	+28 +7	+13 0	+21 0	+33 0	+52 0	+84 0	+130 0	+210 0	±6.5	±10	±16	+2 -11	+6 -15	+10 -23	-4 -17	0 -21	+4 -29
>30~40 >40~50	+25 +9	+34 +9	+16 0	+25 0	+39 0	+62 0	+100 0	+160 0	+250 0	±8	±12	±19	+3 -13	+7 -18	+12 -27	-4 -20	0 -25	+5 -34
>50~65 >65~80	+29 +10	+40 +10	+19 0	+30 0	+46 0	+74 0	+120 0	+190 0	+300 0	±9.5	±15	±23	+4 -15	+9 -21	+14 -32	-5 -24	0 -30	+5 -41
>80~100 >100~120	+34 +12	+47 +12	+22 0	+35 0	+54 0	+87 0	+140 0	+220 0	+350 0	±11	±17	±27	+4 -18	+10 -25	+16 -38	-6 -28	0 -35	+6 -48
>120~140 >140~160 >160~180	+39 +14	+54 +14	+25 0	+40 0	+63 0	+100 0	+160 0	+250 0	+400 0	±12.5	±20	±31	+4 -21	+12 -28	+20 -43	-8 -33	0 -40	+8 -55
>180~200 >200~225 >225~250	+44 +15	+61 +15	+29 0	+46 0	+72 0	+115 0	+185 0	+290 0	+460 0	±14.5	±23	±36	+5 -24	+13 -33	+22 -50	-8 -37	0 -46	+9 -63
>250~280 >280~315	+49 +17	+69 +17	+32 0	+52 0	+81 0	+130 0	+210 0	+320 0	+520 0	±16	±26	±40	+5 -27	+16 -36	+25 -56	-9 -41	0 -52	+9 -72
>315~355 >355~400	+54 +18	+75 +18	+36 0	+57 0	+89 0	+140 0	+230 0	+360 0	+570 0	±18	±28	±44	+7 -29	+17 -40	+28 -61	-10 -46	0 -57	+11 -78
>400~450 >450~500	+60 +20	+83 +20	+40 0	+63 0	+97 0	+155 0	+250 0	+400 0	+630 0	±20	±31	±48	+8 -32	+18 -45	+29 -68	-10 -50	0 -63	-11 -86

299

续表

基本尺寸 /mm	常用及优先公差带（带圈者为优先公差带）											
	N			P		R		S		T		U
	6	⑦	8	6	⑦	6	7	6	⑦	6	7	⑦
>0~3	−4 −10	−4 −14	−4 −18	−6 −12	−6 −16	−10 −16	−10 −20	−14 −20	−14 −24	—	—	−18 −28
>3~6	−5 −13	−4 −16	−2 −20	−9 −17	−8 −20	−12 −20	−11 −23	−16 −24	−15 −27	—	—	−19 −31
>6~10	−7 −16	−4 −19	−3 −25	−12 −21	−9 −24	−16 −25	−13 −28	−20 −29	−17 −32	—	—	−22 −37
>10~14	−9 −20	−5 −23	−3 −30	−15 −26	−11 −29	−20 −31	−16 −34	−25 −36	−21 −39	—	—	−26 −44
>14~18												
>18~24	−11 −24	−7 −28	−3 −36	−18 −31	−14 −35	−24 −37	−20 −41	−31 −44	−27 −48	—	—	−33 −54
>24~30										−37 −50	−33 −54	−40 −61
>30~40	−12 −28	−8 −33	−3 −42	−21 −37	−17 −42	−29 −45	−25 −50	−38 −54	−34 −59	−43 −59	−39 −64	−51 −76
>40~50										−49 −65	−45 −70	−61 −86
>50~65	−14 −33	−9 −39	−4 −50	−26 −45	−21 −51	−35 −54	−30 −60	−47 −66	−42 −72	−60 −79	−55 −85	−76 −106
>65~80						−37 −56	−32 −62	−53 −72	−48 −78	−69 −88	−64 −94	−91 −121
>80~100	−16 −38	−10 −45	−4 −58	−30 −52	−24 −59	−44 −66	−38 −73	−64 −86	−58 −93	−84 −106	−78 −113	−111 −146
>100~120						−47 −69	−41 −76	−72 −94	−66 −101	−97 −119	−91 −126	−131 −166
>120~140	−20 −45	−12 −52	−4 −67	−36 −61	−28 −68	−56 −81	−48 −88	−85 −110	−77 −117	−115 −140	−107 −147	−155 −195
>140~160						−58 −83	−50 −90	−93 −118	−85 −125	−127 −152	−119 −159	−175 −215
>160~180						−61 −86	−53 −93	−101 −126	−93 −133	−139 −164	−131 −171	−195 −235
>180~200	−22 −51	−14 −60	−5 −77	−41 −70	−33 −79	−68 −97	−60 −106	−113 −142	−105 −151	−157 −186	−149 −195	−219 −265
>200~225						−71 −100	−63 −109	−121 −150	−113 −159	−171 −200	−163 −209	−241 −287
>225~250						−75 −104	−67 −113	−131 −160	−123 −169	−187 −216	−179 −225	−267 −313
>250~280	−25 −57	−14 −66	−5 −86	−47 −79	−36 −88	−85 −117	−74 −126	−149 −181	−138 −190	−209 −241	−198 −250	−295 −247
>280~315						−89 −121	−78 −130	−161 −193	−150 −202	−231 −263	−220 −272	−330 −382
>315~355	−26 −62	−16 −73	−5 −94	−51 −87	−41 −98	−97 −133	−87 −144	−179 −215	−169 −226	−257 −293	−247 −304	−369 −426
>355~400						−103 −139	−93 −150	−197 −233	−187 −244	−283 −319	−273 −330	−414 −471
>400~450	−27 −67	−17 −80	−6 −103	−55 −95	−45 −108	−113 −153	−103 −166	−219 −259	−209 −272	−317 −357	−307 −370	−467 −530
>450~500						−119 −159	−109 −172	−239 −279	−229 −279	−347 −387	−337 −400	−517 −580

注：基本尺寸小于 1 mm 时，各级的 A 和 B 均不采用。

表 C-4　形位公差的公差数值（摘自 GB/T 1184—1996）

公差项目	主参数 L/mm	公差等级											
		1	2	3	4	5	6	7	8	9	10	11	12
		公差值/μm											
直线度、平面度	≤10	0.2	0.4	0.8	1.2	2	3	5	8	12	20	30	60
	>10~16	0.25	0.5	1	1.5	2.5	4	6	10	15	25	40	80
	>16~25	0.3	0.6	1.2	2	3	5	8	12	20	30	50	100
	>25~40	0.4	0.8	1.5	2.5	4	6	10	15	25	40	60	120
	>40~63	0.5	1	2	3	5	8	12	20	30	50	80	150
	>63~100	0.6	1.2	2.5	4	6	10	15	25	40	60	1 001	200
	>100~160	0.8	1.5	3	5	8	12	20	30	50	80	20	250
	>160~250	1	2	4	6	10	15	25	40	60	100	150	300
圆度、圆柱度	≤3	0.2	0.3	0.5	0.8	1.2	2	3	4	6	10	14	25
	>3~6	0.2	0.4	0.6	1	1.5	2.5	4	5	8	12	18	30
	>6~10	0.25	0.4	0.6	1	1.5	2.5	4	6	9	15	22	36
	>10~18	0.25	0.5	0.8	1.2	2	3	5	8	11	18	27	43
	>18~30	0.3	0.6	1	1.5	2.5	4	6	9	13	21	33	52
	>30~50	0.4	0.6	1	1.5	2.5	4	7	11	16	25	39	62
	>50~80	0.5	0.8	1.2	2	3	5	8	13	19	30	46	74
	>80~120	0.6	1	1.5	2.5	4	6	10	15	22	35	54	87
	>120~180	1	1.2	2	3.5	5	8	12	18	25	40	63	100
	>180~250	1.2	2	3	4.5	7	10	14	20	29	46	72	115
平行度、垂直度、倾斜度	≤10	0.4	0.8	1.5	3	5	8	12	20	30	50	80	120
	>10~16	0.5	1	2	4	6	10	15	25	40	60	100	150
	>16~25	0.6	1.2	2.5	5	5	12	20	30	50	80	120	200
	>25~40	0.8	1.5	3	6	10	15	25	40	60	100	150	250
	>40~63	1	2	4	8	12	20	30	50	80	120	200	300
	>63~100	1.2	2.5	5	10	15	25	40	60	100	150	250	400
	>100~160	1.5	3	6	12	20	30	50	80	120	200	300	500
	>160~250	2	4	8	15	25	40	60	100	150	250	400	600
同轴度、对称度、圆跳动、全跳动	≤1	0.4	0.6	1.0	1.5	2.5	4	6	10	15	25	40	60
	>1~3	0.4	0.6	1.0	1.5	2.5	4	6	10	20	40	60	120
	>3~6	0.5	0.8	1.2	2	3	5	8	12	25	50	80	150
	>6~10	0.6	1	1.5	2.5	4	6	10	15	30	60	100	200
	>10~18	0.8	1.2	2	3	5	8	12	20	40	80	120	250
	>18~30	1	1.5	2.5	4	6	10	15	25	50	100	150	300
	>30~50	1.2	2	3	5	8	12	20	30	60	120	200	400
	>50~120	1.5	2.5	4	6	10	15	25	40	80	150	250	500
	>120~250	2	3	5	8	12	20	30	50	100	200	300	600

附录 D 标准结构

表 D-1 中心孔表示法（摘自 GB/T 4459.5—1999）

单位：mm

形式及标记示例	R 型	A 型	B 型	C 型
	GB/T 4459.5—R3.15/6.7 （D=3.15 D_1=6.7）	GB/T 4459.5—A4/8.5 （D=4 D_1=8.5）	GB/T 4459.5—B2.5/8 （D=2.5 D_1=8）	GB/T 4459.5—CM10L30/16.3 （D=M10 L=30 D_2=6.7）
用途	通常用于需要提高加工精度的场合	通常用于加工后可以保留的场合（此种情况占绝大多数）	通常用于加工后必须保留的场合	通常用于一些需要带压紧装置的零件

	要求	规定表示法	简化表示法	说明
中心孔表示法	在完工的零件上要求保留中心孔	GB/T 4459.5-B4/12.5	B4/12.5	采用 B 型中心孔 D=4 mm，D_1=12.5 mm
	在完工的零件上可以保留中心孔（是否保留都可以，多数情况如此）	GB/T 4459.5-A4/4.25	A2/4.25	采用 A 型中心孔 D=2 mm，D_1=4.25 mm 一般情况下，均采用这种方式
		2×A4/8.5 GB/T 4459.5	2×A4/8.5	采用 A 型中心孔 D=4 mm，D_1=8.5 mm 轴的两端中心孔相同，可只在一端注出
	在完工的零件上不允许保留中心孔	GB/T 4459.5-A1.6/3.35	A1.6/3.35	采用 A 型中心孔 D=1.6 mm，D_1=3.35 mm

注：1. 对标准中心孔，在图样中可不绘制其详细结构；2. 简化标注时，可省略标准编号；3. 尺寸 L 取决于零件的功能要求。

续表

中心孔的尺寸参数

导向孔直径 D（公称尺寸）	R 型	A 型		B 型		C 型	
	锥孔直径 D_1	锥孔直径 D_1	参照尺寸 t	锥孔直径 D_1	参照尺寸 t	公称尺寸 M	锥孔直径 D_2
1	2.12	2.12	0.9	3.15	0.9	M3	5.8
1.6	3.35	3.35	1.4	5	1.4	M4	7.4
2	4.25	4.25	1.8	6.3	1.8	M5	8.8
2.5	5.3	5.3	2.2	8	2.2	M6	10.5
3.15	6.7	6.7	2.8	10	2.8	M8	13.2
4	8.5	8.5	3.5	12.5	3.5	M10	16.3
(5)	10.6	10.6	4.4	16	4.4	M12	19.8
6.3	13.2	13.2	5.8	18	5.5	M16	25.3
(8)	17	17	7	22.4	7	M20	31.3
10	21.2	21.2	8.7	28	8.7	M24	38

注：尽量避免选用括号中的尺寸。

表 D-2　零件倒角与倒圆（摘自 GB/T 6403.4—2008）　　单位：mm

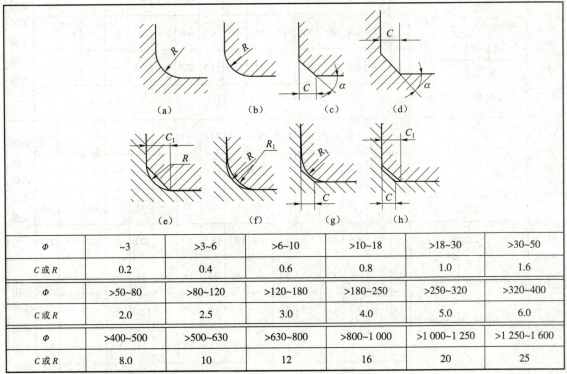

Φ	~3	>3~6	>6~10	>10~18	>18~30	>30~50
C 或 R	0.2	0.4	0.6	0.8	1.0	1.6
Φ	>50~80	>80~120	>120~180	>180~250	>250~320	>320~400
C 或 R	2.0	2.5	3.0	4.0	5.0	6.0
Φ	>400~500	>500~630	>630~800	>800~1 000	>1 000~1 250	>1 250~1 600
C 或 R	8.0	10	12	16	20	25

注：①内角倒圆、外角倒角时，C_1>R，见图（e）。
　　②内角倒圆、外角倒圆时，R_1>R，见图（f）。
　　③内角倒角、外角倒圆时，C<$0.58R_1$，见图（g）。
　　④内角倒角、外角倒角时，C_1>C，见图（h）。

表 D-3 紧固件通孔（摘自 GB/T 5277—1985）及沉头座尺寸（摘自 GB/T 152.2 ～ 152.4—1988）

单位：mm

		螺纹规格 d	3	4	5	6	8	10	12	14	16	18	20	22	24	27	30	36
通孔直径 GB/T 5277—1985		精装配	3.2	4.3	5.3	6.4	8.4	10.5	13	15	17	19	21	23	25	28	31	37
		中等装配	3.4	4.5	5.5	6.6	9	11	13.5	15.5	17.5	20	22	24	26	30	33	39
		粗装配	3.6	4.8	5.8	7	10	12	14.5	16.5	18.5	21	24	26	28	32	35	42
六角头螺栓和六角螺母用沉孔 GB/T 152.4—1988		d_2	9	10	11	13	18	22	26	30	33	36	40	43	48	53	61	适用于六角螺栓和六角螺母
		d_3	—	—	—	—	—	—	—	16	18	20	22	24	26	38	33	36
		d_1	3.4	4.5	5.5	6.6	9.0	11.0	13.5	15.5	17.5	20.0	22.0	24	26	30	33	
探头用沉孔 GB/T 152.2—1988		d_2	6.4	9.6	10.6	12.8	17.6	20.3	24.4	28.4	32.4	—	40.4	—	—	—	—	适用于沉头及半沉头螺钉
		t	1.6	2.7	2.7	3.3	4.6	5.0	6.0	7.0	8.0	—	10.0	—	—	—	—	
		d_1	3.4	4.5	5.5	6.6	9	11	13.5	15.5	17.5	—	22	—	—	—	—	
		a						$90°^{-2°}_{-4°}$										
圆柱头用沉孔 GB/T 152.3—1988		d_2	6.0	8.0	10.0	11.0	15.0	18.0	20.0	24.0	26.0	—	33.0	—	40.0	—	48.0	适用于内六角圆柱头螺钉
		t	3.4	4.6	5.7	6.8	9.0	11.0	13.0	15.0	17.5	—	21.5	—	25.5	—	32.0	
		d_3	—	—	—	—	—	16	18	20	—	24	—	28	—	36		
		d_1	3.4	4.5	5.5	6.6	9.0	11.0	13.5	15.5	17.5	—	22.0	—	26.0	—	33.0	
		d_2	—	8	10	11	15	18	20	24	26	—	33	—	—	—	—	适用于开槽圆柱头螺钉
		t	—	3.2	4.0	4.7	6.0	7.0	8.0	9.0	10.5	—	12.5	—	—	—	—	
		d_3	—	—	—	—	—	—	16	18	20	—	24	—	—	—	—	
		d_1	—	4.5	5.5	6.6	9.0	11.0	13.5	15.5	17.5	—	22.0	—	—	—	—	

注：对螺栓和螺母用沉孔的尺寸 l，只要能制出与通孔轴线垂直的圆平面即可，即刮平圆平面为止，常称锪平。表中尺寸 d_1、d_2、t 的公差都是H13。

附录E 常用材料

表 E-1 常用黑色金属材料

名称	牌号		应用举例	说明
碳素结构钢	Q195	—		1. 新旧牌号对照： Q215→A2； Q235→A3； Q275→A5。 2. A级不做冲击试验； 　B级做常温冲击试验； 　C、D级重要焊接结构用
	Q215	A	用于金属结构构件、拉杆、心轴、垫圈、凸轮等	
		B		
	Q235	A	用于金属结构构件、吊钩、拉杆、套、螺栓、螺母、楔、盖、焊拉件等	
		B		
		C		
		D		
	Q255	A		
		B		
	Q275	—	用于轴、轴销、螺栓等温度较高件	
优质碳素钢	10		屈服点和抗拉强度比值较低，塑性和韧性均高，在冷状态下，容易模压成形，一般用于拉杆、卡头、钢管垫片、垫圈、铆钉。这种钢焊接性甚好	牌号的两位数字表示平均含碳量，45号钢即表示平均含碳量为0.45%。含锰量较高的钢，须加注化学元素符号"Mn"。含碳量≤0.25%的碳钢是低碳钢（渗碳钢）；含碳量在0.25%~0.60%之间的碳钢是中碳钢（调质钢）；含碳量大于0.60%的碳钢是高碳钢
	15		塑性、韧性、焊接性和冷冲性均极良好，但强度较低。用于制造受力不大、韧性要求较高的零件、紧固件、冲模锻件及不要求热处理的低负荷零件，如螺栓、螺钉、拉条、法兰盘及化工贮器、蒸汽锅炉等	
	35		具有良好的强度和韧性，用于制造曲轴、转轴、轴销、杠杆、连杆、横梁、星轮、圆盘、套筒、钩环、垫圈、螺钉、螺母等，一般不作焊接用	
	45		用于强度要求较高的零件，如汽轮机的叶轮、压缩机、泵的零件等	
	60		强度和弹性相当高，用于制造轧辊、轴、弹簧圈、弹簧、离合器、凸轮、钢绳等	
	65 Mn		性能与15号钢相似，但其淬透性、强度和塑性比15号钢都高些，用于制造中心部分的机械性能要求较高且须渗透碳的零件。这种钢焊接性好	
	15 Mn		强度高，淬透性较大，脱碳倾向小，但有过热敏感性，易产生淬火裂纹，并有回火脆性，适宜作大尺寸的各种扁、圆弹簧，如座板簧、弹簧发条	

续表

名称	牌号	应用举例	说明
灰铸铁	HT100	属低强度铸铁，用于铸盖、手把、手轮等不重要的零件	"HT"是灰铸铁的代号，是由表示其特征的汉语拼音字的第一个大写正体字母组成。代号后面的一组数字表示抗拉强度值（N/mm²）
	HT150	属中等强度铸铁，用于一般铸铁，如机床座、端盖、皮带轮、工作台等	
	HT200 HT250	属高强铸铁，用于较重要铸件，如气缸、齿轮、凸轮、机座、床身、飞轮、皮带轮、齿轮箱、阀壳、联轴器、衬筒、轴承座等	
	HT300 HT350	属高强度、高耐磨铸铁，用于重要的铸件，如齿轮、凸轮、床身、高压液压筒、液压泵和滑阀的壳体、车床卡盘等	
球墨铸铁	QT700-2 QT600-3	用于曲轴、缸体、车轮等	"QT"是球墨铸铁代号，是表示"球铁"的汉语拼音的第一个字母，它后面的数字表示强度和延伸率的大小
	QT500-7	用于阀体、气缸、轴瓦等	
	QT450-10 QT400-15	用于减速机箱体、管路、阀体、盖、中低压阀体等	

表 E-2 常用有色金属材料

类别	名称与牌号	应用举例
加工青铜	4-4-4 锡青铜 QSn-4-4	一般摩擦条件下的轴承、轴套、衬套、圆盘及衬套内垫
	7-0.2 锡青铜 QSn7-0.2	中负荷、中等滑动速度下的摩擦零件，如抗磨垫圈、轴承、轴套、涡轮等
	9-4 铝青铜 QAL9-4	高负荷下的抗磨、耐蚀零件，如轴承、轴套、衬套、阀座、齿轮、涡轮等
	10-3-1.5 铝青铜 QAL1.10-3-1.5	高温下工作的耐磨零件，如齿轮、轴承、衬套、圆盘、飞轮等
	10-4-4 铝青铜 QA110-4-4	高强度耐磨件及高温下工作的零件，如轴衬、轴套、齿轮、螺母、法兰盘、滑座等
	2 铍青铜 QBe2	高速、高温、高压下工作的耐磨零件，如轴承、衬套等
铸造铜合金	5-5-5 锡青铜 ZCuSn5Pb5Zn5	用于较高负荷、中等滑动速度下工作的耐磨、耐蚀零件，如轴瓦、衬套、油塞、涡轮等
	10-1 锡青铜 ZCuSn10P1	用于小于 200 MPa 和滑动速度小于 8 m/s 条件下工作的耐磨零件，如齿轮、涡轮、轴瓦、套等
	10-2 锡青铜 ZCuSn10Zn2	用于中等负荷和小滑动速度下工作的管配件及阀、旋塞、泵体、齿轮、涡轮、叶轮等
	8-13-3-2 铝青铜 ZCuAL8Mn13Fe3Ni2	用于强度高耐蚀重要零件，如船舶螺旋桨、高压阀体、泵体、耐压耐磨的齿轮、涡轮、法兰、衬套等

续表

类别	名称与牌号	应用举例
铸造铜合金	9-2 铝青铜 ZCuAL9Mn2	用于制造耐磨结构简单的大型铸件，如衬套、涡轮及增压器内气封等
	10-3 铝青铜 ZCuAL10Fe3	制造强度高、耐磨、耐蚀零件，如涡轮、轴承、衬套、管嘴、耐热管配件
	9-4-4-2 铝青铜 ZCuAL9Fe4Ni4Mn2	制造高强度重要零件，如船舶螺旋桨；耐磨及 400℃以下工作的零件，如轴承、齿轮、涡轮、螺母、法兰、阀体、导向套管等
	25-6-3-3 铝黄铜 ZCuZn25AL6Fe3Mn3	适于高强耐磨零件，如桥梁支承板、螺母、螺杆、耐磨杆、滑块、涡轮等
	38-2-2 锰黄铜 ZCuZn38Mn2Pb2	一般用途结构件，如套筒、衬套、轴瓦、滑块等
铸造铝合金	ZL301	用于受大冲击负荷、高耐蚀的零件。
	ZL102	用于气缸活塞以及高温工件的复杂形状零件。
	ZL401	适用于压力铸造的高强度铝合金

表 E-3　常用非金属材料

类别	名称	代号	说明及规格		应用举例
工作用橡胶板	普通橡胶板	1608	厚度/mm	宽度/mm	能在 −30~60℃ 的空气中工作，适于冲制各种密封、缓冲胶圈、垫板及铺设工作台、地板
		1708			
		1613	0.5、1、1.5、2、2.5、3、4、5、6、8、10、12、14、16、18、20、22、25、30、40、50	500~2 000	
	耐油橡胶板	3707			可在温度 −30~80℃ 之间的机油、汽油、变压器油等介质中工作，适于冲制各种形状的垫圈
		3807			
		3709			
		3809			
尼龙	尼龙 66 尼龙 1010		有高的抗拉强度和良好的冲击韧性，一定的耐热性（可在 100℃ 以下使用），能耐弱酸、弱碱，耐油性良好		用以制作机械传动零件，有良好的灭音性，运转时噪声小，常用来做齿轮等零件
石棉制品	耐油橡胶石棉板		有厚度为 0.4~0.3 mm 的 10 种规格		供航空发动机的煤油、润滑油及冷气系统结合处的密封衬垫材料
	油浸石棉盘根	YS450	盘根形状分 F（方形）、Y（圆形）、N（扭制）三件，按需选用		适用于回转轴、往复活塞或阀门杆上作密封材料，介质为蒸汽、空气、工业用水、重质石油产品
	橡胶石棉盘根	XS450	该牌号盘根只有 F（方形）形		适用于作蒸汽机、往复泵的活塞及阀门杆上作密封材料

续表

类别	名称	代号	说明及规格	应用举例
	毛毡	112–32–44（细毛） 122–30~38（半粗毛） 132–32~36（粗毛）	厚度为 1.5~25 mm	用作密封、防漏油、防震、缓冲衬垫等，按需要选用细毛、半粗毛、粗毛
	软钢板纸		厚度为 0.5~3.0 mm	用作密封连接处垫片
	聚四氟乙烯	SFL–4~13	耐腐蚀、耐高温（+250℃）并具有一定的强度，能切削加工成各种零件	用于腐蚀介质中，起密封和减磨作用，用作垫圈等
	有机玻璃板		耐盐酸、硫酸、草酸、烧碱和纯碱等一般酸碱以及二氧化硫、臭氧等气体腐蚀	适用于耐腐蚀和需要透明的零件

表 E–4　常用的热处理和表面处理名词解释

名词	代号及标注示例	说明	应用
退火	Th	将钢件加热到临界温度以上（一般是710~715℃，个别合金钢为800~900℃）30~50℃，保湿一段时间，然后缓慢冷却（一般在炉火中冷却）	用来消除铸、锻、焊零件的内应力、降低硬度，便于切削加工、细化金属晶粒、改善组织、增加韧性
正火	Z	将钢件加热到临界温度以上，保温一段时间，然后用空气冷却，冷却速度比退火快	用来处理低碳和中碳结构钢及渗碳零件，使其组织细化，增加强度与韧性，减少内应力，改善切削性能
淬火	C C48—淬火回火（45~50）HRC	将钢件加热到临界温度以上，保湿一段时间，然后在水、盐水或油中（个别材料在空气中）急速冷却，使其得到高硬度	用来提高钢的硬度和强度极限。但淬火会引起内应力使钢变脆，所以淬火后必须回火
回火	回火	回火是将淬硬的钢件加热到临界点以下的温度，保湿一段时间，然后在空气或油中冷却下来	用来消除淬火后的脆性和内应力，提高钢的塑性和冲击韧性
调质	T T235—调质至（220~250）HB	淬火后在 450~650℃进行高温回火，称为调质	用来使钢获得高的韧性和足够的强度。重要的齿轮、轴及丝杆等零件是调质处理的
表面淬火	火焰淬火	H54（火焰淬火后，回火到 52~58HRC）	用火焰或高频电流将零件表面迅速加热至临界温度以上，急速冷却	使零件表面获得高硬度，而芯部保持一定的韧性，使零件既耐磨又能承受冲击。表面淬火常来用处理齿轮等
	高频淬火	G52（高频淬火后，回火到 50~55HRC）		

续表

名词	代号及标注示例	说明	应用
渗碳淬火	S0.5-C59（渗碳层深0.5，淬火硬度（56~62）HRC）	在渗碳剂中将钢件加热到900~950℃，停留一定时间，将碳渗入钢表面，深度为0.5~2 mm，再淬火后回火	增加钢件的耐磨性能、表面硬度、抗拉强度及疲劳极限。适用于低碳、中碳（含量<0.40%）结构钢的中小型零件
氮化	D0.3-900（氮化深度0.3，硬度大于850 HV）	氮化是在500~600℃通入氨的炉子内加热，向钢的表面渗入氮原子的过程。氮化层为0.025~0.8 mm，氮化时间需40~50 h	增加钢件的耐腐性能、表面硬度、疲劳极限和抗蚀能力。适用于合金钢、碳钢、铸铁件，如机床主轴、丝杆以及在潮湿碱水和燃烧气体介质的环境中工作的零件
氰化	Q59（氰化淬火后，回火至56~62HRC）	在820~860℃炉内通入碳和氮，保温1~2 h，使钢件的表面同时渗入碳、氮原子，可得到0.2~0.5 mm的氰化层	增加表面硬度、耐磨性、疲劳强度和耐蚀性。用于要求硬度高、耐磨的中、小型及薄片零件和刀具等
时效	时效处理	低温回火后、精加工之前，加热到100~160℃，保持10~40 h。对铸件也可用天然时效（放在露天中一年以上）	使工件消除内应力和稳定形状，用于量具、精密丝杆、床身导轨、床身等
发蓝发黑	发蓝或发黑	将金属零件放在很浓的碱和氧化剂溶液中加热氧化，使金属表面形成一层氧化铁所组成的保护性薄膜	防腐蚀、美观，用于一般连接标准件和其他电子类零件
硬度	HB（布氏硬度）	材料抵抗硬的物体压入其表面的能力称"硬度"。根据测定的方法不同，可分布氏硬度、洛氏硬度和维氏硬度。硬度的测定是检验材料经热处理后的机械性能——硬度	用于退火、正火、调质的零件及铸件的硬度检验
	HRC（洛氏硬度）		用于经淬火、回火及表面渗碳、渗氮等处理的零件硬度检验
	HV（维氏硬度）		用于薄层硬化零件的硬度检验